普通作物病害図説

梶原敏宏

養賢堂

執筆者の略歴 (アルファベット順)

日比野啓行　HIBINO, Hiroyuki　農学博士
1938 年 11 月生、名古屋大学大学院農学研究科博士課程修了
植物ウィルス研究所、国際イネ研究所 (IRRI) などを経て、退職時、農業環境技術研究所環境生物部長。

本田要八郎　HONDA, Yohachiro　農学博士
1944 年 5 月生、名古屋大学大学院農学研究科博士課程修了
中央農業総合研究センターなどを経て、退職時、(独)農業・生物系特定産業技術研究機構 中央農業総合研究センター　病害防除部研究室長。

門田育生　KADOTA, Ikuo　農学博士
1958 年 9 月生、九州大学農学部農学科卒
現在、農研機構東北農業研究センター　生産環境領域上席研究員。

門脇義行　KADOWAKI, Yoshiyuki　農学博士
1942 年 9 月生、島根農科大学農学科卒
島根県農業試験場研究員を経て、退職時、島根県農業試験場 (現島根県農業技術センター) 次長。

梶原敏宏　KAJIWARA, Toshihiro　農学博士
1929 年 3 月生、九州大学農学部農学科卒
農業技術研究所、農業研究センターなどを経て、退職時、熱帯農業研究センター所長、退職後、日本植物防疫協会理事長、緑の安全協会会長を務める。

児玉不二雄　KODAMA, Fujio　農学博士
1941 年 2 月生、北海道大学大学院農学研究科修士課程修了
北海道立農業試験場研究員を経て、退職時北海道立北見農業試験場長、退職後、北海道植物防疫協会会長などを務め、現在酪農学園大学大学院特任教授。

大木　理　OHKI, Satoshi T.　農学博士
1951 年 4 月生、東京大学大学院農学系研究科博士課程修了
現在、大阪府立大学生命環境科学研究科教授。

東岱孝司　TODAI, Takashi
1978 年 5 月生、北海道大学大学院農学研究科修士課程修了
現在、北海道立総合研究機構　農業研究本部　十勝農業試験場研究部　生産環境グループ研究主任。

月星隆雄　TSUKIBOSHI, Takao　博士 (農学)
1958 年 9 月生、千葉大学園芸学部園芸学科卒
農研機構花き研究所、畜産草地研究所上席研究員。現在、農研機構畜産草地研究所研究調整役。

植松　勉　UEMATSU, Tsutomu　農学博士
1939 年 4 月生、長野県農業講習所卒
農業技術研究所研究員を経て、退職時、農業環境技術研究所　微生物管理科長。

序

　作物の病害鑑定の一助になればと、北島　博博士と共著でカラー写真を用い類似病害との区別に重点を置いて1961年（昭和36年）に「原色作物病害図説」を出版した。普及現場関係者などにかなり広く利用され、新しい病害などを追加して第3版（1967年）に達した。その後ウイルス病などが多くの作物に発生し、また研究の内容も進んだため1930年頃増補改訂の話が出て、追加項目の選定などの作業を進めていた。ところが著者の一人梶原が植物病理の研究から離れたため、作業は進まず経過、共著者の北島博士の逝去（1997年）、出版を担当していた養賢堂・大津取締の急逝（1998年）があり、この問題は沙汰止みになっていた。しかしこの間IT、特に画像関連機器の急速な発達によりカラー写真のデジタル化が容易になったこともあり、以前から撮り集めていた病害のカラー画像のデジタル化だけは進めていた。

　2009年3月私も80歳と高齢になったこともあり、図説に使用した原図の始末（主に版権）について養賢堂・及川社長と打合せをしたところ、及川社長は病徴画像などデジタル化しているのなら、それを利用し図説の増補改訂を考えたいとの意見、検討の結果増補改訂を実施することになった。ただすでに初版から50年以上経過し、栽培作目や発生する病害数も増え、各病害とくにウイルスによる病害の情報も飛躍的に増加していることなどから、各作物を一括しての出版は無理で、普通作物、野菜、果樹などの分冊にする必要であることが示唆され、まず初めに私の現役時代の専門であった普通作物から開始することになった。

　内容を検討する中で、病害の数も増加しており、とくにウイルスによる病害については研究が進み情報量も激増、梶原一人ではカバーできないと判断されたので、イネのウイルス病については日比野博士に、また、マメ類の病害を含めて児玉博士他それぞれ専門の数名の方々に協力・執筆をお願いし、さらに一部の方からは貴重な写真を貸与して頂いた。記して深謝の意を表する。出版に当たっては養賢堂社主及川清氏を始めとし、加藤仁氏ほか社員の方々に多大の御配慮を頂いた。厚くお礼申し上げる。また、執筆・編集の途中、私が体調を崩し長期に入院したにもかかわらず辛抱強く遅れた作業を見守り、また激励して下さった。重ねてお礼申し上げる。

　このようにして、何とか出版に漕ぎ付けることになったが、改訂を進めている間に農業を取り巻く環境条件など大きく変化し、発生する病害も増加すると同時に、これらの病害についての研究内容も大きく変化、情報量も飛躍的に増加しているため、IT関連の発達により情報の蒐集は容易になったとは言え、それを十分カバーするには少し年を取り過ぎており、新しい必要な情報に欠けている点も多々あるように思われるがお許し願いたい。植物防疫に関係する多くの人達は、病害を診断するための的確な情報を熱望している。このような要望を満たすにに若手の研究者によって、より多くの情報を有効に伝える方策を計り進めてもらうことを切に希望してやまない。

　　　　　　　　　　　　　　　　　　　　　　　　　　　2016年（平成28年）3月　　梶原敏宏

凡　例

1．本書は病害による診断を容易にするため、カラーによる病徴の表現に重点を置いたが、病害の種類によっては材料が不足し十分でないものもある。また、病原の記載や防除法などの記述も一様でなく文献なども省略した点ご了承願いたい。

2．本書の病名・学名・英病名は、すべて日本植物病理学会編の日本植物病名目録第2版2012に従ったが、病原の所属や学名などに未だ検討の要があるものについては、本文中に〔備考〕として、その旨を記した。

3．病名の表記については著者の長年の持論のように(植物防疫　64(4)：280．2010 参照)、べと病、うどんこ病など特別なものを除き常用漢字の枠を超え漢字を用いることとした。特に作物の組織名を冠した病名<葉鞘、籾、稈など>は意識的に漢字を用いた。これはPCの発達により常用漢字以外の漢字が容易に記述できるようになったこともその理由の一つであるが、養賢堂で編集の際正しい読み方ができるよう振り仮名をつけて頂いたことは幸いであった。

2016．3．　　著者

目　次

第1章　イネの病害

1. 1　萎縮病……………………………………2
1. 2　黒条萎縮病………………………………3
1. 3　縞葉枯病…………………………………4
1. 4　えそモザイク病…………………………6
1. 5　トランジトリーイエローイング病（黄葉病）…7
1. 6　グラッシースタント病（褐穂黄化病）………8
1. 7　ラギッドスタント病（旋葉萎縮症）…9
1. 8　矮化病……………………………………10
1. 9　ツングロ病………………………………10
1.10　黄萎病……………………………………12
1.11　籾枯細菌病………………………………13
1.12　白葉枯病…………………………………14
1.13　内頴褐変病………………………………16
1.14　葉鞘褐変病………………………………16
1.15　褐条病……………………………………17
1.16　苗立枯細菌病……………………………17
1.17　条斑細菌病………………………………18
1.18　黄化萎縮病………………………………19
1.19　いもち病…………………………………20
1.20　ごま葉枯病………………………………24
1.21　紋枯病……………………………………26
1.22　褐色紋枯病………………………………28
1.23　赤色菌核病………………………………28
1.24　灰色菌核病………………………………29
1.25　褐色菌核病………………………………29
1.26　小球菌核病………………………………30
1.27　小黒菌核病………………………………32
1.28　条葉枯病…………………………………33
1.29　ばか苗病…………………………………34
1.30　褐色葉枯病………………………………35
1.31　稲こうじ病………………………………36
1.32　墨黒穂病…………………………………37
1.33　ミイラ穂病………………………………37
1.34　黒腫病……………………………………38
1.35　籾枯病……………………………………38
1.36　葉鞘網斑病………………………………39
1.37　葉鞘腐敗病………………………………39
1.38　苗立枯病…………………………………40
1.39　心枯線虫病………………………………41
1.40　穀粒の異常………………………………42

第2章　オオムギ・コムギの病害

2. 1　萎縮病……………………………………44
2. 2　オオムギ縞萎縮病………………………45
2. 3　コムギ縞萎縮病…………………………46
2. 4　斑葉モザイク病…………………………47
2. 5　北地モザイク病…………………………48
2. 6　黒節病……………………………………49
2. 7　赤かび病…………………………………51
2. 8　黄銹病……………………………………54
2. 9　黒銹病……………………………………56
2.10　オオムギ小銹病…………………………57
2.11　コムギ赤銹病……………………………58
2.12　斑点病……………………………………60
2.13　オオムギ網斑病…………………………62
2.14　オオムギ斑葉病…………………………63
2.15　黄斑病……………………………………64
2.16　眼紋病……………………………………65
2.17　裸黒穂病…………………………………66
2.18　オオムギ堅黒穂病………………………67
2.19　コムギ腥黒穂病…………………………68
2.20　コムギ稈黒穂病…………………………69
2.21　雪腐小粒菌核病…………………………70
2.22　雪腐大粒菌核病…………………………71
2.23　紅色雪腐病………………………………71
2.24　うどんこ病………………………………73
2.25　コムギ粒線虫病…………………………74
2.26　オオムギ豹紋病…………………………75
2.27　オオムギ雲形病…………………………76
2.28　コムギ葉枯病……………………………77
2.29　コムギ稈枯病……………………………78
2.30　コムギ角斑病……………………………79
2.31　条斑病……………………………………80
2.32　株腐病……………………………………81
2.33　立枯病……………………………………82

第3章　エンバクの病害

3. 1　北地モザイク病…………………………84

3.2	レッドリーフ病	84
3.3	暈枯病	85
3.4	条枯細菌病	85
3.5	冠銹病	86
3.6	裸黒穂病	86
3.7	葉枯病	87
3.8	黒斑病	87
3.9	炭疽病	88
3.10	紋枯病	88

第4章　アワの病害

4.1	白髪病	90
4.2	銹病	91
4.3	いもち病	91
4.4	ごま葉枯病	92
4.5	縁葉枯病	92

第5章　モロコシ(ソルガム)の病害

5.1	モザイク病	94
5.2	条斑細菌病	94
5.3	銹病	95
5.4	紫輪病	96
5.5	斑点病	97
5.6	炭疽病	98
5.7	豹紋病	99
5.8	紫斑点病	99
5.9	糸黒穂病	100
5.10	粒黒穂病	100
5.11	麦角病	101

第6章　トウモロコシの病害

6.1	モザイク病	104
6.2	縞葉枯病	104
6.3	条萎縮病	105
6.4	条斑細菌病	106
6.5	褐条病	106
6.6	煤紋病	107
6.7	ごま葉枯病	108
6.8	北方斑点病	109
6.9	褐斑病	110
6.10	斑点病	110
6.11	豹紋病	111
6.12	炭疽病	111
6.13	赤かび病	112
6.14	青かび病	113
6.15	黒穂病	114
6.16	銹病	115
6.17	南方銹病	116
6.18	褐条べと病	116
6.19	紋枯病	117
6.20	苗立枯病	118
6.21	ピシウム苗立枯病	118
6.22	根腐病	119
6.23	腰折病	119
6.24	べと病	120

第7章　ダイズの病害

7.1	萎縮病	124
7.2	矮化病	125
7.3	モザイク病	126
7.4	斑紋病	129
7.5	退緑斑紋ウイルス病	129
7.6	葉焼病	130
7.7	斑点細菌病	131
7.8	べと病	132
7.9	銹病	134
7.10	紫斑病	135
7.11	黒点病	137
7.12	斑点病	138
7.13	黒根腐病	139
7.14	株枯病	140
7.15	褐紋病	141
7.16	褐色輪紋病	142
7.17	茎疫病	143
7.18	落葉病	144
7.19	苗立枯病	144
7.20	炭疽病	146
7.21	赤かび病	146
7.22	莢枯病	147
7.23	炭腐病	147
7.24	黒痘病	148
7.25	萎凋病	149
7.26	萎黄病	150

第8章　インゲンマメの病害

8.1	モザイク病	152
8.2	黄化病	153
8.3	蔓枯病	154

8.4	葉焼病	155
8.5	暈枯病	156
8.6	角斑病	157
8.7	炭疽病	158
8.8	銹病	159
8.9	輪紋病	160
8.10	褐紋病	160
8.11	葉腐病	161
8.12	灰色かび病	161
8.13	菌核病	162

第9章　ササゲの病害

9.1	モザイク病	164
9.2	煤かび病	165
9.3	銹病	166
9.4	褐紋病	167
9.5	輪紋病	167
9.6	白絹病	168
9.7	菌核病	168

第10章　アズキの病害

10.1	モザイク病	170
10.2	茎腐細菌病	172
10.3	銹病	173
10.4	うどんこ病	174
10.5	褐紋病	174
10.6	褐斑病	175
10.7	ツルアズキ煤かび病	175
10.8	輪紋病	176
10.9	炭疽病	176
10.10	茎疫病	177
10.11	落葉病	178
10.12	萎凋病	179
10.13	灰色かび病	180
10.14	菌核病	180
10.付	瘡痂病（リョクトウ）	181

第11章　エンドウの病害

11.1	モザイク病	184
11.2	萎黄病，黄化病	186
11.3	蔓腐細菌病	187
11.4	蔓枯細菌病	188
11.5	褐紋病	189
11.6	褐斑病	190
11.7	うどんこ病	191
11.8	銹病	191
11.9	灰色かび病	192
11.10	炭疽病	192
11.11	立枯病	193

第12章　ソラマメの病害

12.1	モザイク病	196
12.2	萎黄病，黄化病	197
12.3	壊疽モザイク病	197
12.4	赤色斑点病	198
12.5	銹病	199
12.6	火ぶくれ病	200
12.7	褐斑病	200
12.8	輪紋病	201
12.9	立枯病	202

第13章　ラッカセイの病害

13.1	萎縮病，壊疽萎縮病，輪紋モザイク病	204
13.2	斑紋病，斑葉病	205
13.3	青枯病	206
13.4	白絹病	207
13.5	黒渋病	208
13.6	褐斑病	209
13.7	根腐病	210
13.8	黒根腐病	210
13.9	茎腐病	211
13.10	銹病	212
13.11	瘡痂病	213
13.12	汚斑病	214

第14章　ジャガイモの病害

14.1	モザイク病	216
14.2	葉巻病	219
14.3	黄斑モザイク病	220
14.4	青枯病	221
14.5	軟腐病	222
14.6	黒脚病	223
14.7	輪腐病	224
14.8	瘡痂病	225
14.9	粉状瘡痂病	226
14.10	疫病	227
14.11	夏疫病	228
14.12	黒痣病	229

14.13　根腐線虫病……………………………… 230
14.14　シスト線虫病………………………………… 231

第15章　サツマイモの病害

15. 1　斑紋モザイク病……………………………… 234
15. 2　帯状粗皮病…………………………………… 235
15. 3　天狗巣病……………………………………… 236
15. 4　黒斑病………………………………………… 237
15. 5　黒星病………………………………………… 238
15. 6　蔓割病………………………………………… 239
15. 7　立枯病………………………………………… 240
15. 8　縮芽病………………………………………… 241
15. 9　紫紋羽病……………………………………… 242
15.10　白紋羽病……………………………………… 243
15.11　黒痣病………………………………………… 244
15.12　軟腐病………………………………………… 244
15.13　角斑病………………………………………… 245
15.14　斑点病………………………………………… 246
15.15　根腐線虫病…………………………………… 247

病原名・英病名索引………………………… 248

第1章　イネの病害

1.1 萎縮病 Dwarf
Rice dwarf virus

　古くから福島県以南に発生するウイルス病で、とくに南九州では被害が大きく、甚だしい時には 50% 減収するといわれている。このイネ萎縮ウイルス (RDV) は日本のほか、中国、韓国などの温暖な地域に広く分布するが、熱帯ではネパール、フィリピンのミンダナオだけで発生が記録されている。

　病徴　全身に病徴が出る。本田に移植して 20 日前後経過すると新しい葉の葉脈に沿って黄白色の小さい斑点が現われる。病株の葉の色は濃緑色を呈し、萎縮して草丈は著しく短くなり、出穂期には健全なものの約半分の草丈である。また分げつが非常に多くなり叢生症状を呈する。苗代から本田の初期にかけて感染したものでは出穂しないか、出穂しても貧弱でほとんど不稔である。

　病原および生態　病原はイネ萎縮ウイルス *Rice dwarf virus* (RDV) で *Phytoreovirus* 属に属する。ウイルスは径 70 nm の多角体で直径約 53 nm の内殻を外殻が取囲む構造をしている。ウイルス核酸は 2 本鎖の RNA で、ウイルスの不活化温度は 40〜45℃である。RDV はツマグロヨコバイ、イナズマヨコバイ、クロスジツマグロヨコバイ、タイワンツマグロヨコバイ (主としてツマグロヨコバイ) によって永続的に媒介される。病原ウイルスは媒介虫の体内で増殖し、卵を通じて次の世代にも伝えられる。すなわち経卵伝染する。ツマグロヨコバイの経卵伝染率は地域によりまちまちで、高い場合は 100% に近い。本病の伝染源は感染イネ株および経卵伝染により保毒した媒介虫で、汁液、種子、土壌によっては伝染しない。したがって本病の発生は、保毒媒介虫の発生量、移動と密接な関係がある。媒介虫のツマグロヨコバイは若齢幼虫が RDV を獲得し易く、吸汁 1 日間で十分獲得し、5 分間の吸汁でも半数近い個体がウイルスを獲得し、1〜3 週間の潜伏期間を経て連続的に媒介する。スズメノテッポウ、スズメノヒエは時に RDV に自然感染し伝染源になる。オオムギ、コムギ、スズメノカタビラ、ナガハグサなどは感染はするが、伝染源にはならない。なおネパール、フィリピンではツマグロヨコバイは分布せず、RDV の媒介は主にクロスジツマグロヨコバイによると考えられている。RDV の発生は、1980 年以降減少し、西南日本を除いて限られている。

　防除　①日本稲では十分な抵抗性を持つものはないので、外国稲の抵抗性を利用した育種が行われている。萎縮病抵抗性品種の多くはツマグロヨコバイに対する耐虫性を持ち、この影響を受けている。このため現時点では媒介虫の防除に重点を置き、②冬季の耕起および畦畔などの雑草を焼き、保毒植物および越冬幼虫を殺す。③感染は主に田植後周囲から集ったツマグロヨコバイの第一および第二世代成虫によって起こるので、この時期に殺虫剤を散布してツマグロヨコバイの防除を徹底的に行う。また育苗箱への浸透性殺虫剤の投与も効果が高い。

（日比野啓行）

①萎縮病被害株　②葉の病徴　③ツマグロヨコバイ (♂)（林）　④病原ウイルス (RDV) 粒子（日比野）

1.2 黒条萎縮病　Black-streaked dwarf
Rice black streaked dwarf virus

ウイルス病で 1952 年長野で発見された。長野・山梨県ではかなり以前から発生していたようである。1965 年頃から関東で発生が目立つようになり、その後関東以西の各県および北海道にも発生が認められるようになったが、2013 年現在発生は限られている。また、韓国、中国にも分布している。

病徴　萎縮し、葉は濃緑色を呈し萎縮病によく似た病徴を示す。萎縮の程度は感染が早いほど著しい。本病の特徴は、葉身の裏面、葉鞘の表面や稈などに脈が隆起した灰白色〜黒色の条が現われる点である。この条は感染が遅いと葉身には現われないことがある。しかしこのような株でも止葉に近い葉鞘には明瞭に隆起した条が見られる。止葉の葉身は捻じれて皺ができ、内側に巻くものがある。感染が早い時には出穂せず、感染が遅い時には出穂はするが十分抽出せず、穂は小さく稔実不良となる。イネのほかムギ、トウモロコシなどにも発生するが、これらの植物では隆起した条は黒褐色とならず、多くに乳白色まれに灰白色〜褐色を呈する。このようなことからこれらの植物では単に条萎縮病と呼ばれる。なお、本病に近縁で病徴なども極めてよく似た病害で南方黒条萎縮病が 2010 年飼料イネに発生記載されているが詳細は〔備考〕で紹介する。

病原および生態　病原はイネ黒条萎縮ウイルス Rice black streaked dwarf virus（RBSDV）で Fijivirus 属に属す。ウイルス粒子は径 75〜80 nm の球状で、ウイルス核酸は 2 本鎖 RNA、不活化温度は 50〜60℃。ウイルス粒子は発病株の篩部組織に局在する。このウイルスは汁液・種子・土壌では伝染せず、ヒメトビウンカによって永続的に媒介されるが経卵伝染はしない。またサッポロトビウンカ、シロオビウンカも媒介する。ヒメトビウンカは吸汁 2 日間で約 90％の個体が、1 時間の吸汁でも低率ではあるが保毒する。保毒した虫はイネの苗代期には約 20 日間、分げつ最盛期には 5〜30 日の潜伏期間を経てウイルスの伝搬を開始する。本ウイルスの宿主範囲はイネ科植物に限られ、イネ、ムギ類、トウモロコシ、スズメノテッポウが重要である。とくにムギ類はイネへの最も重要な第一次伝染源となる。

防除　インド型イネでは Tadukan, Te-tep など強い抵抗性を持つことが知られてはいるが、日本型の品種で実用的な抵抗性品種は今のところない。したがって防除の重点はヒメトビウンカに置き、縞葉枯病に準じて薬剤により第 2 回成虫を徹底的に防除する。また本病は早期・早植栽培で発生が多いので、常発地帯では作期を遅らせ普通栽培に切替える。

（日比野啓行）

〔備考〕　**南方黒条萎縮病**　2000 年頃中国南部で黒条萎縮病に似たウイルス病がイネ、ムギ、トウモロコシに発生した。病原は南方イネ黒条萎縮ウイルス Southern rice black streaked dwarf virus（SRBSDV）で Fijivirus 属に属し、イネ黒条萎縮ウイルス（RBSDV）に近縁のウイルスである。セジロウンカ、ヒメトビウンカによって媒介される。2005 年以後広く中国南部、ベトナム北、中部に拡がり大きな被害を出している。2010 年には九州、四国地方でも飼料イネ品種を中心に発生が認められた。イネでの病徴は RBSDV に類似し、病原ウイルスの形態も同じで、RBSDV の抗血清にも反応する。しかし、両ウイルスは核酸の相同性がかなり低く、SRBSDV はセジロウンカによって媒介され、またイネ以外にミズガヤツリに感染するなど RBSDV との違いが報告されている。中国、ベトナムでは 2008 年以降このウイルスによる病気の多発生が続いており、媒介虫のセジロウンカはとくに長距離移動能が高く、毎年中国南部からヒメトビウンカよりはるかに多数飛来しているため、今後国内および広く熱帯アジアで被害が増加する恐れがあり注意を要する。

（日比野啓行）

①黒条萎縮病被害株　②黒条萎縮病葉の条斑

1.3 縞葉枯病　Stripe
Rice stripe virus

ゆうれい病とも呼ばれ、古くから関東地方、長野県で発生が知られていた病害で、ヒメトビウンカによって媒介されるウイルス病と考えられていたが、病原ウイルスは長く不明であった。1975年にようやく罹病イネから紐状粒子が分離され病原ウイルスと同定された。関東以西および北海道に発生するが、東北、北陸での発生はほとんどない。1955年頃よりイネの早植・早期栽培の普及と共に発生が拡大し、関東以西で大きな被害を出した。この広域の発生は1970年頃には一旦終息したが、1977年には再び発生が増加した。1986年以降発生は全体に少ない。海外では中国で大発生を繰返し、韓国、台湾でもかなりの被害が発生している。シベリアでも発生する。

病徴　本田初期から分げつが盛んになる頃にかけて、若い葉の中肋に沿って黄白色の斑紋が現われる。この次に出てくる葉は全体が黄白色で、こよりのように巻込んだまま展開せず徒長する。このような葉は後に弓なりに垂れ下がり枯死する。ゆうれい病という病名はこのような病徴から付けられている。罹病したイネは、健全なイネに比べて草丈の伸展がやや悪くなり、分げつは非常に少なくなり後には枯死して株絶えとなる。やや遅れて感染すると、新葉の葉脈に沿って黄緑色～黄白色の縞状の斑紋を生じ、激しくなると全体が黄化する。罹病株は草丈が低く分げつ数も少なく全体に萎縮症状を示し、後に枯死する。穂ばらみ期に発病した場合には、葉に黄白色の斑紋が現われるだけで心葉が枯死することはないが、穂が出なくなり、いわゆる「出すくみ」となる。出穂したものでも穂軸、枝梗が波状に曲がり、結実することなく枯死する。本病は早期および早植栽培でとくに発病が激しく、収量が半減することもしばしばで被害が大きい。

病原　病原はイネ縞葉枯ウイルス *Rice stripe virus*（RSV）で *Tenuivirus* 属に属し1本鎖RNAを持つ。ウイルス粒子は紐状で長さ510、610、840および2,110nm、幅8nmであるが、感染したイネ細胞中には感染特異タンパク質が大量に存在するため、ウイルス粒子との識別は困難である。イネのほかムギ類など多くのイネ科植物がRSVに感染するが、自然感染はまれで、伝染源としての重要度は低いと考えられている。汁液、種子、土壌では伝染しない。

生態　病原ウイルスはヒメトビウンカ、サッポロトビウンカ、シロオビウンカ、セスジウンカによって媒介されるが、主要種はヒメトビウンカである。伝搬の様式は永続的

①縞葉枯病初期の葉の病徴　②罹病株のゆうれい症状　③媒介虫ヒメトビウンカ（林）　④ヒメトビウンカ幼虫（林）

で、虫体内で増殖し、経卵伝染する。伝搬の能力は成虫および老熟幼虫が高く、若齢幼虫は低い。すなわち、成虫は罹病植物の吸汁2日間でほとんど全部の個体が、数時間の吸汁でも30%近くが保毒する。これに対し若齢幼虫では、1〜5日間罹病植物から吸汁しても保毒する率は10%台である。罹病植物を吸汁して保毒したウンカは、虫体内の潜伏期間5〜10日を経て永続的にウイルスを媒介する。保毒した雌虫では、卵を通してウイルスが高率に子孫に伝えられる、いわゆる経卵伝染をする。感染したイネ株は越冬せずRSVはヒメトビウンカの幼虫体内で越冬する。保毒虫はムギ畑や水田雑草で越冬し、翌春第1回成虫になってムギ類に産卵する。この卵から孵化した幼虫、すなわち第1世代幼虫は、水田裏作や畑のムギで生育し5月中〜下旬から羽化して第2回成虫となる。第2回成虫は長翅型で行動範囲が広く、苗代や本田に移動しRSVを媒介する。第2回成虫はイネで産卵を繰返しながら、成虫と幼虫でウイルスを媒介する。イネは生育の時期によってウイルスに対する感受性が異なり、植付期から分げつ期には感染し易く、普通15日〜20日後には発病するが、分げつ期を過ぎると感染し難くなり約30日後に発病する。早い時期の感染ほど発病が激しく、分げつ期頃までに感染した発病株はほとんど枯死する。幼穂形成期以降の感染では出穂はするが、穂は出すくみ、不稔が多くなる。さらに後期の感染では、症状は軽く被害も小さい。なお、梅雨時に中国から飛来するヒメトビウンカは高率に保毒していることがある。

防除 ①ウンカによって媒介される期間が長期にわたるので、多発地帯では抵抗性品種の栽培が最も経済的で実効のある防除法である。日本の水稲品種の多くは罹病性であるため、外国稲の抵抗性品種Modanを母本にしてSt. No. 1や中国31号が育成された。さらにこれらを母本にして優れた抵抗性を持つ実用品種として、ミネユタカ、むさしこがね、ひめみのり、星の光、月の光、青い空、アケノホシ、タマホナミなどが中国農業試験場を中心に、各地の試験場・研究機関で育成されているので、これらの品種を利用栽培する。なお最近新しく「ほしじるし」という良食味で抵抗性の品種が育成されている。②早期・早植栽培地帯では第2回成虫の飛来が早く、被害が出易いので本病の発生が多い所では作期を遅らせる。③麦畑、牧草畑の近くでの育苗は避ける。④生育の優れたイネでの発病が多く、また、多窒素条件下で多発するので肥培管理に注意する。⑤苗代や本田に飛来する保毒ヒメトビウンカによる加害が、本病の発生を左右するので、周辺のムギ畑、田植後は水田で殺虫剤を散布する。また、常発地帯では、越冬ヒメトビウンカを減らすため、耕起、雑草防除を行う。

（日比野啓行）

⑤ 縞葉枯病被害株　⑥ 縞葉枯病による奇形穂　⑦ 縞葉枯病罹病株の籾の変色

1.4 壊疽モザイク病　Necrosis mosaic
Rice necrosis mosaic virus

　本病は1959年頃から岡山県下の一部で発生が認められ、畑苗代の普及に伴い発生が拡大し、1970年には関東以西の各地に発生するようになった土壌伝染性のウイルス病である。1975年以降、苗箱育苗の普及により発生は激減し、現在被害はない。

　病徴　普通期栽培のイネでは、早ければ田植頃から発病が見られるが、目立つようになるのは最高分げつ期以降である。初め下位葉に葉脈に沿って淡緑色に退色した長紡錘形の斑紋を生じ、後に淡緑色の条斑になり、モザイク状になって黄化する。生育が進むにつれて淡緑色の斑紋は上位葉にも現われる。感染した株は、やや萎縮し、分げつが減り株元が広がる。本病の最も特徴のある病徴は、稈の基部付近の節、節間、葉鞘の基部などに暗褐色～黒褐色の壊疽斑を生ずることである。この壊疽斑は、生育が進むにつれて上位葉へ進み、激しい時には止葉の葉鞘や穂首・枝梗にも現われ、籾には褐色の斑紋を生ずることがある。感染株は出穂はするが穂長は短く、一穂の着粒数も少なく稔実不良となり、発生がひどい時には収量は半減する。

　病原　病原はイネ壊疽モザイクウイルス *Rice necrosis mosaic virus*（RNMV）で *Bymovirus* 属に属す。ウイルス粒子は紐状で長さ90～1,800nm、幅は13～14nm、275nmと550nmの2ヵ所に分布のピークがあり、1本鎖RNAを持つ。形状や土壌伝染性など、オオムギおよびコムギ縞萎縮ウイルスによく似ている。罹病イネの葉鞘内側表皮細胞内にはX体が見られる。イネ汁液中での本ウイルスの不活化温度は60～65℃10分、希釈限界は5,000～10,000倍である。宿主範囲は狭く、イネ科植物の一部に限られ、イネのほかタイヌビエ、スズメノテッポウ、カズノコグサに寄生性を示すが、オオムギ、コムギには寄生性はない。

　生態　RNMVは土壌伝染性のウイルスで、変形菌の一種 *Polymyxa graminis* によって媒介される。病原ウイルスは罹病イネの根に寄生した *P. graminis* の体内に取込まれ、保毒した *P. graminis* は被害残渣と共に土壌中で休眠胞子の形で越冬する。播種期になると休眠胞子は発芽して遊走子を遊出、遊走子は幼苗の根毛に付着して組織内に侵入、同時にウイルスを媒介する。RNMVの感染は、主に播種後15日の間に畑苗代で起こり、湛水状態の苗代や本田での感染はほとんど起こらない。多くのRNMV分離株では、汁液伝染および種子伝染は認められていないが、これらの伝染を起こす系統の報告があり検討を要する。

　防除　本病は畑苗代で感染が起こるので、畑苗代とせず水苗代にするか箱育苗とする。箱育苗の場合、床土に前年の発病苗代あるいは発病水田の土壌は用いない。発病の恐れがある時は土壌消毒を行う。

（日比野啓行）

①壊疽モザイク病被害株　②葉の斑紋　③稈の病徴、暗褐色～黒褐色の壊疽斑が特徴

1.5 トランジトリーイエローイング病（黄葉病） Transitory yellowing（Yellow stunt）
Rice transitory yellowing virus （Rice yellow stunt virus）

1976〜77年に初めて石垣、沖縄本島で発生が認められた。国外では、中国、台湾、マレーシア、タイ、ベトナムに発生する。中国では1960年代にわたって、台湾では1961〜1963年にかけて多発生した。中国ではYellow stunt（黄化萎縮病）と呼ばれている。

病徴 植付け2〜3週間後から散発する。発生は畦畔近くに多く、次第に坪状に広がる。病徴はツングロ病に酷似し、葉は下葉から順次、黄〜橙色に変わり、橙色の葉には褐色の汚斑が連なって現われることが多い。幼苗期に感染すると葉の展開角が大きくなり、草丈は著しく短縮し、分げつは減少し、葉全体が橙色となり先端から巻いて枯れ、やがて枯死する。生き残った株は30〜40日後になると、新葉の黄化症状は次第に軽くなり、生育後期には一部の下葉にのみ黄化が残るようになる。後期に感染すると、病徴は出穂期まで現われず、止葉が短くなり、先端が黄化する。発病株は出穂はするが、穂は小さく籾は変色し不稔となる。

病原 病原はイネ黄葉ウイルス Rice transitory yellowing virus（RTYV）（Rice yellow stunt virus）で Nucleorhabdovirus 属に属す。このウイルスは膜に包まれた大型のウイルスで、大きさは純化の方法あるいは切片を用いた方法など試料の状態により若干異なっているが120〜180×100nmで、粒子の一端は丸く、他端は平坦な弾丸型をしている。RTYV粒子はイネ細胞の核の内膜の外側で成形され、内膜と外膜との間に集積する。感染したイネ体内でのウイルスの分布は、篩部組織とその周辺の葉緑細胞に限定されている。

生態 RTYVは、クロスジツマグロヨコバイ、タイワンツマグロヨコバイ、ツマグロヨコバイによって永続的に伝搬される。感染イネで吸汁したヨコバイは1〜2週の潜伏期間を経て伝搬を開始し、死ぬまで伝播能を保持する。RTYVは媒介虫の体内で増殖するが、経卵伝染はしない。媒介虫の伝搬効率は、クロスジツマグロヨコバイ、ツマグロヨコバイで高く、タイワンツマグロヨコバイではやや低い。媒介虫のウイルス伝搬効率は、ヨコバイを採取した地域により異なる。ウイルスを保毒したヨコバイを交配して得られる個体群の伝搬効率は高くなる。RYSVは数種イネ科雑草に感染するが、自然感染は少なく伝染源としては重要ではない。伝染源は感染したイネ株、再生芽および前期作でウイルスを保毒した越冬世代虫である。イネの2毛作が行われている中国南部、台湾、沖縄では、後期作での発生が多い。

防除 本病の発生は、沖縄本島、石垣島のみで、被害は限られており、防除はほとんど行われていない。イネの生育の初期に殺虫剤を散布すると効果がある。中国、台湾では前期作、後期作とも植付け後の殺虫剤散布の効果が高い。

（日比野啓行）

〔備考〕 本病は1960年台湾南部で初めて発生が認められ、当初は生理障害と考えられていたが1963年にウイルス病であることが明らかにされた。わが国ではこれより10年以上遅れて沖縄本島・石垣島に限り発生が認められたが、現在ほとんど発生はない。病名目録では英名はTransitory yellow dwarfとしてあるが、その出所が明らかでなく、外国の文献にもこのような表現は見られないので、ここでは当初用いられていたTransitory yellowingを採用した。

①初期の病徴　②典型的な症状　③RTYVの粒子（大村）　④イネ細胞内のRTYV（日比野）

イネの病害

1.6　グラッシースタント病（褐穂黄化病）　　Grassy stunt
Rice grassy stunt virus

　グラッシースタントはフィリピンで 1962 年に発生が認められ、1964 年にトビイロウンカによる媒介が明らかにされ、1983 年には病原ウイルスが分離された。1970 年代以後、媒介虫トビイロウンカの大発生と共に広く南アジア、東南アジア、中国、日本、台湾に広がり、とくに熱帯アジアで多発生を繰返した。1990 年以後、ベトナムを除く熱帯アジアでの発生は沈静化している。国内では 1978 年福岡、鹿児島で初めて発生、翌 1979 年から 1983 年にかけて九州全県で発生し問題になった。また、1980 年代初めには中国・四国地方でも発生が認められた。現在発生は認められていないが、東南アジアでの流行状況の影響を受ける可能性が指摘されている。

　病徴　生育初期に感染したイネは、激しく萎縮し、叢生し、葉は細く、短い銹状の小斑紋を生じ、株は全体に黄化する。感染イネはほとんど出穂しない。生育後期に感染すると葉に多数の壊死斑を生じ、穂は褐変する。グラッシースタントの激発水田では、ラギッドスタントによる被害とトビイロウンカの吸汁による被害が同時に発生することが多い。東南アジアではウイルスの系統によってはオレンジ色に変色し、ツングロ病に似た症状を呈する場合もある。また、分げつ期の病徴は黄萎病にもよく似ていて判断が難しいことがあるが、ELISA 法によって簡単に診断ができる。

　病原　病原はイネグラッシースタントウイルス *Rice grassy stunt virus*（RGSV）で *Tenuivirus* 属である。このウイルスは長さ 200〜2,400 nm の環状の細い紐状で、1 本鎖 RNA を持つ。感染したイネ株では、感染特異タンパク質が作られ、繊維状構造物として細胞質中に散在、または集塊を作る。宿主範囲は狭く、イネのほか野生イネなど少数のイネ科植物に限られ、汁液、種子、土壌伝染はしない。RGSV に対する抗血清はイネ縞葉枯ウイルスとも弱く反応する。感染特異タンパク質に対する抗血清は、イネ縞葉枯ウイルスの感染特異タンパク質とも反応する。

　生態　RGSV はトビイロウンカによって永続的に伝搬される。RGSV 感染イネ株で吸汁したウンカは 1〜2 週間の潜伏期間の後伝搬を開始し、死ぬまで伝播能を保持する。RGSV は媒介虫体内で増殖するが経卵伝染はしない。トビイロウンカは、日本では越冬できず毎年初夏にベトナムなどから中国南部を経て多数飛来する。飛来したウンカは低率ではあるが RGSV を保毒しており、トビイロウンカの拡散と共に RGSV を拡散する。

　防除　飛来したトビイロウンカに対する殺虫剤散布による防除が有効である。浸透性殺虫剤の苗箱施用も効果が高い。
（日比野啓行）

①グラッシースタント病発生田：圃場による発病度の違いが目立つ　②葉の病徴　③激発田
④媒介虫トビイロウンカ雌成虫（日比野）

1.7 ラギッドスタント病（旋葉萎縮症）　Ragged stunt
Rice ragged stunt virus

1976〜77年にインドネシア、フィリピンで新たに発生が認められたウイルス病で、媒介虫トビイロウンカの大発生に伴い、南アジア、東南アジアおよび中国、日本、台湾に広がり、とくに熱帯アジア各地で多発生を繰返した。1990年以後、タイ、ベトナムを除く熱帯アジアでの発生は終息している。わが国では、1979〜1980年に九州で発生が認められたが、以後立毛での発生は認められていない。

病徴　感染したイネの新葉は短く、葉先の捻じれ、葉縁に切込みを生じる。葉の裏側および葉鞘の脈がやや隆起し、条状に盛り上がる。その後新葉の病徴は軽くなり、株全体の病徴は目立たなくなるが、イネの生育後期になると再び病徴が目立つようになる。とくに発生がひどい水田では草丈は短く、紋枯病との混発が目立つ。止葉は短く、葉先の捻じれ、葉縁の切込み、葉脈の隆起を生じる。穂は短小で、出すくみ、不稔粒が多い。

病原　病原はイネラギッドスタントウイルス *Rice ragged stunt virus*（RRSV）で *Oryzavirus* 属に属し、直径65〜75 nmの多角体で、直径約50 nmの内殻の周囲を突起が取囲む構造をしている。RRSVは10分節の2本鎖RNAを持つ。感染したイネでは、RRSVは篩部および隆起した葉脈の組織細胞のviroplasm様封入体内および細胞質内に散在している。宿主範囲はイネのほかオオムギ、ライムギ、エンバク、トウモロコシ、スズメノテッポウなどのイネ科植物に限られている。このウイルスは汁液、種子、土壌によっては伝染しない。

生態　トビイロウンカにより永続的に伝搬される。感染株で吸汁したウンカは1〜2週間の潜伏期間の後伝搬を開始し、死ぬまで伝搬能を保持する。RRSVはウンカ体内で増殖するが、経卵伝搬はしない。伝染源は、初夏にベトナムなどから中国南部を経て飛来するRRSVを保毒したトビイロウンカである。RRSVは、接種により多くのイネ科作物、雑草に感染するが、トビイロウンカはイネ以外を好まず、雑草等の自然感染はほとんどない。RRSVの起源は不明であるが、元は熱帯アジアに発生していたイネ科雑草のウイルスで、トビイロウンカが水田に持込んだものと推測されている。

防除　本ウイルスはわが国ではRGSV同様南方から飛来するトビイロウンカによって媒介される。発病後の拡散はトビイロウンカによるので、トビイロウンカの早期防除が基本である。また浸透性殺虫剤の苗箱施用も効果がある。

（日比野啓行）

①ラギッドスタント病発生田（タイ）：紋枯病との混発が目立つ　②被害株初期の症状：新葉が捻じれる（日比野）
③被害穂　④イネ細胞内のRRSV（日比野）

1.8 矮化病　Waika
Rice tungro spherical virus

　1967～68年に佐賀、福岡、鹿児島県で発生、症状からイネ矮化病と呼ばれ、1971～73年には広く九州および中国地方の一部に拡大し、大きな問題となった。しかし、1974年には発生が激減し、1978年以後発生はない。病原は、初めRice waika virusと名付けられたが、その後ツングロ病の病原ウイルスの一種RTSVと同種か近縁であることがわかり、ツングロ病常発地から九州に持込まれ、ツマグロヨコバイにより広がったものとされている。

　病徴　イネ矮化病の病徴は軽く、8月頃にやっと目立つようになる。発病すると、草丈が坪状に落込み、生育が不揃いで、少し萎縮し、やや黄化する。罹病イネは、出穂するが、変色米が多くなり20～30%の減収となる。

　病原　病原はイネツングロ球状ウイルス *Rice tungro spherical virus*（RTSV）で *Waikavirus* 属に位置付けられており、後述のツングロ病の病原の一つと同一と考えられて いる。（詳細はツングロ病の項参照）

　生態　病原はツマグロヨコバイにより半永続的に伝搬される。イナズマヨコバイ、クロスジツマグロヨコバイ、タイワンツマグロヨコバイも伝搬する。病株で吸汁したヨコバイは潜伏期間なしに直ちにウイルス伝搬を開始するが、ウイルス伝搬能を保持する期間は短く、数日でウイルスを失う。伝染源はRTSVに感染したイネの再生芽、および自然発芽イネ株である。罹病イネ株で吸汁したヨコバイが早植えの水田に移動しウイルスを伝搬する。冬期の温度が低いと病株の越冬が減り、矮化病の発生は減る。1971～73年には冬の温度が平年より高く、1974年には平年より低かったことがわかっている。

　防除　矮化病の防除は、田植え直後の殺虫剤散布が有効である。殺虫剤の苗箱施用も効果が高い。

（日比野啓行）

1.9　ツングロ病　Rice tungro
Rice tungro bacilliform virus, *Rice tungro spherical virus*

　ツングロ病は1963年フィリピンの国際イネ研究所（IRRI）の圃場で初めて発生が記録され、タイワンツマグロヨコバイにより媒介されるウイルス病で、熱帯アジア各地に広く分布し、被害の大きい病害であることが明らかにされた。これより先1930年代後半から1940年代にかけて、フィリピンではCadang-cadang (yellowing)、マレーシアでPenyakit merah (red disease)、インドネシアでMentekと呼ばれ、生理的障害が原因と考えられていた障害も全て本病で、古くから熱帯アジアで発生しており、1960年代以降灌漑水田地帯で大発生を繰返してきたイネの重要病害である。なお本病は、中国南部にも発生する。

　病徴　ツングロ病の主な病徴は、葉の矮化と変色であるが、これらの度合はイネの品種、環境条件、イネの生育時期やウイルスの系統によってかなり変化が見られる。常発地帯では通常田植後1～2週間すると発病し始める。感染イネの新葉は出すくみ、先端から黄色（ジャポニカ系品

①矮化病被害株（日比野）　②ツングロ病被害株

種）またはオレンジ色（インディカ系品種）に変色する。

イネの生育と共に，感染は初発株から坪状に広がり多発時には坪は互いに癒合し，水田全体に広がる。穂は出すくみ，小さく，不稔粒が多くなる。

なお本病は後述のように2種類のウイルス RTBV および RTSV が病原として関与するが，RTBV に単独感染したイネは，軽いツングロ症状を呈する。これに対し RTSV に単独感染したイネは，軽い萎縮のみを生じ，混合感染株では重いツングロ症状を生じる。通常，熱帯アジアで広く栽培されているインディカ品種での RTSV の病徴は軽いが，ジャポニカ品種では萎縮，黄化を示すことがある。

病原 病原は Rice tungro bacilliform virus（RTBV）*Badnavirus* 属と前述の RTSV が関与する。まず，1967年に感染したイネから球状ウイルスが分離され，病原ウイルスと考えられていたが，1975年には別に桿菌状ウイルスが見出され，1978年に両ウイルスとツングロ病との関係が明らかにされた。さらに1983年には両ウイルスが別々に純化され，抗血清が作成された。RTBV は長さ100～300 nm，幅25～35 nm の桿菌状で，2本鎖 DNA を持ち，感染イネでは篩部およびその周辺組織に局在している。RTSV は直径約30 nm の多角体で，1本鎖の RNA を持つ。感染イネでは篩部組織に局在している。

RTBV，RTSV とツングロ病との関係は複雑である。RTBV は単独ではヨコバイにより伝搬されず，RTSV 感染イネで吸汁したヨコバイによってのみ伝搬される。すなわち，RTBV が病徴を生じ，RTSV 自身は病徴をほとんど生じないが，RTBV の伝搬を助け，その病徴を強めている。熱帯アジアでは，RTSV は単独で潜在的なウイルスとして広がっており，熱帯アジアでのイネの収量が低い原因の一つになっている。

生態 RTBV，RTSV は，共に主にタイワンツマグロヨコバイにより半永続的に伝搬される。クロスジツマグロヨコバイ，イナズマヨコバイ，ツマグロヨコバイも伝搬する。タイワンツマグロヨコバイは，イネ以外の植物をあまり好まないこともあり，ツングロ病の伝染源は，圃場に残った感染イネとツングロ病の発生した水田から飛来するヨコバイである。収穫後，媒介虫は自然発芽イネ，イネ科雑草，次いで再生芽に移り，水田内の密度は通常急速に低下する。熱帯アジアの灌漑地帯では，通常イネの周年栽培が行われており，タイワンツマグロヨコバイは，年中，植付け直後の水田に飛来してくる。タイワンツマグロヨコバイの移動距離は限られており，長くても30 km といわれている。

防除 ①生育初期に殺虫剤を散布し媒介虫を防除する。②媒介虫抵抗性，ウイルス抵抗性を持った品種が育成されているので，これらを利用する。③イネの乾季作と雨季作のある地域では，この間に1ヵ月ほど休耕期を設けると，ツングロの伝染源とヨコバイの密度が減少し発病が遅れ被害がなくなる。

（日比野啓行）

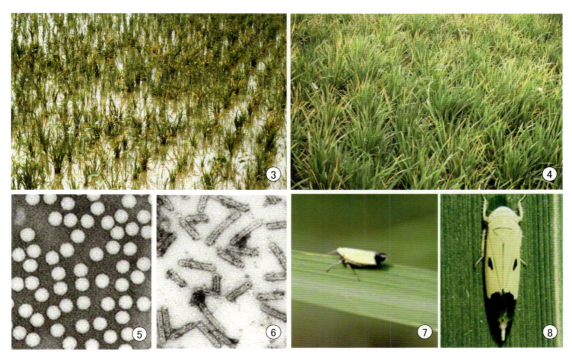

③移植直後のツングロ病発生田　④ツングロ病激発田（日比野）　⑤ツングロ病原ウイルス RTSV（日比野）
⑥ツングロ病原ウイルス RTBV（日比野）　⑦ウイルスを媒介するツマグロヨコバイ成虫（林）
⑧タイワンツマグロヨコバイ雌成虫（日比野）

1.10 黄萎病 Yellow dwarf
Phytoplasma oryzae

　黄萎病はツマグロヨコバイなどにより永続的に伝搬されるため、病原は長らくウイルスと考えられていた。1967年に本病など植物の萎黄叢生病はそれまで全く知られていなかったマイコプラズマ様微生物（MLO）によって起こることがわかった。その後、病原は細胞壁を持たない篩部局在性の難培養性細菌ファイトプラズマと呼ぶことになった。わが国のほか中国、韓国、台湾、熱帯アジアに広く分布する。

　イネ黄萎病は1910年頃から高知県で発生が認められていたが、1952年頃から広く太平洋沿岸に沿って発生が拡大し、1958年以降は、イネの早植え早期栽培の普及と共に広く関東以西、沖縄まで発生が拡大し、大きな被害を出した。しかし、現在発生は全体に少ない。

　病徴　病徴が現われるのは遅く、感染後30～40日後で、新葉の黄化が始まる。通常植付け後約2ヵ月経過して初めて病徴が目立つようになる。感染したイネは萎縮、叢生するが、萎縮病や縞葉枯病などと違って葉に斑点や条斑は現われず一様に全体が黄化する。葉は全体が柔らかめで、やや垂れる。感染したイネは出穂せず、出穂しても小さく不稔となるが、発病のひどい株は出穂期前後に枯死する。本病は比較的発病が遅いので、発生が少ない時は容易に発見できないが、感染したイネの刈株に生じた再生芽（ヒコバエ）は明瞭な病徴を生じるため、萎黄病の発病率は刈株で検査することが多い。

　病原　病原は篩部局在性の難培養性細菌で、暫定的な学名として *Phytoplasma oryzae* が付されている。この病原は直径60～600nmで原形質膜に包まれ、内部に核様体およびリボゾームを持つが、細胞壁は欠いている。2分裂で増殖し培地での培養はできない。遺伝子DNAの多型分析やリボゾーム遺伝子の塩基配列解析により病原の検定が可能である。

　生態　病原のファイトプラズマはツマグロヨコバイ、クロスジツマグロヨコバイにより永続的に伝搬され、タイワンツマグロヨコバイも伝搬する。これらの媒介虫は罹病したイネを3時間加害し吸汁するとほとんど100％が病原ファイトプラズマを獲得する。病原は媒介虫の体内で増殖し、普通30日前後の潜伏期を経て媒介されるようになる。感染したイネは1～3ヵ月の長い潜伏期間を経て発病する。このように潜伏期間が非常に長いのが本病の特徴である。経卵伝染はしない。野生イネと数種のイネ科雑草が黄萎病に感染するが、自然感染は少なく、伝染源としては重要でない。伝染源は感染したイネ再生芽で吸汁し、保毒した越冬世代のヨコバイで、植付けられたイネに移動し萎黄病を拡散する。

　防除　植付け後の殺虫剤散布が有効である。とくに浸透性殺虫剤の箱施用は効果が高い。冬期の水田の耕起はヨコバイの密度を減らし防除効果が高い。抵抗性品種の実用的なものはまだ見当たらない。

（日比野啓行）

①黄萎病発生田　②黄萎病ヒコバエの病徴　③刈株に明確な病徴　④黄萎病病原ファイトプラズマ（日比野）

1.11 籾枯細菌病　　Bacterial grain rot
Burkholderia glumae (Kurita & Tabei 1967) Urakami, Ito-Yoshida, Araki, Kijima, Suzuki & Komagata 1994
Burkholderia gladioli (Severini 1913) Yabuuchi, Kosako, Oyaizu, Yano, Hotta, Hashimoto, Ezaki & Arakawa 1993

1955年頃から北九州一帯で籾に発生し、新しい病害で籾枯細菌病と名付けられた。その後、北海道を除く各地に発生、わが国だけでなくタイ、マレーシア、スリランカ、インドネシア、台湾、韓国など広くアジアの稲作地帯で発生が認められている。

病徴　主に籾に発生する。一般に出穂2日後くらいから、初め籾の基部が淡黄色～褐色になり、次いで籾全体が緑色を失い、灰白色から蒼白色になって枯死し、後に淡紅色～淡褐色になる。籾の基部で小穂軸に接する部分は濃褐色を呈する場合が多い。激しく罹病すると、子房の発達が停止し穂は直立穂となる。また、罹病した穂の籾は不完全粒となり、米粒に本病特有の褐色の条が形成されるか、淡褐色～乳白色の米粒となる。

籾の病徴が明らかにされて後、箱育苗で保菌種子を播種し高温・高湿の下で育苗すると苗腐敗症を起こすことが確認された。すなわち、出芽期から緑化期にかけて苗は淡褐色に腐敗して、発病の激しい時は発病苗を中心に坪枯れ症状を呈する。なお本病は、本田では穂・籾以外では明らかな病徴は認められない。

病原　最初記載時は *Pseudomonas glumae* と称したが、後に *B. glumae* に改められた。一極に1～3本の鞭毛を有するグラム陰性菌で、大きさ 1.5～3.0×0.5～0.6μm である。ジャガイモ半合成培地上で乳白色のコロニーを作り、生育の最低温度は10～15℃、最高温度43℃、発育適温は30～35℃、生育好適pHは6.0～7.5である。

2006年には本病の病原として *B. gladioli* が新たに加えられた。この菌は、シンビジュウムなどラン科植物やタマネギなどの腐敗を起こす細菌として記録されており *B. glumae* によく似た細菌であるが、L-酒石酸、ニコチン酸、クエン酸やラフィノーズなどの利用に関し細菌学的性質が異なり識別可能である。

生態　典型的な種子伝染性の病害である。本細菌は出穂期に籾の内・外頴の気孔などの開口部から侵入し、主に頴の内側の表面で増殖する。このような保菌種子を播種すると、高温多湿の条件下で苗腐敗症を起こす。苗腐敗を起こさず本田に移植された外観健全な保菌苗では、病原菌は下位の葉鞘で増殖、順次上位葉鞘に移行し、出穂期に籾に感染する。菌の生育適温が高いため、穂への感染は出穂期～出穂10日後の高温・多湿の時に起こり易い。

防除　基本的に品種の真性抵抗性は見られない。したがって防除は、①健全な種籾を確保する。②種子消毒を登録薬剤で行う。③また箱育苗時および本田で有効な剤が多数登録されているので、これらを適期に散布して、効果的な防除を行う。

①籾枯細菌病激発田　②病徴　③被害米（門脇）　④籾枯細菌病による苗立枯れ

1.12 白葉枯病 Bacterial leaf blight
Xanthomonas oryzae pv. *oryzae* (Ishiyama 1922) Swings, Van den Mooter, Vauterin, Hoste, Gills, Mew & Kerters 1990

1884年福岡県下で発生が確認され、1965年には発生面積は50万haに達し、古くから日本の重要なイネの病害として対策が検討されてきた細菌病である。今日では熱帯の稲作地帯はもちろん世界の稲作地帯における重要な病害となっている。

病徴 苗代や本田の移植後から発病するが、通常出穂期前後に発生が目立つようになる。分げつ期以後に初め葉縁が変色し、後に淡黄色〜灰白色〜白色となり、葉縁に沿って波状の病斑を形成する。台風の後や、冠水したイネなどでひどく発生した場合には水田が一面に白くなる。このように旧版では病徴を説明してきた。ところが発生が世界的になると、発病の仕方にも変化が見られ病徴も複雑になってくる。すなわち、発病の仕方により、苗の急性萎凋症（クレセック）、若い葉が黄化する黄葉症、分げつ期から出穂期にかけて葉の縁から黄白色に枯れる典型的な白葉枯病の症状といわれた葉枯症、の三つのタイプに大別することができる。とくに近年注目されるのは苗の急性萎凋症（クレセック）である。この症状は、移植1〜3週間後のイネに突然発生するもので株全体、あるいは一部の葉身が急激に萎凋し、灰黄緑色から蒼白色になって枯死する。この症状は1960年代以降、多収性のIR8などの普及により、インド、インドネシア、フィリピンなどの熱帯地域でインド型品種で大発生し被害が大きい。黄葉症は若い葉が淡黄色に変色、あるいは幅広い黄色の縞模様を呈するもので、根冠部や茎節部が感染した時に現われる。葉枯症は冒頭に記述したように、従来から見られた典型的な病徴であるが、このタイプでも菌の系統やイネの品種などによって蒼白色の水浸状の大きな病斑が生じ、急激に萎凋することがある。また籾には激発すると蒼白色、浸潤状の病斑ができる。出穂直後にひどく侵されると、全体が蒼白色を呈し萎凋して枯死する。とくに熱帯ではインド型品種でこの病徴が目立つ。

病原 培地の上で黄色のコロニーを作る細菌で、短桿状で、大きさ1.0〜2.0×0.8〜1.0μm、1本の極生鞭毛がある。好気性でグラム陰性、芽胞を形成しない。菌の分離株により病原性が異なる場合が多い。すなわち、病原菌にレース（race）が存在する。レースは抵抗性品種の突然の罹病化により研究が進められ明らかになったもので、金南風群、黄玉群、Rantai Emas群、早生愛国群の4品種群に対する病原性によりⅠ、Ⅱ、Ⅲのグループに類別され、その後インドネシアでⅣ、Ⅴ、Ⅵ群が発見された。さらにわが国でもⅣ、Ⅴ群菌の存在が明らかになり、わが国ではⅠ〜Ⅴの5群菌が存在する。なお、東南アジア全体ではこれよりはるかに多い28レースが存在するという。

①白葉枯病初期の病徴　②典型的な病斑　③白葉枯病クレセック症状（植松）

病原菌の学名については、初め *Pseudomonas oryzae* とされたが、その後培地上で黄色コロニーを作るということで *Bacterium* から *Xanthomonas* 属とされ、一時、*X. campestris* pv. *oryzae* が用いられたこともあったが、分類学的特性を重視する観点から *Xanthomonas oryzae* pv. *oryzae* となっている。

生態 この病原細菌は、低温・乾燥に強く、室内に保存された被害籾、被害稲藁、サヤヌカグサの罹病葉・地下茎などについて容易に越冬することができる。また、地域によっては、被害株の刈株上でも越冬可能である。越冬した菌はサヤヌカグサやイネの幼苗で増殖し、水で媒介される。苗代期や本田初期に洪水などによって冠水した時、病原細菌は、葉上に生じた傷口、気孔や水口などの自然開口部から侵入する。このため、苗代期や本田初期に洪水などにより冠水、あるいは台風に遭うと発病が多くなる。

稲白葉枯病の発生地帯の水田、河川の灌漑水や土壌中には白葉枯病菌に特異的に寄生するファージが存在する。このファージは4種が知られており、それぞれ白葉枯病菌に対する寄生性が異なっている。自然界におけるファージ量の消長を調べることにより白葉枯病の動態を知ることができ、その生態の解明や発生予察技術の進歩に役立ったことは特筆に価する。

防除 ①抵抗性品種の利用が最も効果的な防除法ではあるが、かつて黄玉群の代表的な真性抵抗性品種とされたアサカゼが罹病した苦い経験がある。したがって、その地域に分布するレースを検討し、真性抵抗性だけでなく圃場抵抗性を考慮に入れて品種を選択する。これまで、国・各都道府県など多くの試験研究機関で長年にわたって評価・検定した結果があるのでこれを参考にして選ぶ。日本晴、アキニシキ、コシヒカリ、アキヒカリ、トヨニシキ、キヨニシキなどは強い品種と判定されている。②苗代の周辺から宿主雑草であるサヤヌカグサを可能な限り除去する。また常発地では、苗代感染を防ぐため苗代は浸冠水をしないような場所に設置する。③栽培面では、苗代、本田を通じて窒素過多にならないよう注意する。④ファージ法を利用した発生予察法などの情報を有効に利用し、有効な薬剤が登録されているので、これらを利用し効果的な防除を行う。

④品種 IR36 で激発した白葉枯病　⑤白葉枯病の典型的な病斑は白色　⑥品種や条件によっては病斑は褐色
⑦病原細菌電顕像（脇本）　⑧病原細菌バクテリオファージ（植松）

イネの病害

1.13 内頴褐変病　Bacterial palea browning
Pantoea ananatis（Serrano 1928）Mergaert, Verdonck & Kersters 1993

1990年前後から米の品質に対する関心が高くなり、品質低下の要因の一つとして病害とくに籾に発生する病害が注目されるようになった。内頴褐変病もその一つである。

病徴　出穂数日後から籾に発生する。初め籾の内頴の基部または内外頴の縫合部などが淡紫褐色に変色し始め、数日後に内頴全体が紫褐色〜暗褐色になる。時に外頴も変色し全体が褐変することがあるが、褐色米のように全部の籾粒が褐色になることはなく、必ず内頴だけが変色したものがあるので診断は容易である。罹病籾の玄米は茶米などになるものが多く、品質に大きく影響する。

病原　初め病原は *Alternaria oryzae* であると報告されたが（木村　1937）、その後の研究成果によって日本植物病名目録では *Pantoea*（従来の *Erwinia*）属の細菌だけが病原として挙げられている。この細菌の学名は幾多の変遷を経て現在上記のような学名となっている。本菌は周生鞭毛を有する短桿状の細菌でグラム陰性で芽胞は作らない。培地上で黄色、円形のコロニーを作る。この菌は元来細菌学的性質の変異の大きい非病原性の細菌群に属し、植物体の表面で腐生、あるいは植物の傷害を受けた部分に二次的に寄生する性質の強い菌群といわれている。したがって本病は、腐生生活をしていた菌が高温多雨の時に異常に繁殖し、風雨に運ばれて開花中に頴内に侵入して発病するものと推察される。感染の機構などの詳細は不明である。

1.14 葉鞘褐変病　Sheath brown rot
Pseudomonas fuscovaginae Miyajima, Tanii & Akita 1983

本病は北日本で冷害年に多発する。類似の病害は1955年 Klement によってハンガリーで新しい細菌 *Pseudomonas oryzicola* によるイネの新病害として発表され、1960年には中国からも類似の病害が報告されている。しかしわが国に発生するものは、これらと細菌学的性質が若干異なることから、新種と認められている。

病徴　穂ばらみ期以降に主として止葉の葉鞘に発生する。初め葉鞘に暗緑色水浸状、周縁不鮮明な斑紋を生ずる。病斑は拡大して暗褐色、中心部は灰白色〜灰褐色の大型病斑になる。発病が激しいと葉鞘全体が褐変腐敗する。穂は出すくみ、籾は大部分が暗褐色〜黒褐色に変色、不稔になるか茶米などになる。

病原　病原は細菌の一種、短桿状で1〜4本の極生鞭毛を有し、大きさ2.0〜3.5×0.5〜0.8μm、好気性、グラム陰性、寒天培地上では灰白色、円形、中高、全縁の集落を作る。14〜35℃で生育し、最適温度は28℃と報告されている。

生態　病原は被害藁や被害籾または水辺雑草で容易に越冬する。そして分げつ期の外観健全なイネや畦畔雑草などから病原細菌は検出されるので、これらの上で腐生的な生活を続け、穂ばらみ期に発病に好適な低温条件になると止葉の葉鞘の気孔や傷口からイネに侵入感染し発病する。とくに冷害などによりイネの正常な生育が阻害されると発病が多く、被害が大きくなると考えられる。

〔備考〕　ここに掲げた写真は1987年9月4日、中国雲南省双哨の2,200mの高地で撮影したもので、イネはかなりひどい冷害を受けていた。病原は未同定であるが、同行のイネ病害の専門家の判定によるもので、葉鞘褐変病類似症としておきたい。

① 内頴褐変病　　② 葉鞘褐変病類似症

1.15 褐条病　Bacterial brown stripe
Acidovorax avenae subsp. *avenae*（Manns 1909）Willems, Goor, Thielemans, Gillis, Kersters & De Ley 1992

本病は 1956 年に後藤和夫・大畑貫一によって最初に報告された病害である。高温・多湿条件でイネ苗を管理する箱育苗法の普及に伴って被害が発生するようになった。台湾、フィリピン、イラン、韓国などでも発生が確認されている。

病徴　育苗期に葉鞘から葉身にかけて褐色の条斑が形成される。また、病原細菌が生産するインドール酢酸によって葉鞘が湾曲したり中胚軸が異常に伸長する。分げつ期から幼穂形成期にかけてイネ全体が冠水すると、株腐れ症状が発現することがある。

病原　グラム陰性、好気性、1 本の極鞭毛を有する短桿状の細菌で、*Acidovorax* 属に属する。同種の細菌がトウモロコシ、シコクビエ、アワ、ホイートグラス、キビ、サトウキビなどのイネ科植物に褐条病、条斑細菌病あるいは赤すじ病を引き起こす。これらの病原細菌の寄生性を明瞭に区別することは難しいが、分離源植物に対して最も激しい症状を引き起こす傾向がある。

伝染　出穂・開花期に病原細菌が籾内に侵入して種子伝染する。育苗時に本病が発生する主な第一次伝染源はこの保菌種子であり、種子消毒により発病が抑制される。

（門田育生）

1.16 苗立枯細菌病　Bacterial seedling blight
Burkholderia plantarii（Azegami, Nishiyama, Watanabe, Kadota, Ohuchi & Fukazawa 1987）Urakami, Ito-Yoshida, Araki, Kijima, Suzuki & Komagata 1994

本病は 1986 年に畔上らおよび門田らによって最初に報告された病害であり、現在では全国で発生が確認されている。育苗期だけに発生する病害で、出芽時の高温と多量の潅水が発病を助長する。

病徴　発病初期には、苗の葉身基部に黄白化が見られる。根の生育も不良で、苗全体が萎凋して赤褐色になり枯死する。初期症状や被害が局所的に発生して「坪枯れ」となることなど、籾枯細菌病の苗腐敗症に類似するが、本病では苗が腐敗することはない。また、本田移植後のイネや籾には病原性を示さない。

病原　グラム陰性、好気性、3〜7 本の極鞭毛を有する短桿状の細菌で、*Burkholderia* 属に属する。細菌学的性質は籾枯細菌病菌 *B. glumae* に類似するが、41℃での生育など幾つかの性質で明瞭に異なり、血清学的にも識別できる。

伝染　本病原細菌は種子伝染し、催芽時に急激に増殖して苗を発病させる。育苗時の主な第一次伝染源はこの保菌種子であり、種子消毒により発病が抑制される。なお、イネ科雑草が自生する溜池の水には、感染・発病に十分な濃度の病原細菌が生息している場合があるので、育苗には使用しない。

（門田育生）

①褐条病（門田）　②褐条病菌による株腐れ症状（門田）　③褐条病菌電顕像（門田）　④苗立枯細菌病（門田）

1.17 条斑細菌病　Bacterial leaf streak
Xanthomonas oryzae pv. *oryzicola*（Fang, Ren, Chu, Faan & Wu 1957）Swing, Van den Mooter, Vauterin, Hoste, Gillis, Mew & Kersters　1990

　本病は1918年フィリピンでBacterial leaf stripe名の下に細菌により起こる病害として、病原の同定なしに報告された。病原については、中国Fangらの1957年の報告を基にISPPの植物病原細菌分類国際委員会で標記の病原名となった。本病はフィリピンおよび中国南部を始めとし、タイ、マレーシア、インド、ベトナム、インドネシアなど広く熱帯アジアで発生、被害もかなり大きく罹病品種では17～30％の減収に及ぶこともあるという。しかし、わが国では発生がなく、また、台湾でも発生していないといわれている。

　病徴　主に葉に発生する。初め葉に水浸状の明瞭な条斑を生じる。条斑の幅は 0.5～3mm くらい、長さは変異が大きく、2～5cm 前後のものが多いが、長いものは 10cm に達するものもある。この条斑は、葉脈に沿ってはいるが葉脈ではなく葉脈間が水浸状になっている。湿度の高い時などは、条斑の所々に淡黄色の細菌塊が小さいビーズ状に形成されている。後に、この水浸状の病斑は健全部との境界が不明瞭になり、色も淡黄色～褐色に変わる。病斑の拡大・進展は雨などで湿度が高い時に急速で、罹病性の品種などは葉全体が褐色になり枯死する。本病の発生末期の症状は白葉枯病に似ていて区別が困難といわれているが、白葉枯病の場合白くなって枯れることが多いのに対し、本病はむしろ褐色が強くなって枯れる傾向がある。

　病原　培地上で淡黄色のコロニーを作る桿状細菌で、大きさ 1.2×0.3～0.5μm。一本の極毛を有し、好気性でグラム陰性、芽胞を形成しない。生育適温25～28℃。イネ白葉枯病とは同じ種で病原性が異なるだけである。学名は長い間 *X. campestris* pv. *oryzicola* が用いられていた。

　生態　熱帯アジアの稲作地帯では白葉枯病と並んで重要なイネの病害である。苗代期でも発生するが、イネの分げつ最盛期頃に最も発生が顕著になり、出穂期になると目立たなくなる。湿度の高い時にとくに発生が多く、葉の先端から枯れ上がり、圃場全体が褐色を呈することもある。一般にjaponica型の品種は抵抗性は強いが、indica型品種の多くは罹病性で被害が大きいようである。病原細菌は雨水や灌漑水などで伝播され、葉の気孔や傷口から侵入し、柔組織中で増殖し拡散する。このため台風や強い風雨の後などに激しく発病し、被害が大きくなる。

　防除　抵抗性品種の栽培が考えられ、抵抗性品種の探索が進められているようである。Zenith, Te-tep など幾つかの品種は圃場で抵抗性を示すということが報告されているが、決定的な抵抗性を示す品種は明らかにされていない。また、無病の健全種子の利用が推奨されている。このほか、薬剤による防除も行われていると推察されるが、詳細は明らかでない。

①条斑細菌病発生状況　②初期症状：水浸状の病斑が目立つ　③中期の症状　④末期の症状
（写真はいずれもインドネシア・ムアラで撮影）

1.18 黄化萎縮病　Downy mildew
Sclerophthora macrospora (Saccardo) Thirumalachar, C. G. Shaw & Narasimhan

　古くから全国的に河川の流域や湖沼の周辺などの限られた地域に常習的に発生し、洪水などによって冠水すると大きな被害を与えることがあった。しかし近年は水稲栽培の機械化により育苗は苗代から全面的に箱育苗になり、また水田の基盤整備が進んで水田の浸冠水が少なくなり、発生面積は著しく減少、被害も一部の常発地に限られるようになった。

　病徴　苗代および本田の初期に発生する。苗代で発芽間もない時に感染すると本葉3～4枚になって病徴が現われる。葉は黄緑色、部分的に淡黄色を呈し、黄白色のかすり状の斑点ができる。湿度が高いと葉の裏面に白いかび(遊走子のう)を生じる。罹病株は草丈が低く、葉は短く広くなって俗にショウガ葉と呼ばれるようになる。根の発育は悪く、本田に移植しても枯れることが多い。本田で感染すると分げつ茎の葉は黄緑色を呈し短く幅は広くなる。穂は奇形穂になることが多い。

　病原　病原は卵菌綱に属する菌類で、遊走子のうと卵胞子を作る。遊走子のうは宿主の気孔から抽出した遊走子のう柄の先端に形成され、楕円形～紡錘形で無色ないし淡黄紫色、頂端に乳頭突起がある。大きさ60～114×28～57μm。遊走子のうは水中で発芽し30～50個の遊走子を作る。卵胞子は被害植物の組織内で受精した蔵卵器内に1個形成され、無色～淡黄褐色で厚い壁を有し、球形～楕円形で大きさ36～67×32～64μm、発芽するとその先端に遊走子のうを作る。菌の生育適温は15～20℃。宿主範囲は広くイネのほかムギ類、ヒエなどイネ科植物72種に寄生性を示す。

　生態　畦畔や水路などに自生する越年生のイネ科罹病植物中で越冬した菌および被害組織中に形成され越年した卵胞子がイネへの第一次伝染源になる。卵胞子は5年間も生きているものがあり、常に伝染源になる。越冬した菌は翌年の春、気温12～13℃以上になると遊走子のうを形成、発芽して生じた遊走子が降雨や灌漑水で運ばれてイネに到達、被のう胞子となって宿主に侵入する。イネへの感染は、発芽して間もない幼苗期と分げつ期の2回あり、侵入した菌は生長点の近くに達し発病する。

　防除　本病は古くは難防除病害の一つで、防除法としては苗代および水田での浸冠水による感染を防ぐことが最も有効な手段であったが、1980年代に予防・治療効果ともに優れた浸透性薬剤メタラキシルが開発され、薬剤による防除が可能になり、被害軽減に大きな役割を果たすようになった。

①黄化萎縮病罹病株　②罹病株の葉は短く、幅が広くなる　③被害穂は奇形になる(農技研)
④病原菌の分生子は発芽して遊走子を放出する(農技研)

イネの病害

1.19 いもち病　Blast
Pyricularia oryzae Cavara

　イネの全生育期間を通じて発生、とくに夏低温で多雨のいわゆる冷害の年には激発して被害を与えるイネの豊凶を左右する病害である。このため古くからイネの病害中最も恐ろしい病害と認識され、多くの大学・研究機関で本病の生態・防除法の研究が推進され、多数の成果が得られている。これまでの成果は、日本の植物病理研究の大きな流れを示している。

　病徴　葉、節、穂首、枝梗、籾と地上部の全ての部分に発生し、それぞれの部位にいもちを付し、葉いもち、節いもちなどと呼んでいる。葉（葉いもち）では、初め暗緑褐色水浸状の小さな斑点ができ、次第に大きくなり、病斑の内部は灰白色、周囲は赤褐色の長さ1～1.5cm、幅0.3～0.5cm前後の紡錘形または長紡錘形の病斑になる。発生がひどくなると病斑は融合し枯れ上がる。病斑の形や色は、イネの品種、栽培法、天候や病原菌の系統などによって異なるが、灰白色または暗緑色の大きな病斑が見られる時は蔓延する恐れがある。本田の初めに、罹病性品種で窒素過多、しかも降雨が続くと葉は枯れ、株が萎縮し、いわゆる「ずりこみいもち」となる。このようなものは出穂時には穂長が短く、枝梗が湾曲して奇形穂になり易く、甚だしいものでは穂が出ず被害が大きい。節が侵された場合は節いもちと呼ばれる。初め節部に小さい褐色の斑点が現われ、次第に下部の稈にも拡大する。病斑の中心部は褐色～濃褐色を呈しやや陥没、健全部との境界は不明瞭である。病勢が進むと節はスポンジ状になり黒くなって折れ、上部は枯死し、倒伏し易くなる。

　直接収量に大きく影響するのは穂に発生した場合で、穂いもちと呼ばれるが、発生する穂の部位によって穂首いもち、みごいもち、枝梗いもち、籾いもち、護頴いもちなどそれぞれの名称が付されている。これらのうち最も重要なのは穂首いもちである。この部分、すなわち穂の節の部分はいもち病に対する抵抗力が弱く、出穂直後から遅くまで侵される。初め穂首の節の下方に灰緑色の斑点を生じ、この斑点は急速に拡大し、色も灰褐色になり、さらに進んで周辺濃褐色～黒褐色となり、中心部は灰白色になる。出穂後早い時期に侵されると白穂になる。出穂の中～後期に罹っても著しく稔実が悪くなる。穂首の節から下の節間部分は俗に「みご(穂頸)」と呼ばれているが、この部分も穂首と同じように侵される。初め黒色の条斑を生じ、急速に拡大して「みご」全体を取巻き、穂首と同じような病徴を示し白穂になることが多い。枝梗が侵されると枝梗いもちと呼ばれ、いもち病の常発地帯などでは多く見られ被害も大きい。侵された枝梗は褐色～黒褐色を呈する。早い時期に侵されると枝梗は枯死し、その枝梗についている籾は不稔と

①いもち病葉の初期病斑　②葉の病斑（葉いもち病）　③葉いもち病の病斑型

なり白化する。普通出穂後しばらくたって乳熟期以後に発生することが多く、籾の充実が妨げられる。籾に発生すると籾いもちと呼ぶ。まず、籾の肩の部分に灰白色の斑点ができ、病斑は拡大して全体が灰白色になり、稔実不充分になって不完全米になる。

病原 病原は糸状菌の一種である。圃場での罹病イネの病斑上に分生子だけが見られる。分生子柄は単生または数本が叢生する。線状で先端は樹支状に屈曲し、淡褐色、長さ80〜160×4〜6μmで2〜3の隔壁がある。この分生子柄上に普通3〜5個の分生子を形成する。分生子は洋梨形で、無色〜淡いオリーブ色、2個の隔壁があり、隔壁の部分でややくびれ基部に脚胞がある。分生子の大きさは測定した研究者によってかなり異なっていて幅があり16〜36×6〜13μmである。これは菌株や環境条件によって大きさが変動するためで、例えば高温下で形成された分生子は低温下で形成されたものより長いといわれている。分生子は通常両端細胞より発芽し、宿主体上では発芽管の先端に暗褐色、ほぼ球形大きさ7〜10μmの付着器を形成する。完全世代は1971年Hebertがメヒシバいもち病菌を用い、異なった菌株を培地上で対峙培養または混合培養することによって完全世代の形成に成功、本菌がヘテロタリズムであることを明らかにした。これが発端となり1970年代に多くの研究者が、オヒシバ、シコクビエ、イネなどのいもち病菌を用いて試験した結果、イネいもち病菌はオヒシバまたはシコクビエいもち病菌間の交雑で完全世代の形成が見られたが、イネいもち病菌相互の間では形成は認められず、外国産イネいもち病菌のごく一部の菌株の組合せで、完全世代の形成が認められただけであった。もちろん圃場など自然条件下で完全世代が観察された例はない。完全世代に対する学名は現在 *Magnaporte grisea*（Hebert）Barrが用いられている。

いもち病菌は接種するとイネ科植物の39属77種に病原性を示すが、とくに感受性の高い植物にはイタリアンライグラス、ペレニアルライグラス、オオムギ、トウモロコシ、チモシーなどが挙げられている。しかし自然条件下でのこれらの植物の宿主としての役割は明らかにされていない。

本菌には病原性の分化が見られることが1922年佐々木によって指摘されてから、多くの生態種が存在することが報告されている。1954年より16年間にわたり国・県の共同研究により、日本稲を侵すN菌型群、支那稲を侵すC菌型群、インド稲を侵すT菌型群に分けることができた。その後さらに判別品種の持つ抵抗性遺伝子を整理して9判別品種を設け、それによる新しい判別体系が確立され、判別されるレースも001、003、033、303などの番号で識別されるようになった。1980年の時点では、わが国のレースは003が最も多く、次いで007および033が多かった。

生態 いもち病菌の菌糸および分生子は、被害イネの組織内または組織上で、乾燥状態では1〜3年生存可能である。このことからも明らかなように本病の主要な伝染源は被害藁と保菌種籾である。保菌籾による種子伝染は水苗代

④ 葉いもち病激発田　⑤ 節いもち

イネの病害

ではほとんど問題ではなかったが、畑苗代、保温折衷苗代、箱育苗では大きな問題となっている。これらの苗代では播種7日後頃から鞘葉が発病し始め、次いで第1葉が発病し、これらを移植すると本田での第一次伝染源になる。また、補植用苗や畦畔に放置された残り苗で発病し本田の主要な第一次伝染源となることが多い。イネの生育期間中は、葉、節などの病斑上に形成された分生子によって伝染し広がる。分生子は夜間午後11時頃と午前3時頃に形成のピークが見られるが、午前3時頃が最も多く、湿度93％以上、温度28℃の時に最も盛んである。形成された分生子は、主に風によって飛散する。飛散した分生子はイネ体に達し水分があると発芽して付着器を形成、主に機動細胞の表皮を通して細胞内に侵入する。侵入に要する時間は温度によって異なるが24℃で6時間、20℃および28℃では8時間、32℃では10時間といわれ、18℃以下および32℃以上では侵入率が著しく低下する。侵入後は環境条件によって多少異なるが、通常24℃前後で5日間くらいの潜伏期間を経て病斑を作る。穂いもちの伝染源は葉いもちである。

いもち病の発生型には「南日本型」と「北日本型」があるといわれている。「南日本型」は南西日本で梅雨期を中心に葉いもちが発生し、梅雨が明けると8月の高温・多照によって一時病勢が衰え、8月下旬〜9月になり気温が低下し秋雨が長く続くと再び葉いもちが発生し穂いもちの発生につながるという、発生に二つの山が見られる形である。「北日本型」は北日本では夏の気温が比較的低く、秋が早く来るので盛夏期の中休みはなく、葉いもちに引き続いて穂いもちが発生するというパターンである。もちろん、その年の環境条件によって南西日本でも北日本型の発生様相を示すことがある。

品種 病害に対し品種によって抵抗性が異なることは多くの作物で知られているが、イネでは1880年代に既に抵抗性品種栽培の重要性が強調されている。このためには優れた品質を持つ抵抗性品種の育成が重要な課題となり、試験研究事業が進められてきた。

まず、在来種を利用して農林6号、8号など農林番号のついた優れた品種が育成された。とくに農林22号は品質、食味もよく多収性で葉いもち、穂いもちにも強く、関西以西で広く栽培され、また交配母本としても利用された。その後代にコシヒカリ、ホウネンワセ、日本晴などの優れた品種が育成されている。次いで着目されたのが真性抵抗性品種の育成である。インディカ稲のZenithや、中国産ジャポニカ稲の荔支江、杜稲などの持つ優れた抵抗性遺伝子Pi-zやPi-kなどを利用した育種が1942年以降積極的に行われ、1960年代にクサブエ、ユウカラ、千秋楽など実用形質の優れた高度の抵抗性品種の育成に成功、急速に栽培面積が増加した。ところがこれらの品種に導入された真性抵抗性を侵すレースが発生し、急速に広がり抵抗性の崩壊を引き起こした。この対策としては、①圃場抵抗性（量的抵抗性）の利用、②圃場抵抗性と真性抵抗性の結合、③異なる真性抵抗性品種の混合栽培（多系品種）、④異なる真性抵抗性品種の交代栽培などが考えられた。この中で多系品種の利用は、一般形質はほぼ均一で真性抵抗性だけが異なるいくつ

⑥穂いもち　⑦穂首いもち　⑧枝梗いもち

かの準同質遺伝子系統（near-isogenic lines）を育成、これを混合して単一の品種のように栽培する方法で宮城県ではササニシキの多系品種であるササニシキBL（1〜7号まである）を1994年より普及に移している。2000年以降のわが国のイネ品種の作付面積は、食味、品質の優れたコシヒカリが1位の座を長く占め40％近くの作付比率に達している。圃場抵抗性の重要性が指摘されながらもこの品種の圃場抵抗性は極弱（ss）である。これはいもち病の流行をきたすような環境条件が比較的少ないこと、効果の高い優れた農薬が普及していることなどがその理由と考えられるが、できれば圃場抵抗性が強く、優れた食味・品質を持つ品種が広く栽培されることが望ましい。幸い陸稲の持つ圃場抵抗性遺伝子 Pi-21 が新しく発見され、またその近くにある食味を悪くする遺伝子の除去にも成功し、これを利用した水稲の新品種「ともほなみ」も育成されている。

防除　前年度の被害藁や罹病種子が第一次伝染源になる。したがって前年産の稲藁は苗代などに利用しない、また野積みの藁を水田や畦畔に放置しないことが最初に行う防除の措置である。種籾は健全なものを用いるが、念のため必ず種子消毒をして播種する。品種は可能な限り圃場抵抗性を持つ品種を栽培する。本田移植後は低温多雨、日照不足、多窒素の水田では多発するが、アメダス資料を利用した発生予察を中心にして、それぞれの地域（県単位）で精度の高い予察法が確立されている。これによる定期的な発生予察情報と、それに基づく薬剤による防除法が実施されている。薬剤は効果の高い薬剤が多数開発・登録されているので、それぞれの県の指示に従って使用する。

⑨ 籾の初期症状　⑩ 籾の末期症状　⑪ 穂いもち激発田　⑫ 病斑上に形成された病原の分生子
⑬ 病原菌分生子　⑭ 分生子の発芽と付着器　⑮ 病原菌分生子柄

1.20 ごま葉枯病 (はがれ) Brown spot
Cochliobolus miyabeanus (S. Ito & Kuribayashi) Drechsler ex Daster

全国至る処に発生する最も普通のイネの病害である。とくに秋落水田ではひどく発生し、秋落現象を助長する。発生はわが国だけでなく全世界のイネ栽培の国々で発生し、時に40%近くの被害も報告されている。

病徴 主に葉に発生するが穂首、枝梗、籾、節にも発生する。葉では発生が目立つようになるのは最高分げつ期以降で、下葉から発生し始め順次上葉および出穂期以降に激しくなる。濃褐色で楕円形の周りが明瞭なゴマ粒のような特徴のある病斑を作る。病斑の周りは黄色になることが多い。大きさは普通長さ 2~3mm、幅 1~2mm 前後であるが、秋落地帯では長さ 1cm もある大きな病斑になることもある。発芽間もない苗では、子葉および本葉に黒褐色線状の斑点を生じ、発生が激しいと苗は伸長せず全面褐変してついには枯死することがある。とくに箱育苗では、種籾が汚染されていると「苗焼け」が発生し、しばしば問題になる。葉に発生がひどい時には穂首や籾にも発生する。穂首では出穂後 2~3 週間頃から黒色の短い条斑が現われ、次第に拡大して穂首全体を取巻いて褐色となり、首焼現象を起こして稔実不良になるが、いもち病のように白穂になることは少ない。籾では暗褐色の周縁やや不鮮明な斑点を生じ、激しく侵されると籾全体が褐色~紫褐色になり、後に分生子が煤状に形成される。また節や枝梗も侵される。いずれもいもち病の場合とよく似ているが、節ではいもち病に比べて病斑の周囲が明瞭で病斑部が凹んでいるのが特徴で節いもちのように折れることは少ない。

病原 糸状菌の一種で子のう菌類に属し、分生子および子のう胞子を作る。ただ、子のう胞子は非常にまれにしか形成されない。分生子は葉の病斑上あるいは罹病籾上に多数形成される。分生子を着生する分生子柄は主として気孔から 2~5 本群生して抽出し、多少屈曲、暗褐色で上部になるにつれて淡色になり、頂部は無色に近い。長さは不同で 69~688μm、幅 5.1~12.8μm で多数の隔壁がある。分生子は長紡錘形で多少湾曲し、暗褐色~灰緑色で数個~10数個の隔壁があり、大きさ 23~125×11~28μm である。

子のう殻(主に培地上で形成される)は黒褐色フラスコ形で殻壁に顕著な網斑が見られる。大きさ 560~950×368~377μm で頂端に孔口があり、無色で円筒形または長紡錘形の子のう 1~8 個(普通 4~6 個)を内蔵する。大きさ 142~235×21~36μm である。子のう胞子は長い紐状で無色~淡オリーブ色、大きさ 250~469×6~9μm、6~15個の隔壁があり子のうの中に螺旋状に巻込まれている。

本病原については不完全世代として、わが国では1901年に堀が *Helminthosporium oryzae* Hori として報告したが、その一年前1900年に Breda de Haan が同じ学名で発表したため

① ごま葉枯病葉の病斑　② ごま葉枯病葉の大型病斑　③ ごま葉枯病激発状態

H. oryzae Breda de Haan が正式に用いられ、属の所属が *Drechslera* に移り、また *Bipolaris* が採用された際もこれが規準になった。完全世代は1929に伊藤・栗林によって発見され *Ophiobolus miyabeanus* S. Ito et Kuribayashi と命名されたが Drechsler は *Cochliobolus* に属すると考えた。後に Dastur により *Cochliobolus miyabeanus* (S. Ito et Kuribayashi) Drechsler ex Dastur と改められ今日に至っている。

生態 被害藁、籾に付いた分生子や菌糸で越冬した菌は、畑苗代・箱育苗の苗を侵して病斑を作る。しかし水苗代では感染した苗は、病斑が多いと葉はすぐ枯死する。枯死した葉や大型病斑上には夜間多数の分生子が形成される。形成された分生子はいもち病菌の場合と異なり、昼間12時前後に乾燥し、風のある時離脱飛散する。飛散し葉上に落下した分生子は適当な温度と水分があれば発芽し、先端に付着器を形成、これから侵入糸を出して表皮を貫通して侵入、新しく病斑を形成する。穂首、枝梗では付着器に形成された侵入糸は気孔を通って組織内に侵入、籾では出穂後早い時期に毛じの基部から表皮を貫通して侵入するという観察結果がある。本病の発生に出穂期を過ぎて糊熟期以降に急速に増加する。とくに本田後期の高温は本病の発生を助長する。本病は老朽化土壌水田、強湿田、泥炭土壌水田、砂質土壌水田などで多発する。いずれも土壌中の活性鉄が欠乏し、有機物の分解によって生じた硫化水素、有機酸の処理能力が低下していてイネの生育に影響を及ぼし、本病に対する抵抗力等が低下し多発を招く結果となる。また、本病の発生と肥料とくに窒素肥料との関係は単純でないが、結論的には窒素肥料の施用はごま葉枯病の発生を抑制するといわれており、カリ、鉄、マンガンの欠乏は発病を助長する。このほか、緑肥、麦稈等未分解有機物の多量施用は、本病の多発を招くので施用は注意する必要がある。十分腐熟した堆肥の施用は本病の発生を抑制するといわれている。

防除 ①無病の種子を用い、さらに種子消毒をしたものを使用する。②老朽化水田、砂質土や泥炭地帯などの秋落地帯では赤土の客土や珪カル、転炉滓などを施用する。③カリ肥料を十分に施し、肥切れしないよう注意する。また腐熟堆肥を施用する。④本田後期の肥料切れによる生育の急な衰退を防ぐため、全層施肥や粒状肥料など緩効性肥料を施用する。硫安等の硫酸根肥料は、硫化水素の発生を助長するので施用を避ける。⑤発病の著しい地帯では、穂ばらみ期と穂揃い期に薬剤を散布する。

④ごま葉枯病による穂枯れ ⑤ごま葉枯病籾の初期病徴 ⑥ごま葉枯病被害籾末期の病徴
⑦ごま葉枯病菌分生子 ⑧いもち病(左)ごま葉枯病(右)の病斑の模式図(小野)

イネの病害

1.21 紋枯病 Sheath blight
Thanatephorus cucumeris (A. B. Frank) Donk

1900年頃から発生が認められており、1916年に紋枯病と呼ぶことが提唱された。初夏より発生し始め8月に入って高温多湿の時に被害の大きい病害である。ことに暖地に多いが、1950年頃からイネの早期栽培の増加に伴って発生面積も急増、1968年には140万haにも達し被害も大きくなっており、場所によっては、いもち病よりも重視されるようになった。しかし近年発生面積は急速に減少し、2010年の発生面積は16,160haであった。本病はわが国だけでなく、フィリピン、インドネシアなどアジア地域はもちろん、世界稲作地帯に広く発生する。とくに熱帯地域での発生が多く、被害も大きい。

病徴 主に葉鞘を侵すがひどく発生する時は、葉はもちろん穂首まで侵す。葉鞘では、初め水面に近い部分に退色した暗緑色の不明瞭な病斑ができ、日数の経過と共に拡大して楕円形の10～20mmの病斑となる。病斑は融合して時には40～50mmにも及ぶ大きな不整形の病斑になることがある。病斑の色は中央部は淡褐色～灰白色、周縁は暗緑色～暗褐色である。周縁暗褐色の病斑は止り型の病斑で、ひどく蔓延するような時には、暗緑色水浸状を呈する。湿度が高い時、これらの病斑から他の葉鞘に向け白い菌糸がクモの巣のように絡まっているのが見られる。また病斑上に白色の菌糸の塊ができ、後に褐色～暗褐色大きさ1～3mmの菌核が形成される。

葉では、初め灰緑色水浸状の病斑ができる。これは速やかに拡大して不整形または雲紋状の大きな病斑となり、内部は灰白色、周縁灰緑色～淡褐色になる。ひどく侵されたものは倒伏し、穂首まで発病し株全体が灰緑色に変わり腐る。このような場合には、20～60％の減収になることがある。

病原 担子菌類に属し稲体上で菌核と担胞子を作る。菌核は褐色で表面は粗く、大きさ1～3mm、球状である。担胞子は倒卵形～倒棍棒状で担子体の上にでき、無色、卵形または楕円形で大きさ6～11×5～8μmである。担胞子は葉鞘の上に生じ白色粉末状を呈するが、伝染源としての役割は明らかにされていない。

病原菌の分類学的所属については紆余曲折があり、不完全世代の学名として *Sclerotium irregulare*, *Rhizoctonia solani*、完全世代に対しては *Hypochunus sasaki*, *Corticium vagum*, *C. sasaki*, *Pellicularia filamentosa*, *P. sasaki* など多くの学名が用いられてきた。これに対し1980年代に鬼木ら、生越らの研究により不完全世代は *Rhizoctonia solani* で系統AG-1群に属すること、またこれを用いて完全世代を人工的に形成させ *Thanatephorus cucumeris* であることを明らかにし、長い間論争の続いた分類学的な所属については

①紋枯病発生状況 ②紋枯病の病斑（止り型病斑） ③病斑上に形成された菌核

一応の決着を見た。

生態 病斑の表面に形成された菌核が落ち、土壌中で越冬する。冬を越した菌核は、水田の代掻き、中耕などによって水面に浮上してイネの株に付着する。最も安定して付着するのは一株の茎数が10本以上になった頃である。平均気温23〜24℃以上で株間湿度が高くなると菌核から菌糸が伸びて葉鞘に侵入し病斑を作る。穂ばらみ期頃までは二次の発病は新しい病斑から菌糸によって行われる。この菌糸は葉鞘の合わせ目から葉鞘の内部に入り葉鞘の裏側から稲体に侵入し上位の葉鞘へ急速に進展する。若い葉鞘は合わせ目が固く侵入が困難であると同時に抵抗性が強いので発病し難いが、葉身が展開してから5〜6週間経過したものでは、葉鞘の合わせ目が開き、また抵抗性も弱くなるので発病がひどくなる。

紋枯病菌の生育と侵入に適した温度はそれぞれ28〜32℃、30〜32℃と高く、真夏に発生が多い。このような発病に好適な条件下では、侵入後1〜2日で病斑ができる。とくに高温の長く続く年には発生が激しく被害も大きい。また本病の発生は作期と密接な関係があり、早期・早植栽培では発生が多く被害が大きい。これは早期・早植栽培では6月中〜下旬の幼穂形成期頃に本病が発生し始め、7月下旬の穂ばらみ期から出穂期にかけて急速に病勢が進み、8月下旬の登熟期になってもこの傾向は続く。これは上位葉鞘まで罹病性になる出穂期以降まで、発病に好適な高温が維持されるためである。これに対し普通栽培では、登熟期は9月中旬以降になり、急速に気温が下がり病勢が停滞するからである。さらにまた多窒素で発病が多く、カリは発病を抑える。なお現在栽培されている品種では抵抗性の品種はない。

防除 ①密植すると株内温度が高くなり発病に好条件となるので密植を避ける。②窒素肥料の過用を避ける。これは窒素の過用がイネの耐病性を低くすると同時に茎葉が繁茂し株内温度が高くなり、発病がひどくなるからである。③本病菌は多犯性でイネのほかヒエ、トウモロコシ、アワ、エノコログサ、メヒシバ、カヤツリグサ、セリなど約120種の作物や雑草を侵すから、畦畔の雑草を繁茂させないようにする。また堆肥は十分腐熟したものを用いる。④薬剤を散布して防除する。

④紋枯病葉の初期の病斑　⑤止葉の病斑　⑥紋枯病により倒伏した稲　⑦倒伏した稲の紋枯病病斑と菌核

1.22 褐色紋枯病　Brown sheath blight
Thanatephorus cucumeris (A. B. Frank) Donk

　褐色紋枯病は赤色菌核病、褐色菌核病、灰色菌核病などと共に、紋枯病によく似た病徴で区別が困難なため疑似紋枯病との俗名でも呼ばれている。

　病徴　葉鞘が侵され紋枯病とほとんど同じような病徴を示す。葉鞘に長楕円形〜紡錘形で大きさ1〜2cmの病斑ができる。病斑の中心部は灰白色〜灰緑色で紋枯病とほとんど同じ、周辺（外側）の濃褐色の部分が多く紋枯病より全体的に黒っぽい病斑である。紋枯病と最も異なる病徴は、本病は病斑上に菌核を形成しないこと、およびクモの巣状の白い菌糸が全く見られないことで、これが本病診断のポイントである。なお、本病はまれに菌核を形成するが、菌核は葉鞘の病斑組織内に形成され、葉脈に遮られ短冊状で黒褐色〜黒色を呈し、長さ1〜数mmである。

　病原・生態　担子菌類に属しイグサ紋枯病菌と同じ菌である。イグサ紋枯病菌はイネ紋枯病菌と同じ種名で、培養型がⅢB、菌糸融合型がAG-2-2と異なるだけである。菌糸の核数は多核（6〜7個）で担子胞子を作る。担子胞子は4個の角状の小柄を持つ担子柄上に形成され、無色〜黄褐色、倒卵形〜楕円形で大きさ6.2〜12.9×4.6〜8.2μmである。出穂期頃からの発生が目立ち、とくに高温の年、西南暖地での発生が多い。
　　　　　　　　　　　　　　　　　　（門脇義行）

1.23 赤色菌核病　Bordered sheath spot, Rhizoctonia sheath spot
Waitea circinata Warcup & P. H. B. Talbot

　本病は高温性のため熱帯地方で発生が多い。わが国では1931年に発生は確認されていたが、当初発生は少なくほとんど問題にはならなかった。しかし、わが国でもイネの作期が早くなり、高温時に出穂・登熟期を迎えるようになったため、現在では全国各地で発生が見られる。

　病徴　出穂期以後に発生が目立つ。主として葉鞘に発生するが、まれに葉を侵すこともある。葉鞘の病斑は長楕円形〜紡錘形、大きさ1〜2cmで紋枯病、褐色紋枯病によく似ている。病斑の内部は淡黄褐色、周縁は濃褐色、病斑と健全部の境は不明瞭である。紋枯病に比べると周縁の褐色部分が濃く病斑の中央部も灰白色〜灰緑色に対し淡黄緑色で、とくに葉脈が褐色を呈し全体が黒ずんで見える。紋枯病との大きな違いは、菌核は病斑の表面には形成されず、病斑組織内に形成される点である。

　病原・生態　担子菌類に属し、菌核と担子胞子を形成する。菌核は葉鞘の病組織内に形成され、鮭肉色で葉脈に遮られ短冊状である。担子胞子は自然状態では形成されないが、土壌法によって人工的に形成することができる。担子柄は短い角状で湾曲し、通常4個、担子胞子は無色で倒卵形、小嘴を有し、大きさ7.4〜10.3×4.3〜6.9μm、菌糸細胞の核数は多核で平均5〜7個である。菌の生育温度は5〜40℃、菌の生育最適温度は高く31℃である。菌核は29〜33℃で多数形成される。
　　　　　　　　　　　　　　　　　　（門脇義行）

①褐色紋枯病（門脇）　②褐色紋枯病の病斑（門脇）　③赤色菌核病（門脇）　④赤色菌核病の病斑（門脇）

1.24　灰色菌核病　Gray sclerotial disease
Ceratobasidium cornigerum (Bourdat) D. P. Rogers

　1927年に長崎県下で発見された病害で、疑似紋枯病の一つに挙げられているが、発生時期が遅く、被害もほとんど問題にならなかった。しかし、イネの栽培方法の変化により、箱育苗で苗立枯れを起こすとの報告があり注目された。

　病徴　主に登熟後期に発生する。葉鞘に褐色の小斑点ができることもあるが、紋枯病や他の疑似紋枯病のように葉鞘に明瞭な病斑を作ることなく、不明瞭な水浸状の病斑ができ、葉鞘全体が淡黄褐色に変色して枯れる。他の疑似紋枯病と異なり病斑上や周辺部、枯死葉鞘の外面に、初め灰白色、後灰褐色、球形～類球形、大きさ0.3～2mmの菌核を多数形成する。これが本病診断の指標となる。また、本病菌は育苗箱で根や葉鞘を侵して立枯れを起こすことがある。

　病原・生態　担子菌類に属する。自然状態で担子胞子は不明で、菌核だけを作る。菌糸細胞中の核数は2である。病原菌の生育温度は5～38℃、生育最適温度は28～30℃である。本病を含めて疑似紋枯病の病原菌は腐生能力が強く、イネの刈株や土壌中の被害藁上で長い間生存でき、これが翌年の第一次伝染源となる。病原力が弱いために登熟後期の活力が衰えたイネに侵入・感染する。また、台風などで障害を受けた場合に発生し易い。

（門脇義行）

1.25　褐色菌核病　Brown sclerotium disease
Ceratobasidium setariae (Sawada) Oniki, Ogoshi & Araki

　本病は最初台湾で1922年に発見され、その後北海道から南西諸島まで全国各地で発生が認められていて、疑似紋枯病の中では最も発生が多い。

　病徴　移植1ヵ月後頃に下位葉鞘の水際付近に小型の円形病斑を生じるが、その後葉鞘が枯死するため病斑の確認が困難になる。発生が目立つのは出穂期頃からで、下位葉鞘に比較的大型の不整形、水浸状の病斑ができる。上位葉鞘には周辺が褐色、中心部が灰褐色の楕円形～不整形の小型病斑を多数生じ、時に癒合することもある。病斑中央部に褐色の条線ができる。この条線は紋枯病や他の疑似紋枯病には見られない本病特有の条線で、不明瞭な時でも光に透かして見ると容易に観察できる。菌核は葉鞘の組織中（まれに葉鞘の間に）に形成され、初め灰白色で成熟すると褐色になる。形は葉脈に囲まれて球状～俵状を呈する。

　病原・生態　担子菌類に属する。菌糸細胞中の核は2個である。土壌法により形成させた担子柄は球状で、この上に形成される角状の小柄は2個、担子胞子は無色、単胞、球形～倒卵形、大きさ11.6～20.1×8.5～17.5μm。菌糸は5～38℃で生育、生育の適温は30～33℃である。被害藁や刈株内の菌核や菌糸で冬を越し、翌年の伝染源になる。イネよりヒエの方が弱く、これら雑草が伝染源になることがある。また、乾田より湿田に多い。

（門脇義行）

①灰色菌核病（門脇）　②灰色菌核病の病斑と菌核（門脇）　③褐色菌核病（門脇）　④褐色菌核病の病斑（門脇）

1.26 小球菌核病 Culm rot, Stem rot
Magnaporthe salvinii (Cattaneo) R. A. Krause & R. K. Webster

　本病は稲栽培各国のほとんどで発生する。わが国では初め稈腐小黒菌核病と名付けられたが、後に中田は小球菌核病と呼んだ。その後研究が進むにつれ、後述の小黒菌核病も同一水田内に混発し病徴、病原菌とも類似していることから両者を併せて小粒菌核病として発生面積など表示したこともあった。

　病徴　地際部の葉鞘および稈に発生する。初め葉鞘に黒褐色の小さい斑点ができ、次第に拡大して黒色不整形の大型病斑になり葉鞘を取巻き、軟らかくなって枯死する。枯死した病組織内には光沢のある黒色、球形の小さな菌核が形成される。開花期頃になると病勢も進み稈にも病徴が現われる。初め稈の表面に光沢のある黒色、紡錘形または不整形で周縁の明瞭な小さい斑点ができ、拡大して隣接する病斑と融合して大型の病斑になって稈全体を取巻き、黒褐色～黒色となり腐敗倒伏、稈の中は白い菌糸が密生し、黒色で光沢のある球状の菌核が形成されている。このような病徴は後述の小黒菌核病の病徴とよく似ていて見分けるのは困難であるが、次のような相違点がある。まず葉鞘の初期の病徴は小球菌核病では比較的大きな黒点であるが、小黒菌核病では小さい黒点である。これは小球菌核病がかなり大きな侵入菌糸塊を形成するのに対し、小黒菌核病では侵入菌糸塊は作らず付着器を数多く作り侵入するからである。次に稈の病徴では小球菌核病は明瞭な黒い線を生じるが、小黒菌核病では初め細長い点ができ、黒い線は前者ほど顕著でない。明瞭に区別できるのは菌核で、小球菌核病では稈の内部の表面に形成されるのに対し、小黒菌核病の菌核は小球菌核病より小さく、薄い皮の下（柔組織の内部）に形成される。

　病原　分生子、菌核および子のう胞子を作る。菌核は黒色で球形、大きさ 220～305μm。分生子柄は病斑または菌核の表面に単生または数本叢生し、暗褐色で先端はやや淡い色を示す。2～5個の隔壁があり単生または数本叢生し、大きさ 60～180×4～5μm である。この上に形成される分生子は新月形で4胞、中の2胞は大きく暗褐色、両端は淡褐色または無色で、大きさ 30～74×10～15μm である。子のう胞子は圃場など自然条件下では未発見であるが、津田・上田は京都市内で採集した菌核から得た2菌株の対峙培養によって完全世代を形成させることができた(1979)。これによると子のう殻は丸型フラスコ状で長い頸状の口孔部を有し、初期は着色せず後に暗褐色～黒色となる。子のう殻本体の大きさは 346×385μm（平均値）、口孔部は 281×224μm であった。子のうは長円筒形で短柄があり、一重壁で頂環 (apical ring) があり、128×13.4μm、中に子のう胞子8個を形成する。子のう胞子は紡錘形、3隔壁で

①小球菌核病被害株　②小球菌核病稈の初期病斑　③小球菌核病葉鞘の病徴

中央部は明瞭にくびれ大きさ $51 \times 6.3 \mu m$ である。

病原は当初 Cattaneo により Sclerotium oryzae とされた。またイタリアでは異同不明のまま Leptosphaera salvinei, Helminthosporium sigmoideum も記載されたが、Tullis (1933) はいずれも同一の菌で、それぞれ菌核世代、完全世代および分生子世代であることを明らかにした。完全世代については 1972 年に新しい属が創設され Magnaporthe salvinii と改められた。また不完全世代についても、原は Helminthosporium 属に置くことに疑問を持ち、新しい属 Nakataea を創設し N. sigmoidea (Cavara) Hara とするなど複雑な変遷をしている。

生態 本病の第一次伝染源は菌核である。菌核は不良環境でも長期間生存可能で刈株または被害稈の基部にあって越冬する。田植前の代掻きや中耕、除草の作業によって菌核が水面に浮かび上がり、また灌漑水と共に流れ込んでイネの葉鞘に達し病斑を作る。稈への侵入は比較的遅く、開花期を過ぎてからである。本病菌の発育温度は 15〜34℃で、最適温度は 30℃前後、25℃で最もよく菌核を作るが、20℃以下または 34℃以上ではほとんど作らない。本病は一般に乾田より湿田、泥炭地の水田で発病が多い傾向がある。

防除 ①生藁の施用はできるだけ避ける、腐熟した堆肥として施す。窒素肥料は穂ばらみ期に欠乏しないよう早く追肥し、カリ肥料を十分に施す。②中干を励行する。一般に葉鞘は上部ほど抵抗力が弱いので、深水ほど菌の侵入を受け易い。このため、分げつ最盛期は浅水栽培とし、菌の侵入の機会をできるだけ少なくする。③稲刈りの際はなるべく低くから刈取って伝染源を少なくする。④発病の激しい地域では幼穂形成期から穂ばらみ期にかけて薬剤散布を行う。

〔備考〕 小球菌核病、小黒菌核病については、桜井が 1917 年愛媛農試で菌核病の試験をする中で茎基部を侵す菌に 2 種類あることを発見、菌核第 3 号菌と第 4 号菌とした。後に中田 (1934) は菌核がやや大きく形の整った 3 号菌によるものを小球菌核病、4 号菌によるものを小黒菌核病とした。さらに中田・河村 (1935) は小球菌核病の病原である 3 号菌は Sclerotium oryzae で、4 号菌は分生子の形態から 3 号菌 Helminthosporium sigmoideum の変種とすることが妥当との見解を示した。ところが Cralley & Tullis は同年この菌を Helminthosporium sigmoideum Cavara var. irregulare Cralley & Tullis と命名、これが今日まで使われている。ただ、原は 3 号菌、4 号菌とも分生子世代を Helminthosporium 属に置くことは不適当とし新属 Nakataea を創設して 3 号菌 (小球菌核病菌) を N. sigmoidea (Cavara) Hara、4 号菌 (小黒菌核病菌) を N. irregulare (Cralley & Tullis) Hara としたが、残念ながらラテン記載がないため、この学名は認められていない。このような経緯があるため「日本植物病名目録」においても、病原菌の分類学的所属については再検討を要することが示されている。

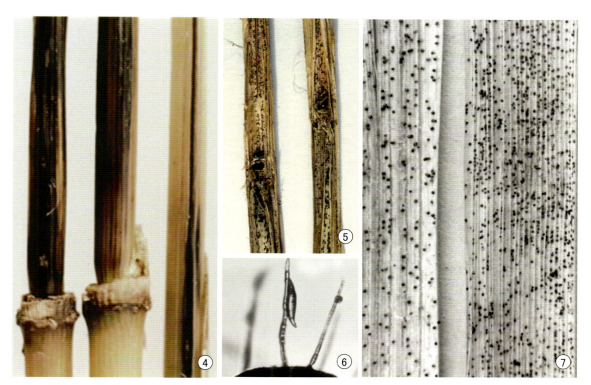

④小球菌核病稈の病徴　⑤罹病稈の内部に形成された菌核　⑥小球菌核病菌核上に形成された分生子 (野中)
⑦菌核の比較、小球菌核病 (左) と小黒菌核病 (右)

1.27 小黒菌核病 (こぐろきんかく)　Stem rot, Culm rot
Helminthosporium sigmoideum Cavara var. *irregulare* Cralley & Tullis

古くは小球菌核病と病徴、病原菌がよく似ており同一水田に混発したため、一括して小粒菌核病と呼び取扱われたこともあった。しかし、本菌は穂も侵し穂枯れを起こすなど生態も異なるため、区別して取扱われることが定着した。

病徴　小球菌核病の病徴とほとんど同じであるが、小球菌核病の項で述べたように、発病の初期に若干の違いがある。すなわち本病の葉鞘初期の病徴は小球菌核病よりも小さい黒点である。また稈では特徴的な細長い黒い線が小球菌核病ほど顕著でないなどの差があるが、これらの差は微妙である。比較的明瞭なのは菌核で本菌の菌核は小球菌核病のものより小さく大きさが不揃いで、柔組織の内部に形成される。

大きな違いは、本病は出穂期以降、止葉の葉鞘に黒色で周縁のぼやけた大きな雲形病斑を生じる点である。出穂後は、みご(穂頸)や穂軸にも黒褐色、線状あるいは長紡錘形の病斑ができ、後に全体を取巻いて穂枯れを起こし折れ易くなる。また出穂期以降、下葉を中心に茶褐色の小さい斑点ができるが、小球菌核病ではこのような部位での病徴は見られない。

病原　不完全菌類に属し、菌核と分生子を作る。菌核は楕円形または不正円形で黒色、表面はやや滑らかで大きさ145〜180×85〜122μmで小球菌核病の菌核より小さい。分生子柄は単生、暗褐色を呈し先端の色はやや淡い。2〜5の隔壁があり60〜180×4〜5μmで先端に分生子を形成する。分生子は新月形で3個の隔壁があり4胞、中央の2胞は大型で淡褐色を帯びる。両端の2胞は小形で淡色、やや一方に湾曲する。大きさ50〜65×9〜12μmである。分生子は菌核上にも形成され、先端細胞は細長く巻ひげ状を呈する。大きさ60〜74×8〜10μm、巻ひげ状の部分は25〜100×2μmである。この巻ひげ状の先端細胞は小球菌核病では見られない。また培地上では生じないので栄養状態の悪い場合に形成されるという。この菌の完全世代は未発見である。

生態　小球菌核病と類似しており、両菌とも菌核上あるいは水際葉鞘の病斑上に形成された分生子によって、上位葉鞘へ侵入するが、大きな違いは分生子の飛散距離にあり、小球菌核病では分生子の飛散は水面の近い所に限られているのに対し、小黒菌核病の分生子はかなり遠くまで飛散し、高さ10mまで達することがあるという報告もある。これが出穂期以降に小黒菌核病が水面より高い位置にある止葉の葉鞘やみご、時には葉にも病斑を形成することがある原因になっていると思われる。

防除　小球菌核病に準じて防除を行う。

① 小黒菌核病葉鞘の初期症状　② 小黒菌核病被害稈

1.28 条葉枯病（すじはがれ）　Cercospora leaf spot
Sphaerulina oryzina Hara

1909年わが国で *Cercospora* による病気として発見・記載されたもので、現在世界の稲作地帯に広く分布し、とくに熱帯地方では被害が大きい。

病徴　葉、葉鞘、穂に発生する。苗代期から発生するがとくに出穂期頃から激しくなる。葉では赤褐色の長さ5〜10mm、幅1〜2mmの葉脈に沿った線状の病斑を作る。初めは下葉に多く漸次上葉に広がる。症状が進むと病斑は融合して大型の不整形病斑になり、収穫期頃には葉は枯死する。葉鞘でも葉と同じような線状赤褐色の病斑を作り、しばしば融合して葉鞘の上部全体が赤褐色になる。穂のみごや穂軸では紫褐色線状の病斑ができ、後に融合し全体が紫褐色に変色する。籾では内外頴の縫合部に沿って条斑を生じ、後全体が紫褐色に変色することが多い。穂が侵されると穂枯れを起こし、登熟が悪くなる。

病原　子のう菌類に属し、分生子および子のう胞子を作る。分生子柄は葉裏の病斑の表面に生じ、単生または叢生し黄褐色〜褐色、分生子は無色で長い棍棒状、大きさ32〜55×5〜6.5μmで通常2〜3の隔壁がある。完全世代は越冬した被害葉の上に4月下旬頃形成される。子のう殻は暗褐色〜黒褐色で球形〜扁球形、大きさ40〜100×30〜90μmである。中に多数形成される子のうは長楕円形〜円筒形、大きさ45〜51×8〜9μmで8個の子のう胞子を内蔵する。子のう胞子は無色、紡錘形、3隔壁があり大きさ18〜23×2〜2.5μmである。病原菌の発育温度6〜33℃、適温は25〜28℃である。

生態　被害葉の病斑中の菌糸で越冬し、4月中旬頃からこれに形成される分生子または子のう胞子が第一次伝染源になる。また罹病籾を播種すると種子伝染も起こる。本田で発病が見られるのは普通7月中下旬頃で、出穂期頃から発生が多くなり収穫期まで続く。穂の発病は出穂後30日前後を経過した登熟後期である。本病の発生は栽培方式に大きく影響されるようで、一般に稚苗移植、早植栽培では普通栽培に比べて穂の発病が多い傾向が認められる。本病の発生と施肥は関係が深く、燐酸およびカリの欠乏は発病を助長し、窒素の多用もまた発病を助長する。とくに穂肥としての窒素の施用が遅くなると発病が促進される。

防除　①被害藁は圃場に残さず処分する。②激発地では抵抗性品種を栽培する。古い品種では農林18号、23号が強く、またヤマビコ、コチカゼなども強いとされているが、それぞれの地域で関係機関の意見を聞いて品種を選択する。③施肥は十分に行いとくにカリ、燐酸を多く施す。④穂ばらみ期と穂揃期の2回、いもち病との同時防除として登録のある薬剤を散布する。

①条葉枯病葉の病斑　②葉鞘の病斑　③条葉枯病による籾の褐変

1.29 ばか苗病　Bakanae disease
Gibberella fujikuroi (Sawada) S. Ito

わが国では江戸時代に既に発生していたようであるが、1898年堀が糸状菌の寄生によって起こる病害であることを明らかにした。現在全世界の稲作地域に広く分布する。

病徴　本病に罹るとイネは健全なものの2倍近く徒長する。このような徒長現象が本病の最も大きな特徴である。育苗期と本田で発生する。育苗期には保菌籾を播種すると発芽後枯死するか、枯死せず残った苗は育苗の中〜後期に葉は淡緑色になって細長く、繊細になる。草丈は健全なものよりもはるかに高い。本田でも感染苗は植付け後同様に徒長する。分げつは少なく節間が伸び、上位の節から発根する。また徒長せずに枯死するものもある。病株は8月に葉鞘などに白色のかびを生じ、後に淡紅色の分生子を形成、多くは枯死し出穂しない。出穂しても実入りは悪い。開花期以後に籾が侵され罹病すると、保菌籾となり翌年の発病に重要な役割を果たす。

病原　子のう菌に属し分生子および子のう胞子を作る。分生子は大小2種類ある。大型分生子は新月形で無色、多少湾曲する。1〜6個の隔壁があり大きさ $16〜57 \times 3〜4\,\mu m$。小型分生子は単胞、無色、楕円形〜長楕円形で $4〜16 \times 2〜5\,\mu m$、数個連生する。いずれも分生子褥（じょく）の上に形成される。子のう殻は球形または卵形で $138〜320 \times 113〜328\,\mu m$ この中に無色、円筒形または棍棒状、大きさ $57〜93 \times 4〜12\,\mu m$ の子のうが多数形成される。子のうは中に8個の子のう胞子を蔵する。子のう胞子は無色、長楕円形で1個の隔壁があり、大きさ $9〜22 \times 5〜12\,\mu m$ である。本病の最も大きな特徴である徒長は、黒澤（1926）が本菌の代謝生産物によることを明らかにし、この代謝生産物を藪田らが分離精製しジベレリンと名付けた業績はあまりにも有名で、ジベレリンはホルモン剤として各方面に広く利用されている。

生態　罹病枯死した被害藁に付着した菌は長期間生存し、翌年の第一次伝染源になるが、最も重要な第一次伝染源は前年開花中に感染した病籾（保菌籾）である。種子の催芽中に病籾に接触、または新たに形成された分生子が健全籾に付着して感染し発病する。本田で枯死した罹病株には分生子が多数形成され、これが穂への伝染源として大きな役割を果たす。

防除　本病に対して実用的な抵抗性品種はない。種子伝染が主体であるため、防除にはまず健全な種子を確保し、使用に当たっては塩水選をした後、種子消毒を行う。種子消毒剤は有効な薬剤が多く開発されているので、それぞれの特性を生かした方法で実施する。また、育苗中に発病した病苗は植えない。本田で枯死した被害株、被害藁は本田に放置せず処理する。

①ばか苗病罹病株は淡緑色になり徒長する　②罹病すると上部の節から発根する　③被害株は後に枯死する
④ばか苗病菌分生子褥（スポロドキア）　⑤ばか苗病菌分生子

1.30 褐色葉枯病　Brown leaf spot, Leaf scald　（雲形病）
Monographella albescens（Thümen）V. O. Parkinson, Sivanesan & C. Booth

　褐色葉枯病と雲形病（葉先枯病を含む）について、長い間、病原菌の異同について論争が続けられてきたが、2000年より褐色葉枯病に統一された。

　病徴　葉、葉鞘、穂などほとんどの部分に発生する。葉では一見ごま葉枯病に似た褐色の斑点病斑と葉先や葉縁に暗褐色、輪紋状の雲形病斑を形成する。斑点型の病斑では、初め1～2mmの周縁やや不明瞭な赤褐色～褐色の斑点で、後に拡大して周縁不明瞭の楕円形～長紡錘形の病斑になる。雲形病斑は葉先あるいは葉縁に多い。葉先では先端から1～3cmくらい枯死。または葉縁から波状に拡大、内部は灰褐色、周縁は暗褐色を呈し、時に同心輪紋ができ雲形状になる。品種によって病斑の形は異なるようであるが、陸稲ではとくに大型の輪紋状の病斑が多い。病斑は葉鞘にも生じ、初め周縁不鮮明、のち周辺のぼやけた大型不整形病斑に拡大して葉鞘全体を取巻き、灰褐色になって枯れる。穂では穂軸を中心にこみごや籾が暗褐色～紫褐色に変色し、稔実が悪く、変色米になることが多い。

　病原　病原は糸状菌で子のう菌類に属し、子のう胞子と分生子を形成する。子のう殻は暗褐色で球形～偏球形で葉組織内に埋没、わずかに突出した孔口がある。子のうは倒棍棒状～円筒形で鈍頭、2重壁で大きさ50～75×10～12.5μm、8個の子のう胞子を内蔵する。子のう胞子は無色～淡黒色で紡錘形、やや湾曲、3～4の隔壁があり、隔壁部でややくびれ、大きさ11.1～27.3×3.9～7.7μm。分生子は無色～淡橙色、紡錘形、やや湾曲、普通隔壁があって2細胞、大きさ8.0～19.2×2.4～4.8μmである。

　病原菌の分類学的所属については、褐色葉枯病、雲形病、葉先枯病と異なった病害とされていたものを同一病害とし褐色葉枯病に統一した経緯もあり、いろいろな学名が付されていた。日本植物病名目録（2000）ではこれを整理し、完全世代を*Monographella albescens*、不完全世代は*Michodochium oryzae*とした。これは本病とムギ類紅色雪腐病の病原が同じであるという立場に立って整理されたものであるが、多くの疑問点を残したままになっている。したがって今後、ムギ類紅色雪腐病菌も含めて比較検討し、再度整理されることが望まれる。

　生態　病原は主に被害藁で菌糸または子のう胞子で越冬し、気温が上昇し、降雨などにより水分を得ると子のう胞子や新しく形成された分生子がイネ葉など宿主に達する。本病のイネでの初発生は地域によって異なるが一般に7月中～下旬である。宿主に達した菌は、侵入に際し付着器様のいろいろな大きさの組織を形成、葉では気孔から、籾や穂首では表皮を貫通して侵入する。気孔から侵入した場合、菌は気孔下嚢で十分生育しそこから葉肉組織に広がる。侵入感染の適温は25℃前後であるが、15℃前後の低温でもよく感染する。しかし30℃を越える高温時には感染は若干抑制される。このため本病は秋口気温が低下する出穂期頃から発生が目立つ。

　防除　雲形病も含め褐色葉枯病に統一したこともあり、本病に対する最近の品種の抵抗性は明らかでない。病原菌の複雑さもあり、防除対策として抵抗性品種を用いることは困難であろう。常発地で籾などにも発生が見られるところでは、EDDP乳剤が登録されているので、いもち病の防除も兼ね、穂ばらみ期と穂揃期の2回散布する。

① 褐色葉枯病葉の斑点　② 褐色葉枯病による葉先枯れ　③ 雲形状病斑　④ 穂首の病徴　⑤ 病原菌分生子

1.31 稲こうじ病 (いな)　False smut
Villosiclava virens E. Tanaka & C. Tanaka

古くから発生する。本病が発生すると不稔籾の増加、千粒重の低下などにより時に10％の減収を招くこともある。また、厚壁胞子による玄米の汚染により品質低下の原因にもなり問題視されることが多くなった。外国では古くからインドで発生し、中国、フィリピン、ミャンマーなどに広く分布する。

病徴 籾だけに発生する。開花期から1～2週間経った乳熟期頃、頴の合わせ目から青白色を帯びた小さな肉塊状の突起が現われる。この突起は次第に肥大して籾を包む。この塊は初め薄い膜に覆われていて淡黄色であるが、成熟すると濃緑色～黒緑色（熱帯では黒緑色にならず、黄褐色のまま経過するものもある）、表面は粉状になり亀裂ができる。内部は淡黄色、中心部は白色を呈する。この塊は普通1穂に1～数個生ずるが、多い時には20個以上付くことがある。収穫期頃この黒緑色の塊の中に黒色不定形の菌核が形成される。

病原 病原は子のう菌類に属し、細胞壁が厚くなった分生子（厚壁胞子）と子のう胞子を作る。稲こうじの塊は分生子塊の層で、熟度によって色が異なり、外側ほど熟度が進んでいて濃緑色を呈する。分生子（厚壁胞子）は球形～楕円形で単胞、表面に小突起があり、直径4～6μmで、発芽すると分生子柄を形成、その先端に無色で楕円形、大きさ4～8×2～5μmの分生子を形成する。子のう胞子は菌核が発芽して有柄の子実体を生じ、その頭部にとっくり形をした子のう殻が形成され、中に多数の子のうが内蔵されている。子のうは長楕円形で中に無色で糸状の子のう胞子8個を持つ。子のう胞子の大きさは120～180×0.5～1.0μmである。なお、病原は長い間 *Claviceps virens* と呼ばれていたが、2008年に新属が設けられた。

生態 病粒上に形成された菌核は成熟して地表に落ち、湛水状態や水中では早く死滅するが、乾田または畑状態では長く生存し、気温が20℃を越す頃から発芽して子実体を作る。これにできた子のう胞子は、7月中旬から9月にかけて主として夜間に飛散して穂ばらみ期の止葉の葉鞘内に達し、出穂前の幼い花の子房に侵入して感染・発病する。厚壁胞子も被害粒あるいは健全の籾や藁に付着して越冬し、止葉の葉鞘内に流込み発病する。また、発芽して二次の分生子を形成、この分生子によっても発病する。本菌の生育適温は24～28℃、分生子および子のう胞子の発芽最適温度は28℃である。本病は穂ばらみ期～出穂期にかけて低温、日照不足、降雨の多い年に発生が多く、窒素肥料のよく効いた生育旺盛なイネで発生し易い。

防除 ①常発地帯では早生種を栽培して作期を早め、感染の好適期を回避する。②窒素肥料の過用を避ける。とくに遅い窒素の追肥は発病を助長するので施用の時期にも注意する。③防除薬剤として銅を主剤とした薬剤などを始めとして効果の高い薬剤が登録されているので、これらを出穂の8～18日前に散布する。

①稲こうじ病　②褐色のままで黒くならないものもある　③稲こうじ病菌厚壁胞子

1.32 墨黒穂病 (すみくろほ)　Kernel smut
Tilletia barclayana（Brefeld）Saccardo & P. Sydow

本病は1896年わが国で発見された病害で、アジア各国、アメリカ、メキシコなど広く稲作地帯に分布する。わが国では被害はそれほど大きくなく、ほとんど問題にされなかったが、最近、病粒が混ざると調製の際、玄米が汚染されることから注目されており、また発生も九州などで若干増加の傾向にある。

病徴　籾だけに発生する。被害籾は頴の間から淡紅色〜黄色の舌状の突起物が見られ、内部は黒色の粉（黒穂胞子）が一杯詰まっている。この突起物は後に破れて黒穂胞子が飛散し、籾の表面は黒色に汚れる。

病原　担子菌に属する糸状菌で、黒穂胞子を作る。黒穂胞子は細胞壁が厚く、球形、淡褐色〜茶褐色を呈し、大きさ22〜32μm。表面に顕著な剛毛がある。黒穂胞子は発芽して特徴のある長い前菌糸の先端に小生子を形成する。

高橋は本菌を新種とし*Tilletia horrida* Takahasiと命名した。その後*Neovossia*属に移され、長く*Neovossia barclayana*が用いられていたが、近年は*Neovossia*属より*Tilletia*属の特徴を備えているとして再び*Tilletia*属に移された。

生態　厚壁の黒穂胞子は普通の状態で1年以上生存可能のようである。籾への感染は黒穂胞子が発芽して形成された小生子により開花中に行われる。

1.33 ミイラ穂病 (ほ)　Black choke, Udbatta disease
Balansia oryzae-sativae（Sydow）Narasimhan & Thirumalachar

わが国では未発生である。本病は1914年インドで発生が記録され、その後インドベンガル湾諸州、中国雲南省、アフリカのシエラレオネなどで発生することが記録されているほか、1974年にインドネシアでも発生が認められた。わが国ではイネ輸入禁止対象病害に指定されている。

病徴　主に穂に発生する。葉鞘内で発育中の幼穂が侵されるため、罹病穂は初め白い菌糸で覆われ小さく、硬化していて棍棒状を呈するが、後に黒変し菌核様の小さな黒点が見られミイラ化す。感染個体は全身感染で通常矮化し、株全体の穂が発病する。時に出穂前に止葉の葉脈に沿って細い縞状に菌糸と分生子の形成が認められることがある。

病原　麦角菌科に属する子のう菌で、不完全世代は*Ephelis oryzae* Sydowである。普通不完全世代だけを作る。病穂の黒変硬化した部分の菌糸層中に柄子殻を埋生、柄子殻は類球形、後に頭部が開いて杯状になり、内面に分生子柄を密生、分生子柄は数回二又分枝して分生子を頂生する。分生子は無色、単胞、針状で、大きさ20〜35×1μmである。

生態　種子伝染で、罹病種子と接触した健全籾に病原が付着し伝染する。このため、種子を50〜54℃、10分間の温湯処理によって防除可能との報告がある。

① 墨黒穂病罹病籾の表面は黒色に汚れる　② 墨黒穂病被害籾は頴の間から淡紅色舌状の突起物が出る
③ 墨黒穂病菌黒穂胞子　④ ミイラ穂病罹病穂

1.34 黒腫病 こくしゅ Leaf smut
Entyloma dactylidis (Passerini) Ciferri

わが国では1915年に記載された病害で、ごま葉病ともいわれる。東南アジア諸国、インド、中南米その他ほとんど全世界に分布するが、大きな被害はない。

病徴 葉だけに発生する。普通7、8月頃から下葉に発生し始める。葉の両面の葉脈に沿って多少隆起した長楕円形の長さ0.5～5mm、幅0.5～1.5mmの黒点が連生し、あたかもゴマ粒を並べたような感を呈する。この黒点は病原菌の黒穂胞子の塊である。後に黒点の周囲は黄変し、発生がひどい時には乾枯することがある。

病原 病原は糸状菌の一種で腥黒穂菌科に属し、表皮下に黒穂胞子層を形成する。この胞子層は固く密着していて子座あるいは菌核状を呈する。このため、当初は菌核病と誤認されたこともある。黒穂胞子は球形または多角形で暗褐色を呈し、細胞壁は厚く大きさ7.5～10×7.5～12.5μmである。黒穂胞子は発芽すると無色、短い棒状の前菌糸を生じ、次いで淡オリーブ色で細長い棒状の第一次小生子3～7個を作り、さらにその上にY字形に第二次小生子を芽生する。

生態 黒穂胞子の塊（ゴマ粒状のもの）が病葉に付いたまま越冬し、翌年夏黒穂胞子が発芽して小生子を作りこれが葉に侵入して発病する。黒穂胞子の発芽最適温度は20～30℃といわれている。

防除 本病は生育が衰弱したイネで発生し易いので、肥切れしないよう注意する。

1.35 籾枯病 もみがれ Glume blight
Phoma glumarum Ellis & Tracy

本病は1888年アメリカで記載されているが、わが国で病名を付し発生が記載されたのは比較的新しく1959年である。西日本中心に発生し被害は小さかったが、最近米の品質劣化の一因として注目されるようになった。本病はわが国のほかブラジル、インドなど多くの国々で発生する。

病徴 出穂後2～3週間に籾に感染する。初めやや長く小さい褐色の斑点ができ、次第に拡大し病斑は白色を帯びてくる。後に病斑上に小さい黒点（病原菌の柄子殻）を多数形成する。病斑は融合し不規則な形になる。感染が早いと不稔になり、後期に感染すると粒の充実が妨げられ、粒は変色してもろくなる。

病原 病原は糸状菌で柄子殻を作る。柄子殻は初め表皮で覆われ埋もれているが、後に表皮は破れ表生になる。球形～亜球形で暗褐色、大きさ48～133×40～95μmで、頂端に小孔がある。柄胞子は楕円形～卵円形、無色で大きさ3～6×2～3μm。なお、病原にはこのほかイネに寄生性を持つ類似の *Phoma* 属菌、*Phyllosticta* 属菌など数種が記載されており、本菌を含めて比較検討する必要がある。

生態 本病は主に西日本で発生し、とくに出穂期に高気温の年に発生が多いとされ、また出穂開花期に降雨を伴う台風などの強風が著しく発病を助長するといわれている。しかし、発生生態の詳細は明らかでない。病原についての検討も十分でないので、これらの関係を明らかにし品質に対する影響などの対策を早急に講ずる必要があろう。

① 黒腫病　② 籾枯病

1.36 葉鞘網斑病　Sheath net-bloch
Cylindrocladium scoparium Morgan

九州を始めとし全国各地で発生が認められているが、日本以外での発生は今のところ知られていない。

病徴　九州では6月中～下旬から発生し始め、7月中旬～9月上旬にかけて発生が多くなる。初め葉鞘の水際部に黄白色水浸状の小斑点を生じる。この病斑は急速に拡大して、淡黄褐色の楕円形または紡錘形で2～3cmの病斑になり、その表面に褐色～濃褐色の網状の模様が現われる。葉鞘を剥取り裏側から見ると組織中に白色粉状の菌糸塊が形成されており、中に微細な褐色の菌核が認められる。

病原　病原は不完全菌類に属する糸状菌で、分生子を作る。分生子柄は無色で2～3回2又または3又状に分岐して先端は小柄となり分生子を扇状に着生する。分生子は無色、円筒形で2胞、大きさ41～75×2.9～5.8μmである。

本菌はまた葉鞘の病斑内に白色の菌糸塊を生じ、中に褐色～暗褐色、球状の小さな菌核（大きさ約200μm）を埋もれたような状態で形成する。菌の生育最低温度は5～6℃、最高温度36～37℃、最適温度は28～30℃である。

生態　被害藁や刈株について菌糸塊や菌核の形で越冬し第一次伝染源になる。また、裏作の作物として栽培されたマメ類の罹病株が伝染源になることもある。二次伝染は分生子の飛散によって伝染する。本病の発生は一般に湿田や半湿田、また秋落ち地帯で多いとの報告もあるが、近年の発生状況は明らかでない。なお本病菌はイネのほか、多くのイネ科、マメ科などの作物を含め、31科66属の植物に寄生し、斑点病や茎枯れなどを起こすといわれている。

1.37 葉鞘腐敗病　Sheath rot
Sarocladium oryzae (Sawada) W. Gams & Hawksworth

西日本を中心に全国各地で発生が見られる。日本での被害はそれほど大きくはないが、東南アジア各国やインド亜大陸では、被害の見られる病害である。

病徴　穂ばらみ期から出穂期に主に止葉の葉鞘に発生する。初め黄緑色の斑点を生じ、病斑は次第に拡大して褐色の虎斑状、楕円形になり後に雲紋状を呈する。病斑の表面や内側には帯紅白色のかびが生える。罹病茎の穂は全部または一部が腐敗し、出穂しても白穂になるか、籾は暗褐色に変色して枯死し、玄米は変色米とくに茶米になる。被害の激しい時は全く出穂しない。

病原　病原は糸状菌で不完全菌類に属し分生子を作る。分生子柄は無色で長円筒状、1～2回分枝し先端は数個の小柄を輪生、その先に分生子を着生する。分生子は無色、単胞、円筒状で大きさ4～9×1～2.5μmである。この菌は台湾で発見され新種として同定され*Acrocylindrium oryzae*と命名されたが、近年、新属*Salocladium*が創設された。13～37℃の範囲で生育し、生育適温は20～28℃、分生子の発芽適温は23～26℃である。

生態　本病の第一次伝染源は罹病種子、戸外に放置された被害藁、水田に残った罹病イネ株などである。本病菌の病原性は比較的弱くニカメイガの食入茎によく発生する。また、止葉の葉鞘内部や傷などから侵入・発病し、暴風雨などによって発病が助長されるといわれている。

①葉鞘網斑病の病斑　②葉鞘網斑病菌分生子　③葉鞘腐敗病による褐色籾　④葉鞘腐敗病の病斑

1.38 苗立枯病　　Seedling blight
Rhizopus oryzae Went & Prinsen Geerligs この他
Fusarium, Trichoderma, Mucor, Phoma, Pythium 属菌など7属14種が病原として記載されている

　平成になってから、人手のみの田植は全く姿を消した。これに伴い苗代による苗の育成はなくなり、育苗箱により苗を育成するようになった。このような稲作環境の変化によって発生する病害も大きく変化し、従来の苗代における苗腐病などに代わり、苗立枯病が発生するようになった。苗立枯病に関与する病原は、日本植物病名目録では7属14種が記載されている。このほか大畑（1989）は *Rhizoctonia, Corticium, Sclerotium* 属菌による苗立枯病も紹介している。ここではこれらの中で最も被害が大きいとされる *Rhizopus* 菌による苗立枯病を主体に説明する。

　病徴　育苗中床土の表面に白いかびが急速に繁殖し、育苗箱全面を覆うようになる。播種直後の早い時期では、種籾の発芽が悪くなり、出芽しても生育は劣り、苗は黄緑色〜黄色に退色して不揃いになる。発芽後に発生すると苗の伸びが衰えて黄化する。罹病苗の根は短く先端は膨らんで伸長が止り、後に褐変腐敗し苗は枯死する。発生が激しいと育苗箱の中の全部の苗が腐敗枯死する。

　Rhizopus 以外の菌による苗立枯病もほぼ同じような症状を示すが細かい点では若干異なる。*Mucor* 菌による症状は *Rhizopus* 菌によく似ているが、症状は軽い。*Fusarium* 菌による場合は、白いかびが全面でなく局部的に発生し、罹病苗の地際部に見られる菌糸は幾分紅色を帯びている。また *Pythium* 菌では、苗は急に萎ちょう枯死し地際部には菌糸が生えることはない。*Trichoderma* 菌による症状は *Rhizopus* 菌同様、苗が黄化し生育が悪くなるが、発生が局部的で罹病苗の地際部に青緑色のかびが密生するのが特徴である。

　病原　病原として *Rhizopus* 属菌では4種が記録されているが、いずれもイネの組織内へは侵入せず、苗の周辺で増殖し、生産する毒素リゾキシンの作用によって苗の伸長阻害、機能障害を起こすが、*Fusarium, Rhizoctonia* 属菌のように苗に直接寄生しない。*Rhizopus* 菌は生育が極めて早く菌糸から匍匐枝を伸ばして仮根を形成、その部分から胞子のう柄を単生または束生し先端に胞子のうを頂生する。胞子のうの中には暗褐色で亜球形、単胞で大きさ $10\,\mu m$ 前後の胞子を多数形成する。またまれに菌糸と菌糸が接合して接合胞子のうを作り、中に多数の接合胞子を形成する。

　生態　*Rhizopus* 菌は通常腐生生活をしており、植物の遺体や器材などで長期間生存できる。したがってこれが第一次伝染源となって高温、多湿の条件下で急速に増殖し、直接植物に寄生して害を与えるのではなく、その代謝生産物のリゾキシンが毒素として作用し害を与える。

　防除　①病原は腐生的な性質が強く、育苗資材に付着していることが多いので、十分注意し消毒したものを用いる。また、育苗土も汚染されていないものを使用する。②育苗中の温度管理に注意し、異常な高温、低温に遭遇しないようにする。③環境条件など注意しても完全に防ぎきれない場合が多い。有効な薬剤が開発されているので薬剤防除は必ず行う。

①*Rhizopus* による苗立枯病、苗箱一面に菌糸が見られる　②*Rhizopus* による苗立枯病、後に枯れる

1.39 心枯線虫病　White tip
Aphelenchoides besseyi Christie

　本病の病徴は堀によって1900年に記載されているが、これが線虫により起こることを立証したのは、吉井（1944）で、線虫の学名は1948年横尾により*Aphelenchoides oryzae* Yokooと命名された。その後の研究により本線虫は既報のイチゴを侵す*Aphelenchoides besseyi*と同一種とされ今日に至っている。

　本病は北海道から九州・沖縄まで広く分布し、イネ品種によって被害の程度も異なり、減収率も20～30％に達したことがあるが、最近は防除が徹底し発生は極めて少なくなっている。

　病徴　葉および穂が侵されるが、下葉には病徴は現われない。8月に入ってから上葉の先端が淡黄褐色～淡黄白色になり、油脂状の光沢のある病斑になる。このような症状が蛍に似ているのでホタルイモチの俗称がある。病斑は古くなると灰褐色になり、こよりのように巻く。後に腐敗して葉が切れたようになる。病株は草丈がやや低くなり、高い節から分げつする。穂も侵されるが幾分小さくなる程度で特別な病斑は認められない。しかし、被害穂を脱穀してみると玄米の張りが悪く、屑米が多くなる。さらに一部の玄米には、腹側に縦または横に割目が入り、その周縁が黒変し、いわゆる黒点米となり米の品質を低下させる。なお、この黒点米は出穂してから、気温の高い時に発生し易いといわれている。

　病原　病原は線虫で、雌雄共に細長く、大きさ雄は0.5×0.014mm、雌は0.65×0.015mm。体角皮には横条溝が密にあり、口針は比較的大きく、食道球の発達顕著である。

　生態　病原線虫は籾で越冬し、翌年この病籾を播くと、これから生じる幼苗やその付近の幼苗に侵入して生長点を侵すが、生長点の内部組織には侵入せず、外部にあって養分を吸収する。線虫は常に生長点にいて出穂期になると籾の中に入る。籾内に入った線虫は子房組織の内部には侵入せず、常に穎の内側にあって肥大する玄米を吸汁加害する。

　防除　①種籾は無病のものを用いる。②種子消毒を行う。種子消毒は冷水温湯浸法、温湯浸法または薬剤に浸漬する。③生籾殻を苗代に使用しない。④葉先枯れの症状が見られた時には、黒点米の発生を防ぐため出穂期と出穂7日後の2回薬剤を散布する。

〔備考〕　イネでは本病のほか線虫による病害として、シスト線虫病、根腐線虫病、根こぶ線虫病などが記録されている。

①心枯線虫病の病徴　②イネシンガレセンチュウによる被害米（黒点米）（野田）　③イネシンガレセンチュウ

1.40　穀粒の異常　（褐色米、腹黒米、目黒米、斑点米）

わが国で記録された米粒の病害は百数十種あることが報告されているが、病名を付されたものとして、日本植物病名目録第2版には27種が挙げられている。これらの多くは変色したものがほとんどで、一時輸入米で話題になった黄変米も含まれている。

このような穀粒異常の原因は、黄変米や黒変米のように玄米に調整後、貯蔵中に *Penicillium* や *Aspergillus* などの糸状菌の寄生によって生じるものもあるが、大部分は圃場で立毛中に糸状菌、細菌の寄生によるか、斑点米や黒点米のようにカメムシ類による加害、あるいはこれらの昆虫の食痕より細菌が侵入して変色したものもある。ここでは代表的な異常穀粒について、発生生態などには触れず、その症状と原因だけを略記する。

(1) ***Sarocladium*（*Acrocylindrium*）による変色籾**　葉鞘腐敗病を起こす菌が籾を侵すと、このように極端に変色した籾になる。これが褐色米など変色米となる可能性は極めて高い。

(2) **腹黒米**　古くから有名で *Trichoconiella padwickii*（*Alternaria padwickii*）の寄生により起こる。

(3) **目黒米**　細菌による代表的な変色米とされていた。*Xanthomonas atroviridigenum* が病原として記載されていたが、この細菌は1980.11に国際細菌命名規約により失効。現在は病原細菌種名は未定となっている。

(4) **籾枯細菌病被害米**　病原は *Burkholderia glumae*（*Pseudomonas glumae*）である。

(5) **黒点米**　イネシンガレセンチュウ *Aphelenchoides besseyi* の被害であるが、病状の発生には数種の細菌が関与しているとの報告がある。

(6) **斑点米**　カメムシ類による被害とされている。

①*Sarocladium* による変色籾　②腹黒米　③目黒米　④籾枯細菌病被害米　⑤黒点米（野田）　⑥斑点米（長岡）

第 2 章　オオムギ・コムギの病害

2.1 萎縮病 Green mosaic, Rosette
Soil-borne wheat mosaic virus

萎縮病は1916年に静岡県で記録されたウイルス病でオオムギ、コムギに発生し土壌伝染する。記録ではオオムギで関東以西の六条オオムギ栽培地帯に発生、コムギでは北海道を除いた全国各地で発生する。本病は1919年頃アメリカ中部でも発生し話題を呼んだが、現在ではフランス、イタリア、アルゼンチン、ブラジル、中国、ザンビアなど広く分布している。

病徴 普通2月頃から発病し始める。まず草丈10～15cmの幼植物の心葉に小さい退緑斑が葉脈間に不規則に現われる。ムギが生長すると淡緑色のカスリ状の縞や比較的長い縞を生じる。また同時に罹病葉は濃緑色を呈し肥厚、節間の伸長は非常に悪く、遠くからでもすぐ認められる。分げつは多くなり、新たに展開する葉は捻じれたり、ひだを生じるものが多い。ひどく侵された株は枯死するが、普通は出穂し、いわゆる二段穂となって稔実は不良である。病徴は品種や環境条件によって変化する。また葉の病徴は縞萎縮病によく似ており、一般の畑では萎縮病と縞萎縮病が混じて発病していることが多いので、病徴はかなり複雑でこれらを区別するのは容易ではないが、本病は罹病株の草丈が低く、叢生し、新しく生じる葉は捻じれたり、ひだが生じたりする特徴を有する。

病原・生態 病原はコムギ萎縮ウイルス Soil-borne wheat mosaic virus（SBWMV）で、微生物によって媒介される桿状ウイルスの代表格で *Furovirus* 属の基準種となっている。SBWMVは1990年代後半から2000年の初期にかけて、このウイルスに類似した幾つかのウイルスについて形態的、血清学的さらに遺伝子的面から詳細なウイルスの諸性質が明らかにされた。SBWMVの粒子は桿状で中空、幅は20nmであるが、140と280nmの長さを持つ二種の粒子（いずれも1本鎖RNAを有する）から構成されていて感染には両方の大きさの粒子が必要である。長い粒子は全体の粒子の5％程度で、タバコモザイクウイルスの粒子に類似する。140nm粒子のRNAはしばしば変異し欠損によって90～140nmの粒子になることが多い。このウイルスは土壌中に生息する菌 *Polymyxa graminis* によって媒介されるが、罹病植物の根を用いた接触伝染も可能である。種子伝染はしない。また *Chenopodium* 属植物では接種すると局部斑点を形成し検定植物に使用できる。SBWMVは汁液中では65℃10分で不活化するが、乾燥罹病植物内では数年間安定して生存する。

防除 ①土壌伝染するので可能な限り連作を避ける。②抵抗性品種を栽培する。抵抗性は発生する地域や環境条件によって異なることが多いので注意する。③播種期を7～14日遅らせる。

①コムギ被害株 ②罹病株の葉は捻じれ、ひだを生ずる ③コムギの初期症状 ④萎縮病による奇形穂（コムギ）

2.2 オオムギ縞萎縮病（しまいしゅく）　Yellow mosaic of barley
Barley yellow mosaic virus

　本病は1940年日本で初めて発見された土壌伝染性のウイルス病である。現在ドイツ、イギリス、フランス、ベルギーでも発生が認められている。わが国では主に関東以西のオオムギ栽培地帯、とくにビールムギでの発生が多く、罹病性品種の場合被害が大きい。

　病徴　ビールムギ以外のオオムギではコムギ縞萎縮病に似た病徴を示し、黄色の縞ができる。分げつは不良で、草丈は健全なものと差はあまりない。また萎縮病のように葉が捻じれたり、ひだができたりしない。しかし、ビールムギではかなり異なった病徴を示し、2月頃から葉が黄色になり、その部分に顕著な壊死斑ができる。病徴が進むと株全体が黄色になり、黄化した葉にはやはり褐色の壊死斑が現われる。被害の大きい所では株全体が枯死し、収穫皆無になることもあり、オオムギに発生するウイルス病の中で最も被害が大きい。

　なお、オオムギでは *Pythium* spp. によって起こる黄枯病があり、本病に極めてよく似た症状を示す。とくにビールムギのゴールデンメロン系の品種が弱いことも、本病に似ているので注意する必要がある。

　病原・生態　病原はオオムギ縞萎縮ウイルス *Barley yellow mosaic virus*（BaYMV）で *Bymovirus* 属に属する。275、550×13 nm の2種の紐状ウイルスで、形態的にはコムギ縞萎縮ウイルス *Wheat yellow mosaic virus*（WYMV）と同じであるが、オオムギだけに寄生性を示す。不活化温度40〜45℃で、WYMVと同様、*Polymyxa graminis* によって媒介される。ウイルスの感染および病徴の発現には18℃以下の低温を必要とし、4月以降発病株の病徴は回復する。罹病植物の細胞質内には特徴のある網状膜構造体や風車状封入体が認められる。このウイルスは、二条オオムギ、六条オオムギの数品種に対する反応の違いによって6系統の存在が知られている。

　防除　①抵抗性品種を栽培する。古くはビールムギはほとんどの品種が弱く、その中でもゴールデンメロン系の品種はとくに弱いとされていたが、1980年代からミサトゴールデン、ニシノゴールドなどゴールデンメロン系品種でも抵抗氏の強い品種が育成登録されている。なかでもニシノホシ、ヤチホゴールデン、アサカゴールドなどは極強とされている。②連作を避ける。コムギには発病しないから、発生のひどい所ではコムギを栽培するか、ムギ以外の作物を作る。とくにビールムギは発生地には連作しないよう注意する。

①初期病徴　②ネクロシスが現われた初期の症状　③圃場全面に発生が見られる　④末期の症状

2.3 コムギ縞萎縮病　Yellow mosaic of wheat
Wheat yellow mosaic virus

　Wheat yellow mosaic は 1927 年日本で初めて発見された土壌伝染性のウイルス病である。病原は 1969 年によう
やく Wheat yellow mosaic virus と確定された。

　病徴　コムギだけに発生する。萎縮病に非常によく似た病徴であるが、顕著な黄色の縞を生じ、また黄色の縞に褐色の壊死斑を生じることが多く、萎縮病に比べて黄化が著しい。分げつは不良になり、株はやや萎縮するが、草丈は健全なものとさほど差は見られない。また、葉が捻じれることはほとんどない。4月になり気温が高くなると病徴は不明瞭になる。

　病原・生態　病原はコムギ縞萎縮ウイルス *Wheat yellow mosaic virus*（WYMV）で *Bymovirus* 属、BaYMV 同様ウイルス粒子は幅 13nm の紐状で 200～300nm と 500～600nm の二つの長さを持つ粒子からなり、1本鎖 RNA を持つ。これらの形態は 2000 年以降になってようやく明らかにされたが、長い間不明確であった。その原因として、主要なムギ類のウイルス病は病徴が類似し、土壌伝染性のためウイルスに関する知見に乏しい時代には同定が非常に困難であった。ほぼ全国的に分布する。北海道では 1991 年にようやく発生が確認されたが、新しい系統で関東などに分布する系統と病原性が異なる。なお、1960 年代の初期に、中央アメリカ、カナダの国境地帯で秋播きコムギで *Wheat spindle streak mosaic virus*（WSSMV）が記載されたが、土壌伝染性で病徴も縞萎縮病に極めて類似し、その生態などから *Soil-borne wheat mosaic virus*（SBWMV）のグループと考えられていた。しかしその後の研究により SBWMV とは関係は薄く、むしろ WSSMV は WYMV、BaYMV と密接な関係があることが明らかになった。

　WYMV は現在まで媒介を直接証明した試験はないが、変形菌類ネコブカビ属の *Polymyxa graminis* という菌によって媒介されると考えられている。病土は数年間は伝染源になる。秋の感染が早春の病徴の発現に深く関連するが、春の感染はそれほど大きな役割は果たさない。感染は 7～20℃の範囲で起こり、感染の最適温度は 15℃。春先感染後発病まで普通 20 日程度を要する。

　防除　抵抗性品種を栽培する。アオバコムギ、キタカミコムギ、フルツマサリ、はつほこむぎ、農林 53、73 号、アサカゼコムギ、シロワセコムギなどは強いとされているが、ウイルスの系統によって抵抗性が異なるので注意を要する。最近、うどん用の品種"ゆめちから"が優れた抵抗性を持ち、北海道では 2014 年に栽培面積 13,000ha を超えたとの報告がある。他の防除法は萎縮病に準じて行う。

①縞萎縮病　②縞萎縮病、壊疽が現われた症状　③コムギ縞萎縮ウイルス粒子（斎藤）

2.4 斑葉モザイク病 Stripe mosaic
Barley stripe mosaic virus

このウイルス病は1910年にアメリカ・ウイスコンシンで Barley false stripe として記載されたもので、米国で恐らく最初に記載されたイネ科作物のウイルス病である。全世界のほとんどのオオムギ生産地に分布発生する。主にオオムギに発生し、コムギではまれに発生する程度である。日本では1957年に発生が明らかにされたが、北海道では古くから発生しており、とくにビールムギで被害が大きいウイルス病であった。しかし発生は減少し1990年前後からは日本での発生は認められなくなった。

病徴 葉では初め淡緑〜黄色のほぼ楕円形の斑点や不規則な条斑を生じる。またしばしば褐色の短い線状の病斑または条斑を生じる。ひどく侵されたものは葉先や葉縁から枯れることがある。病葉は多少小型になり捻じれる。罹病株の穂は抜けが悪く、出穂しないか、しても稔実が悪い。病植物から採った種子を播くと初生葉に黄緑〜黄白〜灰白色の斑点や斑紋が現われるが褐色条斑は見られない。

本病の初期の病徴は縞萎縮病に非常によく似ている。しかし縞萎縮病では褐色の斑点は生じるが本病のように条斑にはならない。また本病はオオムギ斑葉病に非常によく似ていて誤認されることがある。オオムギ斑葉病では、黄色の条斑が次第に褐色〜黒褐色に変化するが、本病ではむしろ緑色部と黄色部の境界に褐色の病斑が現われる。また本病はオオムギ斑葉病のように病斑上に黒色の胞子を作らない。

病原・生態 病原はムギ斑葉モザイクウイルス *Barley stripe mosaic virus* (BSMV) で、このウイルスは α、β、γ の三つのゲノム RNA を持ち *Hordeivirus* 属に属する。ウイルス粒子は 120〜140×25 nm の桿状で 65〜68℃ 10 分で不活化する。乾燥葉を −18℃ で保持すると数年生存できるといわれている。このウイルスは他のムギ類ウイルス病のように X −体を生じない。宿主範囲はオオムギ、コムギなどのムギ類および若干のイネ科植物である。

種子伝染、接触伝染する。種子伝染の割合はかなり高く、品種によっては100％近い伝染率を示す。圃場での伝播は主に接触伝染による。土壌伝染はせず、昆虫による伝搬も今のところ知られていない。

防除 種子伝染率が高く、罹病植物より採種した種子を用いると被害が大きくなる。このためわが国では種子の生産管理を厳重にした結果、前述のように現時点では発病は認められなくなった。

①初期症状（オオムギ） ②褐色の条斑が現われた典型的症状
③斑葉モザイクウイルス粒子（斎藤）

2.5 北地モザイク病　Northern cereal mosaic
Northern cereal mosaic virus

1944年伊藤・福士が明らかにしたウイルス病で、わが国では北海道および青森、岩手県で発生が認められている。外国では中国、韓国、シベリアなど北方地域に発生する。

病徴　初め葉脈に沿って黄緑色の小さい斑点が現われ、次に生じる新葉ではこの斑点は連続して黄白色の条斑になる。発病のひどい葉は蒼白色を呈し、葉脈に沿って緑色の条斑ができる。罹病葉は小さく捻じれる。草丈低く分げつが著しく増加する。早期に感染した株は出穂しない。遅く感染したものは小さな穂を生じるが十分抽出しないで曲がり、かつ捻じれる。なおコムギの罹病葉では裏面の葉縁に沿って花青素が淡赤褐色線状に現われる。

病原・生態　病原はムギ北地モザイクウイルス *Northern cereal mosaic virus* (NCMV)で *Cytorhabdovirus* 属に属し、大きさ350×60nmの桿状ウイルスで1本鎖RNA(－)を持つ。不活化温度50～55℃である。このウイルスは土壌伝染、種子伝染および汁液伝染はせず、ヒメトビウンカ、シロオビウンカ、サッポロウンカおよびナカノウンカによってのみ伝染する。ウンカに吸収されたウイルスは昆虫体内で25℃7日内外の潜伏期間を経て媒介される。ウイルスを媒介されたムギは4～14日間の潜伏期を経て発病する。経卵伝染はしないが、ウンカが一旦保毒すると30～60日以上媒介する能力がある。

病原ウイルスは秋季伝染の秋播きムギ類、スズメノカタビラおよび保毒ヒメトビウンカの虫体内で越冬する。秋播きムギ類は秋季感染が主体で、北海道での感染時期は発芽後～10月上旬頃で大部分は春季に発病する。春播きムギ類は主として保毒した越冬幼虫から現われた越冬世代成虫の媒介で感染する。北海道での主要な感染時期は発芽後～6月上旬である。罹病コムギで発育したヒメトビウンカ第1世代幼虫はウイルスをよく獲得し、収穫期前の第1世代成虫の保毒虫率は高い。保毒虫はムギを加害した後スズメノカタビラ類に移動、8月下旬には発病が見られ第2世代の成虫の発生も多く、ムギ収穫後から秋播きムギ類の発芽までのウイルスのつなぎ植物として重要な役割を果たす。このウイルスの宿主範囲はオオムギ、コムギ、エンバクなどイネ科植物30種に及ぶが、オオムギ、エンバクに多く、ライムギでの発生は少ない。

防除　イネ縞葉枯病に準じてヒメトビウンカの防除に努める。また罹病株は早期に抜取り、発病の多い圃場では1年間秋播きムギ類の栽培を休む。また圃場周辺のスズメノカタビラは本病の伝染源となるので除去する。

①オオムギ発病株　②オオムギの奇形穂　③発生圃場（オオムギ）　④コムギ被害株

2.6 黒節病(くろふし)　Bacterial black node
Pseudomonas syringae pv. *syringae* van Hall 1902

　1937年に広島県で初めて発生が報告され、次いで1941年島根県に発生、その後逐次発生が拡大、1955年には福島県以南のほとんどの県に拡大、現在でも関東各地のオオムギで発生がひどいという。発生はわが国だけで知られている。本病に似た病害で、海外では *Ps. syringae* pv. *striafaciens* によるオオムギの Bacterial stripe blight、*Ps. syringae* pv. *atrofaciens* によるコムギの Basal glume rot が知られているが、いずれも発生は少なく、被害もほとんどないようである。

　病徴　葉、葉鞘、節、稈に発生する。葉では、初め水浸状の病斑ができ、次第に黄褐色になり葉脈に沿って拡大し、後に暗褐色〜黒褐色の条斑になる。罹病株の葉は全体的な黄変が目立つ。葉鞘にも黒褐色の条斑ができ、節も黒褐色になり稈にも進展する。ムギ類で条斑が見られる病害には条斑病、オオムギ斑葉病などがある。条斑病はコムギでの発生が多く、条斑は明瞭で長い間目立つ。斑葉病はオオムギ、ハダカムギに見られ、初期には明瞭な黄褐色の条斑を生ずるが、末期には病斑上に黒色の分生子を密生するので判定は容易である。黒節病は初期病徴はこれらの病害と似ている点はあるが、前二者のように条斑は目立たずむしろ葉全体が黄変する。とくに生育の早い段階で感染すると、葉の黄色が目立つ。また、葉が黄色になった株では抽出中の新葉が枯れているのが目立つ。さらに今一つの大きな特徴は節が暗褐色〜黒色に変わり、その黒変の部分は節間(稈)に及ぶことで、この症状は他の病害では見られない。

　オオムギ、ハダカムギでは穂に発生すると、特徴のある病徴を示す。すなわち、穂全体が火にあぶられたように黄白色〜黄褐色になって枯死し、穂首には葉鞘内まで続く褐条が見られる。この症状は当初は穂焼病と命名され、病原は *Aplanobacter hordei* 後に *Pseudomonas hordei* とされたが、病原は黒節病菌と同じであることがわかり、黒節病の一つの病徴であるとされ今日に至っている。

　病原　短桿状の細菌で、普通1本まれに数本の単極性の鞭毛を有する。グラム陰性、好気性で大きさ $0.4〜1.0×1.5〜2.5μm$ で、肉汁寒天培地で乳白色のコロニーを作る。生育温度範囲 $1〜35℃$、最適温度は $22〜24℃$、死滅温度は $50℃15$ 分間である。

　病原は日本で記載された当初は *Ps. striafaciens* var. *japonica* とされていた。この菌はわが国特有のものとされているが、海外ではオオムギに見られる病害として Bacterial leaf blight(*Pseudomonas syringae*)、Bacterial stripe blight(*Ps. syringae* pv. *striafaciens*)オオムギ、コムギの穂に発生する Basal glume rot(*Ps. syringae* pv. *atrofaciens*)など極めて類似した病害が記録されている。元来この *Ps. syringae* のグループは変異が多く細菌学的性質も複雑多岐にわたっていることもあり、従来別種として記載された

①黒節病発生圃(コムギ)　②黒節病罹病株(オオムギ)

オオムギ・コムギの病害

ものも同じ種とし、病原性を中心に多くの pathovar を設定した経緯があるようである。本黒節病菌も当初アメリカで記載された Bacterial stripe blight の病原 *Pseudomonas striafaciens* とほとんど同じであるが、細菌学的諸性状および寄生性が多少異なることから var. *japonica* とされた。その後、穂焼病の病原 *Aplanobacter hordei* も黒節病の一病徴型であるとして、この菌の中に繰入れられた。研究の進展に伴い、この菌はさらに *Ps. syringae* のグループで *Ps. syringae* pv. *japonica* とされ長い間この学名が用いられていた。その後、生化学的、細菌学的性質、病原性などについてのこのグループのさらなる比較検討の結果、この菌は *Ps. syringae* pv. *syringae* のジュニア・シノニムであると指摘され、今の学名が採用されている。

生態 病原細菌は被害麦稈上で1年以上、種子で5ヵ月生存し、土中での越冬も可能である。第一次発生は種子による伝染が大きな役割を演じている。圃場では病原細菌は宿主の気孔から侵入、柔組織の細胞間隙で増殖し発病する。暖冬の年。とくに急に寒波が来襲して宿主に障害を与えた時、風通しや排水の悪い土地、早播き、密植の場合に発生が多くなり、窒素肥料の多施用も発病を助長する。

防除 無病地から採種した健全種子を適期に播種する。不耕起栽培は避ける。また前年の被害麦稈は畑に残さず、焼却あるいは堆肥にする。激発した圃場は連作は避ける。

③罹病株の黄化が目立つ（コムギ） ④罹病株の心葉の枯死（コムギ） ⑤葉鞘の病斑（オオムギ）
⑥罹病稈の黒変（オオムギ） ⑦稈の症状（コムギ）

2.7 赤かび病　Scab, Fusarium head blight
Gibberella zeae (Schweinitz) Petch, *Fusarium avenaceum* (Fries) Saccardo
Fusarium culmorum (W. G. Smith) Saccardo, *Monographella nivalis* (Schaffnit) E. Mülle

Fusarium 属の菌の寄生による病害で、主に穂に発生する。オオムギ、コムギなどのムギ類のほかイネ科植物を侵す。これらの作物を栽培する所ではどこでも発生、アメリカでも近年最も重要な病害に位置付けられている。わが国ではムギ類とくにコムギの出穂期が梅雨期になるため、古くから注目されており、梅雨期が早くから長く続くような年では壊滅的な被害をもたらすことがある。さらに、被害粒に病原菌で生産されたマイコトキシンが蓄積され、人体や家畜に中毒症状を起こすなど、安全性の点からも問題があり、最近ではムギ類の病害中最も重要な病害となった。

病徴　主に出穂期から乳熟期にかけて穂を侵し、とくに開花期以後に発病が目立つ。発生の少ない初期は小穂の1～2が侵される。初め、小穂に紫褐色の条斑を生じ、後に小穂全体が灰白色〜淡褐色になる。発生の後期または発生が多い時には穂の全部が褐色になり、枯れた稃の合わせ目に桃色のかびが生える。この桃色のかびは分生子の塊（スポロドキア）で本病の特徴である。また、長雨の時は繊毛状の白いかびが稃の前面を覆う。古い病斑には小さい黒点（子のう殻）が見られるようになる。また穂軸が侵され、その上部は枯れ上がったり、穂首が侵され白穂となることもある。このような罹病穂は不稔になることが多い。稔っても子実には皺が入り暗褐色を呈し、千粒重は小さく、屑粒になる。このような屑粒には桃色を呈するものがあり、マイコトキシン（かび毒）を含有する。

以上が赤かび病の典型的な病徴であるが、罹病種子を播種するか幼苗期に感染すると発芽障害を起こし、また葉鞘および葉鞘の基部に不定形、褐色の斑紋を生じ苗立枯れを起こす。その後、研究が進み赤かび病の病原は当初に記録された *Fusarium graminearum* だけでなく、他の数種の菌も関与することが明らかになると、病徴も以上のような表現だけでは不十分となる。とくに *Fusarium nivale* が赤かび病の病原の一つであることが明らかにされたが、この菌は紅色雪腐病の病原である。紅色雪腐病の病徴については、その項で説明するが、紅色雪腐病は積雪下、あるいは融雪直後のムギ類を侵し葉が紅色を呈して腐敗するなど特徴のある病徴を示す。この菌が穂を侵すとやはり赤かび病を起こすが、穂での病徴は先に述べた *F. graminearum* の病徴と区別することは困難である。しかし、穂以外に葉身には特徴のある斑紋を生じる。この斑紋は暗色を呈することが多く、発生が多い時には下葉が枯れ上がることもあり、被害を与える。

病原　古くは病原として *Gibberella zeae* のみが挙げられていたが、最近では赤かび病に関与する *Fusarium* 属菌は1種でなく、数種が関与することが明らかになった。現在

①初期の症状（コムギ）　②中期の症状（コムギ）　③被害穂

オオムギ・コムギの病害

わが国では、日本植物病名目録によると標題に掲げた菌以外の Fusarium も関係があるとされている。これはわが国だけでなくアメリカにおいても同様で、複雑である。しかしこれらの中、赤かび病の病原として最も一般的で重要な菌は、やはり古くから病原として挙げられている Gibberella zeae で、この菌の不完全世代は Fusarium graminearum である。この菌はムギ類、トウモロコシなど広くイネ科植物を侵す多犯性の菌である。分生子と子のう胞子を作る。分生子は Macroconidia（大型分生子）で、無色、新月形、1～5個の隔壁があり、大きさ 35～62×3～5μm。分生子柄は側生で短い。子のう殻は小穂上に群生し表生で黒色、径 150～350μm で卵形、頂部には短い嘴状で乳頭状の孔口を有する。子のうは棍棒状 40～120×8～15μm で中に8個の子のう胞子を形成する。子のう胞子は無色、0～3普通2の隔壁を持ち 12～30×3～5μm 長楕円形である。また、球形で 10～12μm の厚壁胞子を作る。生育適温は 24～26℃ である。

この菌は以前の Snyder & Hansen の分類体系では、F. roseum f. sp. cerealis で 'Graminearum' 'Culmorum' 'Avenaceum' などの cultivar が設けられており、研究者によっては異なった学名が付けられるなど、分類学的にも複雑な菌である。現在では Booth の分類体系を基本にした Fusarium graminearum とされているが、幾つかの遺伝子の特殊な nucleotide の位置を基にした DNA シーケンスの多形性によって少なくとも9の phylogenetic lineages に分けることができるといわれていて、複雑な種である。

1960年代以降ムギ類紅色雪腐病菌である Fusarium nivale も赤かび病の病原として大きく関与していることが明らかになった。とくに北海道など気温の低い地帯での赤かび病の発生に関係がある。Fusarium nivale は最近は Fusarium 属でなく Microdochium 属に位置付けられ、完全世代も Monographella nivalis が採用されているものの、まだ Fusarium nivale が用いられることが多い。この菌の分生子（大型分生子）は 16～25×3～4μm、隔壁は 1～3 であるが1隔壁のものが多い。無色で湾曲し、幅広い鎌形である。子のう殻は晩春～夏季に罹病枯死した下位葉鞘の組織内に形成され、黒褐色、楕円～球形 210～240×160～200μm で頂部に孔口がある。子のうは無色、棍棒状で 60～90×6～8μm で中に 6～8 の子のう胞子を持つ。子のう胞子は無色、1～3 の隔壁があり、紡錘形で 10～24×3～4μm である。生育温度は -5～22℃ で好低温性である。厚壁胞子は形成しない。

頻度は前二者ほど高くないが F. culmorum、F. avenaceum も関与する。F. culmorum は温帯性の菌で、小型分生子は形成せず大型分生子を作る。大型分生子は脚胞があり、大きさ 25～50×4～7μm、3～4 の隔壁を有し、細胞壁は厚くしっかりした形態で中央部は膨らむ。厚い壁を有する球形で径 9～14μm の厚壁胞子を形成し、ほとんどの系統が PDA 培地上で赤色の色素を産生する。完全世代はまだ記録されていないが、Fusarium 属の間では最も変異の少な

④ 激発したコムギ赤かび病　⑤ 重症の被害穂末期の症状　⑥ 赤かび病によるオオムギの白穂

い安定した種である。F. avenaceum は冷涼で湿潤な気候地帯に分布するといわれ、コロニーの形態は変化に富む。大型分生子は細長く細胞壁は薄くわずかに曲がっているものが多い。一般に7隔壁を持ち大きさ40～80×3.5～4 μm である。また小型分生子は細く屈曲して1～3の隔壁を有し大きさ8～50×3.0～4.4μm である。厚壁胞子は形成しない。完全世代は G. avenacec である。

生態 病原として関与する菌の種類も多く、分生子、厚壁胞子、菌糸、子のうは被害残渣、罹病種子、さらには土壌中でも生存しており、越冬した第一次伝染源は至る処に存在する。したがって穂に見られる典型的な赤かび病の発生は、出穂期以後の天候によって左右される。とくにわが国ではコムギの出穂期が梅雨期の湿潤な季節に当たるので、梅雨期が長く雨の日が多いと発生が多くなる。1963年は梅雨の期間が異常に長かったこともあり、西日本では本病が大発生し、収穫皆無になった畑も多く、収穫せずに焼却した記録があり、以後ムギ類の栽培が激減したという事例がある。一般に出穂期以降が冷涼で雨が多い時には、F. nivale による赤かび病が多発し、高温多雨の場合には F. graminearum が主体になる。

防除 最も防除困難な病害の一つである。宿主範囲も広く、至る処に感染源があり、抵抗性品種の栽培が最も望ましいが、多くの研究者の努力にもかかわらず、免疫を示す品種は見つかっていない。若干被害の少ない品種も報告されているのでこのような品種を選定する。わが国では梅雨期を避ける意味から熟期の早い早生種を栽培する。また多肥にならないよう留意することが被害を少なくする第一歩である。被害種子はマイコトキシンによる汚染もあるので、食の安全性の点からも、出穂期以後広域にわたる薬剤散布が有効である。アゾキシストロビン系、イミノグダジン系、チオファネート系、プロピコナゾール系など有効な薬剤が登録されているので、これらを散布すると効果が高い。ただ、F. nivale による被害の見られる所では、薬剤耐性菌の存在が知られているので、薬剤散布には十分注意する必要がある。

⑦ F. nivale による葉枯れ　⑧ F. nivale による葉の病斑　⑨ 赤かび病コムギ被害粒（品種：チクゴイズミ）
⑩ F. graminearum のスポロドキア（分生子褥）　⑪ F. graminearum 分生子

2.8 黄銹(きさび)病　Stripe rust, Yellow rust
Puccinia striiformis Westendorp

　ムギ類銹病はムギ類の代表的な病害で黄銹病、小銹病、赤銹病、黒銹病などが古くから知られている。これらの銹病のうち、黄銹病は発生が最も早く、また発生が極めて不規則で、発生予測が困難な上、一旦発生すると50％近くも減収することがあってムギ類の銹病中最も厄介なものである。

　黄銹病はわが国では明治時代から発生が確認されており、1950～60年代まだ麦作が盛んな頃は九州から北海道までコムギ、オオムギに発生が多く、とくに島根県など中国地方の日本海側、東北地方の太平洋岸で多発し、被害を軽減するため、第一次発生源などについて調査・研究が行われた。しかし近年は麦作の減退に伴って発生の記録を見ることはほとんどなくなったが、大分県では1983年に多発生し、さらに24年経過した2007年に多発生したなどの記録がまれに見られる。

　世界的には黄銹病は南極大陸を除く全ての大陸で発生し、60ヵ国以上で発生が報告されている。北アフリカのナイル河流域や中近東のイエメンそのほかの乾燥地帯のハイランドでも発生し、時に大きな被害を与えている。アメリカでは主に太平洋岸に発生していたが2000年以降中央草原地帯でも発生し、その重要性が増しており、中国大陸でも発生しレースに関する報告がしばしばなされている。

　病徴　発生がひどい時には畑一面が黄色となることがある。主に葉に発生するが葉鞘、穂にも発生する。葉では葉脈に沿って初め退色斑を生じ、後に黄色のやや盛り上がった条斑ができる。とくにコムギではこの条斑は明瞭である。これは病原菌の夏胞子堆で、後に表皮が破れて黄色～黄橙色の粉（夏胞子）を飛散する。葉鞘では脈に沿って黄色の胞子堆が連続してできるが、葉とは異なり、表皮が破れないでいることが多い。ムギの成熟期になるとゴマ粒に似た小さい黒点（冬胞子堆）が現われる。この冬胞子堆の表皮は破れない。黄銹病の特徴は小さい黄色～黄橙色の夏胞子堆が葉脈に沿って縦に連続し、縞になる。このため英名は yellow rust よりも stripe rust の方が一般的になっており、他の銹病とはこの点で区別することができる。

　病原　担子菌類に属し、夏胞子堆および冬胞子堆を作り、夏胞子堆に無数の夏胞子が、冬胞子堆には冬胞子が形成される。夏胞子は単胞で球形、黄色で表面に突起があり、内部は顆粒状のものが一杯詰まっている。大きさ32～40×22～29μm、冬胞子は棍棒状で2胞になっており、褐色で

①発生圃（オオムギ）　②葉の病斑、夏胞子堆（オオムギ）　③稈に形成された黄銹病冬胞子堆

大きさ 36〜68×12〜20 µm である。柄子、銹胞子の世代は未発見である。

本菌の学名は長い間 *Puccinia glumarum* が使われていたが、近年は *P. striiformis* が先名権の関係で用いられている。また、オオムギ菌・コムギ菌は *P. striiformis* var. *striiformis* とオーチャードグラスなどほかのイネ科植物の黄銹病と区別するために var. として取扱われている。しかしながら、形態的に明瞭な違いがあればともかく、胞子の大きさなど環境条件などによりかなり変異があり、形態からだけでこれらを分けることは困難である。最も明瞭な大きな違いは宿主に対するそれぞれの寄生性の違いと考えられるので、実用的な見地から寄生性の違いを基にした forma speciales を用いて区別するのがわかり易いと考えられる。黄銹病菌の場合、寄生性は極めて明瞭でコムギに寄生するものはオオムギにはほとんど寄生せず、オオムギに寄生する系統はコムギを侵さず全く異なった寄生性を有する。このことからコムギ菌は *P. striiformis* f. sp. *tritici* とし、オオムギ菌は f. sp. *hordei* として区別したい。また、それぞれの菌には品種に対する病原性の違いから生態種（レース）に分けることができる。コムギ菌は世界的に非常に多くのレースが知られており、わが国のレースは欧州に発生するレースとは病原性が大きく異なっており、また北海道と九州に発生するものはレースが異なっている。

生態 わが国では 1960 年代の調査研究により、北海道ではコボレ麦やマウンテンブロームグラスの上で夏を越し、秋播きの麦に発生し、それがそのまま越冬することが確認された。しかしほかの地方では 1960 年代の調査研究でも明らかにすることはできなかった。本病の発生状況などから春に中国大陸から飛来するのではないかとの推測もあるが、まだはっきりしていない。

コムギ黄銹病については、1960 年代の調査では、近畿以西および北海道に発生し、とくに九州に発生が多かったことが報じられている。近年コムギ黄銹病の発生報告はほとんどなく経過したが、2007 年に大分県で突然多発生している。その時の調査によると、新しく奨励品種として栽培されていたチクゴイズミの発生程度が最も高くニシノカオリ, ミナミノカオリがこれに次いで高かったという結果が得られている。近年は発生が少なく、新しく育成された品種は黄銹病に対する抵抗性の検定は全く行われていないので、普及に際しては注意する必要がある。

防除 基本的には、抵抗性品種を栽培することである。一旦発生すると急速に広がるので発生を認めたら直ちに薬剤を散布することが望ましい。

④発生圃（コムギ） ⑤葉の病斑（コムギ） ⑥黄銹病菌夏胞子 ⑦黄銹病菌冬胞子

2.9 黒錆病 Stem rust
Puccinia graminis Persoon

黒錆病はムギ類錆病のうちで最も発生が遅く、九州で発生が多い。本州の平地では一般に発生時期が遅い関係で早生種では被害はほとんどないが、山間部や北海道の晩生種では被害がある。発生するのは主にコムギで、オオムギでは病名目録に黒錆病は記載されてはいるが、発生はほとんどない。

病徴 葉、茎、葉鞘および穂に出るが、茎、葉鞘に多く発生する。夏胞子堆は大型で、暗褐色を呈しその周りに表皮の破片が紙のように残っている。冬胞子堆はムギが成熟してくると葉鞘に多く見られる。他のムギの錆病と異なって表皮が破れ真黒な冬胞子が露出する。

病原 ムギ類その他のイネ科植物に夏胞子と冬胞子を作る。夏胞子は単胞、長楕円形で橙黄色、大きさ 17〜45×14〜22μm、表面に多数の細かい刺がある。冬胞子は棍棒状で先端は円錐形に尖っており、2胞からなる。濃褐色で 35〜65×11〜22μm。この菌も寄生性の分化は顕著で多くの分化型があり、コムギ菌は f. sp. *tritici* とされているが、この分化型の中で多くレースが知られている。わが国ではレース 21 が広く分布するほか、他に異なった三つのレースも分布することが知られている。また、オオムギではほとんど発病は見ないが、f. sp. *tritici* の他 f. sp. *secalis* に属する菌も寄生するという報告もある。

生態 黒錆病の発生に好適な温度は、26℃といわれ、15℃以下 40℃以上では顕著に阻害される。黒錆病は異種寄生性で、夏胞子および冬胞子の時代はムギで生活するが、冬胞子が発芽して生じる小生子はメギ類のメギおよびヒロハヘビノボラズ類の葉に寄生し、春先に精子および錆胞子を作る。欧米北部では中間寄主であるメギ類が耕地の近くに多く自生しているので、これによって越冬するが、わが国では耕地の近くにはほとんど見られず、これが黒錆病の伝染源になっているかどうか疑わしい点が多い。

従来わが国で秋季発生したことはほとんどなく、ごくまれにあってもそれは冬の間に絶えて春まで生き残らないということから、冬の間多く発生している台湾、沖縄から春先、夏胞子が風によって運ばれてきて第一次の発生源となっているのではないかとの推察もされている。最近九州の山間部で夏胞子の形で越夏、越冬することが実験的に明らかにされたが、自然状態ではまだ確認されておらず今なお問題として残されている。

防除 黄錆病に準ずる。

① 夏胞子堆 ② 冬胞子堆は葉鞘に多く、冬胞子が露出する ③ 黒錆病菌夏胞子 ④ 黒錆病菌冬胞子

2.10 オオムギ小錆病 Leaf rust of barley
Puccinia hordei Otth

オオムギを侵す最も普通の錆病で世界各国に分布、わが国でも全国至る処で発生する。

病徴 主に葉に発生するが、葉鞘、穂も侵されることがある。初め橙色、後に赤褐色、小型の夏胞子堆を散生し、後に表皮が破れて赤褐色の粉末(夏胞子)を飛散する。ムギの生育末期になると、ゴマ粒大の黒点ができる。これは病原菌の冬胞子堆で黒錆病と異なり表皮は破れない。

病原 夏胞子堆の大きさは、0.5〜1mm前後、平塚によれば夏胞子は単胞、球形で淡褐色、大きさ24〜36×21〜27μmで、発芽孔8〜10個が散在するとあるが、外国の記載では夏胞子は卵形〜長円形で大きさ22〜88×14〜24μm、表面に細い突起があると記載されている。冬胞子は単胞または2胞で、単胞のものは不正形で大きさ24〜45×15〜24μm、2胞のものは棍棒状または洋梨形で大きさ40〜48×19〜24μm、共に濃褐色で頂端の壁は厚い。

生態 夏から秋にかけてコボレムギなどに発生しており、冬の間も早播麦などに発生することが認められているので夏胞子で越夏、越冬するものと思われる。気温15℃〜22℃での発生が多い。小錆病菌は異種寄生性で、中間宿主はオオアマナ属植物で観賞用に栽培されるオオアマナおよびホソバオオアマナといわれている。この植物は、地中海沿岸が原産地で明治の末期わが国に渡来している。したがって、古くから中間宿主を経て生活環を完成してきたとすれば、他に中間宿主が存在する可能性が考えられるので、ユリ科のアマナなど近縁の植物について検討してみる必要があろう。いずれにしても、オオアマナは接種試験では発病するが、自然発生の事例はない。したがって現在のところ中間宿主がどの程度の役割を果たしているかは明らかでない。

防除 ①発病が見られた畑では、圃場周辺に被害残渣を放置しないよう注意する。②周辺の圃場を含めてコボレムギの存在と発病の有無を調査し、可能な限り除去する。③品種によって抵抗性が異なるので、発生の多い地域では抵抗性品種を選んで栽培するが、抵抗性はレースの関係で地域によって異なるので十分検討して選ぶ。④窒素肥料の過用を避け、バランスのとれた施肥管理を行う。⑤発生がひどい時はコムギ赤錆病に準じて薬剤を散布する。

①小錆病発生葉 ②小錆病夏胞子堆(左)と冬胞子堆(右) ③小錆病菌夏胞子

オオムギ・コムギの病害

2.11 コムギ赤銹病　Leaf rust, Brown rust, Orange rust
Puccinia recondita Roberge

　世界各国でコムギが栽培されれば必ず発生するといえるほど広く分布する。コムギの成熟期が25～30℃になるような気象条件の地帯での発生がとくに顕著である。わが国でもどこでも発生するが、日本海側や東日本、北日本でよく発生する。

　病徴　葉、葉鞘、茎、穂に発生するが葉の発病が最も顕著である。ムギの生育期間全期を通じて発病する。秋播きコムギでは、11月に発生することもあるが、普通は春になって茎葉が繁茂して発生する。初め葉に1～2mm位の小さい斑点を散生する。この病斑は次第に盛り上がって赤褐色の病斑（夏胞子堆）になる。止葉が展開し出穂期になると発病に好適な条件下では急速に発病が増加し、罹病性の品種では葉全面が赤褐色になり、夏胞子を飛散する。発病が甚だしい時には圃場全体が黄褐色～赤褐色になり、圃場に入ると夏胞子によって衣服が赤褐色になる。ムギの成熟期になり病勢が進むと夏胞子堆に並んで暗褐色のやや膨らんだ長楕円形の病斑（冬胞子堆）を生じる。この冬胞子堆の表皮は黒さび病と異なり破れない。

　病原　糸状菌の一種で担子菌類に属す。コムギの上では夏胞子と冬胞子を形成する。夏胞子は単胞、球形で淡褐色、大きさ15～30μm、表面に細かい突起があり3～8の発芽孔がある。冬胞子は2胞で棍棒状、暗褐色、30～50×15～20μmである。冬胞子は乾燥、湿潤に交互に遭遇すると発芽して小生子を形成、小生子は宿主を代えて他の植物、すなわち中間宿主に侵入して柄子および銹胞子を形成する代表的な異種寄生性の菌である。銹胞子は無色に近くほぼ球形、表面に細刺を有し、大きさ16～28×16～22μmである。

　赤銹病の学名は当初 *Puccinia triticina* Eriksson が用いられていたが、1950年頃より幾つかの種を統合した形で *P. recondita* Roberge ex Desmazières f. sp *tritici* Eriksson & E. Henning が世界的に採用されてきた。しかし、最近になりアメリカでは、再び元に戻して *P. triticina* を用いているようである。

　この学名からも明らかなように、赤銹病の寄生性には明瞭な分化がありパンコムギ、二条コムギだけを侵しオオムギには寄生しない。さらに古くから多くのレースが存在することが知られている。わが国でも長い間、東北農試でレース検定が行われていて数種（6種）のレースが確認されている。その結果、関東以西では病原性の弱いレースが、北海道など北日本ではレース構成も複雑になり、また病原性の強いレース（例えばレース21B）などが分布する

①赤銹病 発生初期の症状　②激発した赤銹病　③冬胞子堆による病斑

ことが明らかにされている。

ムギ赤銹病など銹菌類は純寄生菌(obligate parasite)で人工培地上では絶対に生育しないとされていた。しかし1960年代にオーストラリアで人工培養に成功したことが報告されたが、これは限られた特殊な strain であった。

生態 赤銹病はコムギの生育期間は夏胞子によって蔓延する。夏胞子の発芽および侵入の適温は18℃で、感染には葉上に少なくとも6時間水滴を必要とし気孔から宿主に侵入、侵入後7〜8日で夏胞子堆が形成され、成熟し表皮が裂開して夏胞子を放出する。

赤銹病菌は宿主交代という極めて興味ある生態を有していて、ある時期を中間宿主というムギ以外の植物で生育する。わが国では中間宿主として、アキカラマツが知られている。すなわちムギの生育末期に形成された冬胞子は梅雨の頃から逐次発芽して小生子を生じてアキカラマツに侵入して銹胞子堆を作る。ここに作られた銹胞子が、秋ムギに侵入して夏胞子を形成し、これによって拡がることが考えられる。しかし、いろいろ調査された所によると、関東以西ではアキカラマツに銹胞子を作っていることは非常に少なく、東北、北海道でもあまり重要な伝染源とはなっていないようである。このためアキカラマツは本病の伝染源としての役割はそれほど重要ではない。むしろアキカラマツ上で、赤銹病菌の自殖または交雑が行われ、これまでと異なった新しい病原性を持つレースの出現に大きな役割を果たしている可能性があり、抵抗性品種の育成上与える影響は大きいと推察される。伝染源に関しては、むしろコボレムギなどの時期はずれのムギの役割が大きく、これらに発生して形成した夏胞子によって夏を越す。このようにして越夏した菌は、秋に早播きムギなどに伝染し、寒い地方では菌糸で、暖地では夏胞子または菌糸で冬を越すことが認められているので、わが国では主としてこのようにして越夏、越冬するものと思われる。

防除 ①抵抗性品種を栽培し、窒素肥料の過用を避ける。抵抗性品種として古くは赤銹不知1号、赤皮、江島神力などがあり、その後、チホクコムギ、ハルヒカリ、トヨホコムギ、ワカマツコムギ、フルツマサリ、農林53号などが挙げられているが、チホクコムギの抵抗性が極強で、圃場ではほとんど発生を見ないといわれている。しかし生態型の相違によって抵抗性も異なってくるので注意しなければならない。②発生がひどい時には5月上旬の発生初期から薬剤を散布して防除する。

④赤銹病激しい発生状況　⑤アキカラマツ上に形成された銹胞子堆　⑥赤銹病菌夏胞子　⑦赤銹病菌冬胞子

2.12 斑点病　Spot blotch、Crown rot
Cochliobolus sativus（S. Ito & Kuribayashi）Drechsler ex Dastur

オオムギ、コムギだけでなく、ライムギ、イネのほかライグラス、ブロムグラスそのほかイネ科牧草類などに発生し宿主範囲の広い病気である。分布も広くムギの栽培地ではどこでも発生するが被害は温暖で湿潤な地域で見られる。わが国でも毎年各地で発生が見られるが被害は小さい。しかし、1982年北海道で水田転作畑の春播きムギに大発生し、これがイネも侵して葉や籾に斑点病を多発させたこともある。また宿主範囲の広いこと、葉だけでなく、根や種実も侵すので注意を要する病気である。

病徴　主に葉、葉鞘に発生する。葉では初め下葉より発生し、褐色で周縁は黄色、不鮮明の楕円形～紡錘形の斑点ができる。斑点の大きさはさまざま、葉の病斑は出穂後に目立つ。湿潤で気温が高い時には発生がひどくなり、葉全体が褐色になり枯れ上がることがある。また穂にも発生する。芒のある品種では芒にも暗褐色の病斑ができ、穎果の表面は灰褐色～暗褐色になる。穂が侵されると種実にも病斑を生じ、種皮が褐色～黒色に着色して黒目粒になる。この黒目粒は胚芽の部分に多いが、他の部分にも見られる。黒目粒はコムギでは品質の低下を招くことから、育種の際にも重要な形質として検定している。黒目粒は斑点病菌のほか*Alternaria* sp.、*Cladosporium* spp. も病原として挙げられているが、主な原因は斑点病菌であるとされている。

また、この菌はコムギでは苗立枯れや根腐れを起こすことも知られている。苗立枯れは乾いた土壌に播種したり深播した時に発生し易い。また、幼苗が凍結などのストレスに遭遇すると感染し易くなる。秋播きコムギでは幼苗時に感染すると冬を越す率が減少する。苗立枯れは子葉鞘や根の上部に初め褐色の病斑ができ、次第に茎に進展する。感染が甚だしい時には分げつの生育が停止する。

根腐れは診断が困難で地上部の病徴はこれといった特徴がないので見逃されることが多い。感染植物は草丈が伸びず黄色になる。分げつは少なく、穂は小さく、粒は充実せず、完熟せずに枯れる。普通圃場あちこちに散発するが、激しい時は25％以上が感染発病することがある。本病に感染した根は暗褐色を呈し、*Fusarium* の感染した症状と似ていて見分けは困難である。

病原　糸状菌で不完全世代は *Bipolaris sorokiniana*（Saccarrdo ex Sorokin）Shoemaker であるが、わが国では西門によって1925年葉枯病（後に斑点病）として記載された際の病原として *Helminthosporium sativum* が当てられ、長くこれが用いられてきた。しかし、1955年に *H. sativum* は *H. sorokinianum* とすることが Luttrell により提唱され、その後さらに *B. sorokiniana* が用いられるようになった。有性世代は1929年に伊藤・栗林により初めて記載され

① オオムギでの発生状況　② オオムギ葉の病斑

Ophiobolus sativus の学名が与えられたが、後に現在用いられている *Cochliobolus* に改められた。有性世代は自然界で形成されることは極めてまれである。

不完全世代の分生子は、卵形〜長楕円形、わずかに湾曲、両端は丸く、形に変異が多い。色はオリーブ・ブラウンを呈し、隔壁数2〜13、胞子壁が厚くとくに隔壁部分が目立つ。大きさ60〜120×15〜20μm、宿主によってかなり変異がある。分生子柄は暗褐色、単生または束生、3〜6の隔壁があり長さ60〜120μmである。有性世代は形成されるのはまれであるが、偽子のう殻は黒色、フラスコ形、直径300〜440μm、長さ50〜200μmの頸（ビーク）があり、中に1〜8個の棍棒状120〜250×20〜45μmの子のうを作る。子のう胞子は無色で糸状、4〜14の隔壁があり、大きさ200〜450×5〜10μmで、螺旋状に曲がって形成される。

生態 この病原菌 *B. sorokiniana* はムギ類のほか多くのイネ科牧草などを侵す普遍的な病原である。病原は罹病植物の残渣中では菌糸の状態で、また土壌中では分生子で数ヵ月生存可能である。このため連作すると病原の密度が高まり発病が増加する。また、黒目粒を呈する罹病種子に生存していて伝染源になる。宿主とくに幼植物では、乾燥、高温、凍結、冠水、そのほか機械的な損傷などのストレスは感染の素因となり、葉の斑点病の発生が多くなる。病原菌の分生子の形成は病斑上では少ないが、枯葉上で多くなるため生育後期から発生が増加し、収穫期に最も多くなり、さらに種子に付着し黒目粒の原因となる。葉の発病は高温（20〜30℃）、多湿の条件が数日連続するとひどくなる。

病原菌の生育適温は27〜28℃と比較的高いので出穂期以後高温の年に発生が多い。このため熱帯地域での麦作では被害が大きくなる。

防除 ①黒目粒のない健全な種子を使用する。また種子消毒剤（チウラム、ベンレートなど）で種子消毒を励行する。②連作を避け、適正な肥培管理をする。

③オオムギ葉の大形病斑　④斑点病菌分生子と分生子柄　⑤コムギ葉の病徴　⑥コムギ穂の病徴
⑦コムギ芒の病斑

2.13 オオムギ網斑病　Net blotch of barley
Pyrenophora teres Drechsler

　世界各国でオオムギを栽培すれば必ず発生する普遍的な病気で、湿度が高く降雨が多い所、また時として罹病性品種が栽培されていると多発することがある。多くの国で発生は増加の傾向にあるといわれているが、わが国では4月以降全国的に発生はするが被害は大きくない。

　病徴　葉、葉鞘、穂に発生する。葉では下葉に発生が多い。初めやや黄褐色、輪郭不明瞭な病斑ができる。病斑には縦、横に暗褐色の細線ができ、明瞭な網目ができる。時には黄褐色にならず単に暗褐色の網目だけが見られることもある。病斑は古くなると褐色～暗褐色になり、網目は不明瞭になる。病斑の周囲は淡黄緑色を呈する。病斑が連続すると斑葉病に似た細長い病斑になるが葉鞘までは続かない。葉鞘には淡褐色で、やはり暗褐色の網目ができるが葉ほど顕著ではない。穂の病斑は淡褐色で網目はない。

　病原　子のう菌に属する糸状菌で、不完全世代は1886年に *Helminthosporium teres* として記載され、長い間この学名が使用されていたが1959年に *Drechslera teres* と改められ今日に至っている。分生子および子のう胞子を作る。分生子が着生する分生子柄は2～3本気孔などから叢生し、剛直で褐色～濃褐色である。分生子は濃褐色、円筒形で1～11の隔壁があり、大きさ30～175×15～23μm。完全世代は *Pyrenophora teres* で、偽子のう殻は被害麦稈の表皮下に形成され球形またはフラスコ形、黒褐色で剛毛がある。この偽子のう殻の成熟には10～15℃で2ヵ月の長期間を要するという。成熟すると中には子のうが多数形成される。子のうの大きさ180～274×30～61μmで、子のうの中には4または8個の子のう胞子ができる。子のう胞子は、楕円形～紡錘形で3～4の横隔壁と0～2の縦隔壁があり、大きさは43～61×18～28μmである。

　生態　この病原菌は抵抗力が強く自然条件下で約7年間生存するという。多くは菌糸や胞子が種子や被害植物に付着または寄生して夏を越すが、被害部に付いている菌は土中でも越夏できる。ムギが播かれると地温10～15℃の時よく幼苗を侵し、これから分生子を形成して第2次の伝染を起こす。分生胞子による感染適温は15～25℃である。

　防除　種子伝染するから斑葉病に準じて種子消毒を励行する。遅播きしないよう適期に播種する。また、被害麦稈は堆肥にして十分腐熟させて使用する。

① 網斑病葉の初期病斑　② 葉の病徴　③ 稈の病徴

2.14 オオムギ斑葉病　Barley stripe
Pyrenophora graminea　S. Ito & Kuribayashi

オオムギ斑葉病は世界各地とくに秋作のオオムギが栽培される地域で発生が多く被害も大きい。わが国でも各地で発生し、オオムギの重要病害の一つとして取扱われてきた。1940年以降種子消毒用に有機水銀剤が使用されるようになって効果的な防除が可能になり被害は少なくなった。しかし、水銀剤の種子消毒剤が使用禁止になり、再び増加の傾向にある。とくに、出穂期に多雨、多湿の地域やスプリンクラー灌漑を行っている地域では被害が目立つことが多い。

病徴　葉および葉鞘に発生する。初め淡黄色または黄白色の条斑ができる。この時点での病斑は条斑病に極めて似ている。この条斑は後に褐色になり、さらにこの上に多数の分生子が形成され黒色になる。被害株の生育は遅れ、草丈は低く、穂は出ても奇形で、株全体が早く枯死する。

病原　子のう菌類に属する糸状菌で、不完全世代は1889年に *Helminthosporium gramineum* として記載され、わが国でも、堀により1899年に *H. hordei* として記録されている。その後不完全世代は *Drechslera gramineum* に改められた。

不完全世代の分生子柄は単性または2〜6本束になって生ずる。先端は著しく屈曲し暗緑褐色、この上に1〜9個の分生子を作る。分生子は円筒形、灰褐色で大きさ15〜125×7〜26μm、0〜7普通4の隔壁がある。完全世代は自然界での形成はまれで、秋に被害麦藁や刈り株の表皮下に形成される。偽子のう殻は黒褐色フラスコ型、350〜850×450〜800μm、子のうは無色、棍棒状255〜425×32〜50μm、4〜8個の子のう胞子を内蔵する。子のう胞子は黄褐色、楕円形、2〜3の横隔壁と0〜2の縦隔壁を有し、45〜75×20〜32μmである。

生態　開花期に花の内部に風などによって運び込まれた分生子は果皮などに侵入、ここで抵抗力の強い休眠菌糸になって夏を越す。また種子についた分生子がそのまま越夏する。播種されたムギが発芽すると子葉鞘などを侵し、順次内側の葉の基部を侵す。菌の生育適温は25℃前後、8℃以下および32℃以上では生育せず、感染は10〜33℃の間で起こる。伝染は種子による場合がほとんどで、生育中は新たに感染しない。

防除　風呂湯浸か種子消毒剤を用い種子消毒を必ず行う。また、罹病株は早く抜取って種子への感染を防ぐ。

①斑葉病葉の初期病徴　②典型的な病斑　③被害株　④病斑上に形成された分生子　⑤斑葉病菌分生子

2.15 黄斑病　Tan spot, Yellow leaf spot
Pyrenophora tritici-repentis（Diedicke）Drechslar

世界的に広く分布する病気である。わが国では1928年に記載された病害であるが、あまり重要視されていなかった。しかし、近年各地で発生が見られるようになった。アメリカでも本病は20世紀になって一般的になり、しばしば甚だしい発生を見ることがあるという。コムギだけでなくイネ科植物を侵す。ブロムグラス、ホイートグラス、ライムギなどは罹病性であるが、オオムギ、エンバクは抵抗性でほとんど発生を見ない。

病徴　主に葉に発生する。葉では、初め黄褐色楕円形の小斑点を生じ、後に拡大して紡錘形～菱形、黄褐色～褐色で周縁に黄色の暈（ハロー）を持った病斑になる。病斑の大きさは1cm程度であるが、発生が甚だしい時は病斑は融合して全体が褐色になって葉先の部分は枯れる。一般に発生は下葉から順次上位葉に蔓延、さらに穂にも発病し種子に感染し、時に赤色に汚れ商品価値を減ずる。末期、収穫後には被害麦稈上に黒色の子のう殻を形成する。

病原　わが国では1928年西門によって初めて記載され *Helminthosporium tritici-vulgaris* Nisikado と命名され長い間この学名が用いられてきた。しかし、後に1903年に記載された *H. tritici-repentis* と同じであることが明らかにされ、この学名に統一された。その後1923年 Drechsler によって完全世代が明らかにされ、学名の属名は *Pyrenophora* に改められた。分生子柄は病斑部の気孔または表皮を破って抽出、単生、黄褐色 100～300×7～8μm で基部が膨らむ。分生子は円筒形で頂部鈍頭形、基部は円錐状でやや細る。淡黄褐色で4～7の隔壁があり、大きさ 45～200×12～21μm で枯死病斑上に多数形成される。偽子のう殻は黒色、球形で径 200～350μm、頂部に嘴状のビーク（頚部）が見られることもある。子のう胞子は褐色、楕円形～球形三つの横隔壁があり中央の細胞には縦隔壁がある。大きさ 45～70×18～28μm である。この菌にはレースがあり、それぞれの持つ宿主特異的毒素により病原性が支配されていることが知られている。

生態　この菌は被害植物上で腐生的な形で生存する。すなわち、被害植物（罹病種子を含む）上に偽子のう殻を形成、ムギが播種されると子のう胞子が飛散して第1次伝染源になる。第2次伝染は主に分生子によるが、感染には6時間以上の濡れが必要とされている。

防除　宿主植物を避けた輪作をする。また被害残渣を圃場の周辺に放置しない。外国では浸透性殺菌剤の使用は病気の被害度を軽減し、増収するといわれている。

① コムギでの発生状況　② 葉の病斑（コムギ）　③ 罹病葉（コムギ）

2.16 眼紋病（がんもん）　Eye spot
Pseudocercosporella herpotrichoides（Fron）Deighton

世界各国で発生し、コムギの他オオムギ、ライムギ、エンバクなど多くのイネ科作物に発生するが、コムギが最も罹病し易く被害も大きい。わが国では 1982 年秋田県、1983 年北海道においてコムギで発生が確認された病害で、北海道では急速に発生面積が拡大している。

病徴　本病の最大の特長は、出穂後のコムギが地際から折れて倒伏することである。播種 1 ヵ月後から幼植物の地際部の葉鞘に周縁不明瞭な茶褐色の病斑を生ずる。典型的な病斑ができるのは節間伸長期以後である。稈に楕円形～長楕円形で黄褐色～暗褐色の眼紋様の特徴のある病斑を生ずる。後に病斑は融合して大きくなり稈を取巻き、中心部に病原菌の子座様の偽柔組織ができ病斑全体が暗味を帯びるが、周辺は明瞭な黄褐色を呈する。発病した稈はもろくなり折れて倒伏する。発病が少ない時には健全な稈に支えられて倒伏は目立たないが、発病が多いと一斉に倒伏し、40～50％の減収をきたすことがある。

病原　わが国では病原の学名は記載当初から標記のようで、病名目録でもこれが用いられている。この学名は本菌の不完全世代に対するもので、病斑上に形成される分生子は無色、針状、真直ぐまたはやや湾曲し 3～7 の隔壁を有し、大きさ 48～74×1～2μm である。分生子は 5～15℃の範囲で形成され、10℃付近で最も旺盛、0℃以下や 20℃以上では形成しない。

生態　本病の第 1 次伝染源は土壌に残った被害残渣が主体で、感染期間は秋～春にかけて非常に長く、感染源は被害残渣上に形成される分生子が雨水によって分散し、コムギの子葉鞘、葉鞘から侵入し感染する。侵入に要する時間は、温度 6～15℃では 15 時間以内であるが、発病までに 2～4 週間と長い時間を要する。連作は圃場の感染密度を高め、多発生の最大の要因になる。

防除　連作を避ける。可能な限り播種期を遅らせ春播きを避ける。収穫後 20 日程度湛水処理を行った圃場では発生が少ないとの成績があるので、田畑輪換は防除に有効と考えられる。わが国で本病があまり問題にならなかったのは、北海道を除き田畑輪換が多かったことも理由として考えられる。節間伸長期から幼穂形成期にかけて殺菌剤ベンツイミダゾール系の散布が高い効果を示すが、耐性菌が生じ易いので注意が必要である。

〔備考〕本病原の学名は 1912 年に記載された当初は *Cercosporella herpotrichoides* Fron であったが、その後標記のように改められた。また、この菌にはその病原性からコムギタイプ（W-type）とライムギタイプ（R-type）があり、病原性や培養上の性質など違いがあることが指摘されていた。ところが、1987 年南オーストラリアで本菌の完全世代が明らかにされ、*Tapesia yallundae* Wallwork & Spooner と命名された。その際 R-type は *T. acuformis* と別種になった。さらに 2003 年には *Tapesia* 属から *Oculimacula* 属に改められている。なお、わが国ではこの菌の完全世代は未発見、また R-type の存在も確認されていない。

① 眼紋病による倒伏、倒伏が眼紋病の最大の特徴　② 地際部の症状
③ 地際部の病斑、稈はもろくなりここから折れて倒伏する　④ 稈の上部に形成された病斑

オオムギ・コムギの病害

2.17 裸黒穂病（はだかくろほ）　Loose smut
Ustilago nuda（C. N. Jensen）Rostrup

　世界各国で古くから発生するが、最近は発生が少なくなっている。この傾向はわが国でも同じで、古くはムギの栽培される所ではどこでも発生し、重要なムギ類の病害とされていたが、昭和に入り発生は激減した。しかし、時として発生が目立つことがあるので注意する必要がある。

　病徴　出穂まではほとんど病徴を現わさない。まれに葉に発病し黒い条を作ることがあるが、大抵は穂に限られている。罹病穂は健全な穂より少し早く出穂する。病穂の子実は、黒褐色の粉（黒穂胞子）が充満している。初め薄い膜で覆われているが、すぐ破れて風などによって暗褐色の粉を飛散する。後には穂の中軸だけを残すようになる。病徴はオオムギ、コムギ全く同一で変わらない。

　病原　黒穂胞子を作る。黒穂胞子は球形で黄褐色〜褐色を呈し、大きさ 5〜9 μm、表面に多数の小さい突起がある。病原菌はコムギ菌については古くは *Ustilago tritici* とし、オオムギ菌とは別種としていたが、オオムギ菌、コムギ菌とも形態的に差がなく、病原性が異なるだけである。このため CMI の Index Fungorum ではオオムギ菌と統合し *Ustilago nuda* としコムギ菌は f. sp. *tritici*、オオムギ菌は f. sp. *hordei* としており、わが国もこれを採用している。しかし、最近アメリカでは DNA をベースにした分子生物学的手法による研究結果も加えて、コムギ菌はオオムギ菌とは明らかに異なった種であるとし、*Ustilago tritici* を採用しているようである。

　生態　本病の伝染は花器感染と呼ばれる非常に変わった方法によって伝染する。すなわち病穂の黒い粉（黒穂胞子）が風などによって開花しているムギの花の雌芯（めしべ）の柱頭に達し、そこで発芽し雌芯の中を通って子房に達する。感染には、空気湿度が高く温度 16〜22℃が好適である。菌糸は 1〜2ヵ月の間に子実の胚珠全体に拡がりそこで休眠する。罹病種子が播種され発芽すると同時に病原菌は生長点に達し、後穂に侵入する。子実は感染当時は外見上全く異常が認められず出穂して初めて病徴が現われる。罹病子実から生じた分げつは全て黒穂になる。

　防除　①無病の種子を用いる。②種子消毒は冷水温湯浸（冷水に 7 時間浸漬後 52℃の温湯に 5 分間浸漬する）または風呂湯浸が高い効果を示す。③発病の甚だしい時は黒穂の飛散しないうちに抜取り、焼却するか地中に埋めること。抜いたものは畦畔などに放置しない。

①オオムギ裸黒穂病　②コムギ裸黒穂病　③罹病穂（オオムギ）　④裸黒穂病菌黒穂胞子

2.18 オオムギ堅黒穂病（かたくろほ）　Covered smut of barley
Ustilago hordei (Persoon) Lagerheim

世界中に分布し、その分布は裸黒穂病より広いという説もある。しかし、わが国では裸黒穂病より被害は少なく、最近では発生が非常に少なくなっている。

病徴　穂に発生し出穂と同時に発病する。罹病した穂は健全な穂より若干遅れて出穂する。また時には完全に抽出しない場合もある。罹病穂は、子実が黒色になるが白色の被膜で覆われ、黒穂胞子（黒色の粉）は密着していて、裸黒穂病のように飛散しない。黒色の胞子層は、まれに葉身や桿にも葉脈に沿って筋状に現われることがある。

病原　細胞壁の厚い黒穂胞子を作る。黒穂胞子は球形で大きさ5〜8μm、暗褐色で表面は平滑である。この胞子は発芽すると4細胞の前菌糸（担子柄）を生じ、その上に担子胞子（小生子）を形成する。この担子胞子は好適条件下で発芽して、酵母状の二次胞子を多数形成する。なお、わが国では明らかにされていないが、海外では少なくとも13のレースが存在するといわれている。

オオムギに発生する *Ustilago* 属の菌による黒穂病として、わが国では未記載であるが *Ustilago nigra* Tapke による Semiloose smut がアメリカ、カナダ、ヨーロッパで記録されている。この菌による黒穂は *U. nuda* による裸黒穂病（アメリカでは True loose smut と呼んでいる）と形態が異なることはなく、黒穂胞子の発芽時の様相が異なるだけである。すなわち、*U. nigra* は発芽すると basidiospore を生じるに対し、*U. nuda* は basidiospore を作らず、直接発芽して菌糸を作ると記載されている。

生態　罹病穂の黒穂胞子は脱穀作業の時などに飛び散って種子の表面に付着して生存する。このような種子が播種されると、病菌はすぐ発芽して子葉鞘に侵入、さらに生長点に達し、幼穂が形成されると穂に移ってここで黒穂胞子を作る。菌の生育温度は5〜35℃であるが、感染は14〜25℃の間で起こり、最適温度は20〜24℃である。

防除　①種子は無病のものを選ぶ。②脱穀の際病穂の黒穂胞子が飛び散って健全な種子に付着するから、脱穀の時病穂を混入しないよう注意する。③種子消毒剤に浸漬すればほとんど完全に防除できる。しかし裸黒穂病の防除を兼ねて冷水温湯浸を行うほうがよい。

①堅黒穂病罹病穂　②罹病穂は白色の被膜で覆われている　③堅黒穂病罹病穂ハダカムギ無芒の品種　④堅黒穂病菌黒穂胞子

2.19 コムギ腥黒穂病（なまぐさくろほ） Bunt of wheat
Tilletia caries (de Candolle) L. R. Tulasne & C. Tulasne, *Tillrtia foetida* (Bauer) Liro

世界的に広く分布する。18世紀にコムギの病害として認識され、経済的にも重要な病害として広範な研究が進められた病害である。わが国でも黒穂病の中では最も重要な病害として駆除対象病害に指定されていたが、麦作の減退もあり最近発生は少なくなっている。

病徴 子実に発生する。本病に侵された穂の外見は健全なものに比べてほとんど変わりはないが遅くまで暗緑色を呈し、穎の着生が不規則で開いている。このような穂の子実の内部は茶褐色の粉が充満しており、腐った魚のような悪臭を放つ。この臭いは非常に強くこれによって健全な穂と病穂の区別ができる。

病原 黒穂胞子を作る。黒穂胞子は球形または扁球形で大きさ15～20μmであるが、表面に網状の模様があり褐色を呈するものと表面平滑で無色～淡褐色を呈するものの2種類がある。前者を網腥黒穂病（*T. caries*）と呼び、後者を丸腥黒穂病（*T. foetida*）という。ここに挙げた写真はいずれも網腥黒穂病によるものであるが病徴からは両者は区別できない。両種とも広く分布するが前者の方が一般的である。なお、この両種は交雑し易く種々の中間型の胞子を作るといわれている。また、コムギのほかまれにライムギを侵すこともある。

生態 病穂中の黒色の粉は黒穂胞子で主に脱穀の時に破れて健全な粒に付きそのまま越夏する。越夏した黒穂胞子は翌年ムギが播かれ発芽すると直ちに発芽してムギに侵入し生長点に到達する。穂が形成されるとこれに侵入して発病する。黒穂胞子はまた土中でも生存し発病源となるが種子に付着したものに比べると感染の率は極めて小さい。

防除 必ず種子を消毒する。裸黒穂病の予防を兼ねて風呂湯浸をすれば防除できる。しかし本病だけを対象とする時は病原菌が粒の表面に付着しているので単に種子消毒剤に浸漬するだけで十分効果を上げることができる。なお播種期を遅らせないようにすることも必要である。

〔備考〕 *Tilletia* 属によるコムギの黒穂病には腥黒穂病の他に、1931年インドで初めて発生が記録された *Tilletia indica* Mitra による Kernel bunt がある。インドのほかアフガニスタン、中東諸国、メキシコ、アメリカでも発生し、わが国では検疫対象病害となっている。黒穂胞子が *T. caries* より大きく22～49μmであるが、光顕レベルでは似た形をしていて区別がつき難い。*T. caries* は上記のように表面が網状の模様であるに対し、*T. indica* は疣状突起がぎっしり表面を覆っていてSEMで観察すれば区別は容易である。

①腥黒穂病罹病穂　②腥黒穂病罹病穂（左）と健全穂（右）　③罹病穂種子の切断面
④網腥黒穂病菌（*T. caries*）黒穂胞子

2.20 コムギ稈黒穂病(からくろほ)　Flag smut of wheat
Urocystis agropyri (Preuss) A. A. Fischer Waldheim

1868年オーストラリアで最初に、わが国では1901年に記載された。現在、全世界で発生が認められるが、発生は局限されている場合が多い。わが国でも発生地は局在していることが多いが、発生すると被害が大きくなることがあり注意を要する。

病徴　葉、葉鞘、稈などに発生する。ムギが節間伸長を始める頃から病徴が現われ始める。初め表面灰色〜銀色のやや膨れた長い条斑ができる。ひどく侵されると葉は巻いて捻じれ曲がる。条斑は後に破れてそこから黒い粉(黒穂胞子)が出てくる。本病に罹ったムギは丈が低く、ほとんど穂が出ない。出ても奇形穂になる。他の黒穂病と異なり穂の他葉、葉鞘などにも発生するのが本病の特徴である。

病原　糸状菌の一種で担子菌類に属す。細胞壁の厚い特有の黒穂胞子を作る。黒穂胞子は普通1〜4個がくっついて胞子団を作る。胞子団の大きさは18〜50μmである。黒穂胞子は球形〜角ばった形、暗褐色で表面平滑、大きさ10〜20μmで周辺細胞がある。黒穂胞子は発芽すると隔壁のある(ないこともある)短い担子器を形成し、3〜4個の円筒形の担子胞子を頂生する。

生態　本病は種子伝染および土壌伝染する。脱穀そのほか農作業の時に、粒に付着した黒穂胞子は夏を越しムギが播種されて発芽すると同時に発芽して侵入する。発芽の適温は18〜24℃、5℃以下および30℃以上では発芽しない。感染は10〜20℃で最もよく行われる。3月頃から維管束の中に多くの黒穂胞子を作り発病する。また土壌中でも黒穂胞子は2年間生存できるのでこれによっても感染する。

防除　①土壌伝染するので発生地ではコムギの連作は避ける。②発病圃場での採種は避け種子消毒を行う。種子消毒による効果は高い。③本病菌にはレースの存在が知られていて品種によって抵抗性に大きな差があるとの報告がある。農林50、61、68、70号などは弱く、農林55、67、76号、アオバコムギなどは強いといわれており、発生の多い所では、強い品種を選んで栽培する。④被害植物はできるだけ集めて焼却する。

①稈黒穂病葉の病徴　②稈黒穂病による穂の奇形　③稈黒穂病に罹病したコムギの葉と穂
④稈黒穂病穂の病徴　⑤稈黒穂病菌黒穂胞子

2.21 雪腐小粒菌核病　Typhula snow blight
Typhula incarnata Lasch, *Typhula ishikariensis* S. Imai var. *ishikariensis*

日本海沿岸地帯や北海道などの積雪地帯では、雪腐小粒菌核病、紅色雪腐病、雪腐大粒菌核病、褐色雪腐病など積雪下で発生するムギ類の病害がある。融雪直後に特異な症状を示すことから、総称して雪腐病と呼ぶことが多く一括して解説されることも多い。ここに掲げた雪腐小粒菌核病もその一つで *Typhula* 属菌によって起こるが、2種類の *Typhula* 属の菌が関与し、菌の種類によって雪腐褐色小粒菌核病、雪腐黒色小粒菌核病に分けられている。

病徴　融雪直後、被害茎葉はゆでたようになって黄緑〜深緑色を呈し、乾燥すると灰白色〜灰褐色に変わる。これら枯死した葉上には褐色の粟粒大の菌核が多数形成される。*T. incarnata* による褐色小粒菌核病では、菌核は褐色の粟粒大で径1.5〜2mmであるが、*T. ishikariensis* による黒色小粒菌核病では菌核は黒色で褐色小粒菌核病よりやや小さく径1mm前後である。被害程度や積雪の期間によっても異なるが、罹病株は枯死するものもあるが、多くは融雪1週間前後で新しい葉の展開が始まる。

病原　褐色小粒菌核病菌 *T. incarnata* は担子菌類に属し、球形または扁球形、褐色、大きさ1.5〜2mmの菌核を作る。この菌核に1〜2個の桃色、棍棒状の子実体を生じ、その頂部は小柄（大きさ15〜40×3〜7μm）のある担子のうとなり、その上に曲玉状の大きさ5〜14×2〜6μmの担胞子を形成する。黒色小粒菌核病菌 *T. ishikariensis* もほとんど同じ形態を示すが、菌核が黒色でやや小さい。

生態　菌核が土中で生き残っていて、初冬に子実体を形成、その頂端に形成された担胞子が飛散してムギに感染する。また積雪下で菌核から菌糸を出し土に接した葉を侵し順次蔓延する。褐色小粒菌核病は比較的温度が高く、積雪期間が短い北陸地方に多いが、黒色小粒菌核病は寒さが厳しく積雪期間の長い北海道・東北北部に限って発生する。さらに、黒色小粒菌核病については近年の研究で、三つの菌群からなることが明らかにされ、それぞれ生物型A, B, Cに分けられた。生物型Aは多雪地帯に、Bは少雪地帯に、Cは両地帯に分布する。病原性はBとCが強く、菌核の色も黒色が濃いことが明らかにされた。

防除　耕種的方法としては、適期に播種し、十分な施肥を行い根雪前にムギをよく生育させておく。窒素肥料の追肥は根雪直前は避け、雪解け後に行う。根雪前に登録のある薬剤を散布する。

① 雪腐褐色小粒菌核病（オオムギ）初期の症状
② 雪腐褐色小粒菌核病（オオムギ）枯死した葉上に褐色の菌核が形成される
③ 雪腐黒色小粒菌核病（コムギ）菌核は黒色（田代）

2.22 雪腐大粒菌核病　Sclerotinia snow bright
Myriosclerotinia borealis (Bubák & Vleugel) L. M. Kohn

病徴　他の雪腐病同様雪解け直後茎葉はゆでたようになり、後灰色〜灰褐色に腐る。乾燥すると被害株全体が白色になり、枯死した被害部の上にネズミの糞状の黒色の菌核を形成する。この菌核は前記雪腐小粒菌核病よりはるかに大きく 2〜4mm 大に達する。

病原・生態　子のう菌の一種でムギ類だけでなくオーチャードグラスなどイネ科牧草類を侵す。被害植物上に形成された菌核は発芽して直径 7〜8mm に達する大きなカップ状の子のう盤を形成、中に多数の円筒形の子のうを作る。子のうには 8 個の無色、単胞、楕円形、大きさ 18〜23×8〜10μm の子のう胞子を蔵する。この子のうが唯一の伝染源で、通常 10 月下旬〜11 月上旬にかけて飛散し、宿主に付着、積雪下で発芽して葉などの宿主植物中で蔓延し、雪解けの際宿主を腐敗させる。この菌は雪腐病菌の中でも最も低温で生育する。−5℃でも生育し、生育適温は−3℃といわれている。この菌は健全株を直接侵害することはなく、根雪前に厳しい寒さなどに遭遇して凍害を受けた作物で発生が多く、また積雪期間が長いほど被害は大きくなる。本病のこのような生態のため、防除は適期播種と適切な肥培管理を行い、根雪前に薬剤を散布する。

図版説明補足
①雪腐病融雪直後の症状
　融雪直後は紅色雪腐病を除き区別が困難であるが、この写真は低湿地で発生していたものを撮影。したがって *Pythium* による褐色雪腐病の可能性が高い。

2.23 紅色雪腐病　Snow mold, Fusarium snow blight
Monographella nivalis (Schaffnit) E. Müller

紅色雪腐病は最も分布の広い雪腐病で、多くのイネ科作物を侵す。ムギではわが国はもちろん、アメリカ、カナダ、スカンジナビア、中部ヨーロッパ、アジアで発生する。

病徴　雪解け後茎葉が灰色に腐り、乾くと枯れた葉に桃色のかびが生えて淡桃色〜淡紅色を呈する。回復して新しく伸びてくる葉鞘や葉に褐色の斑点ができる。一般に前記雪腐褐色小粒菌核病と混じって発生することが多く、一枚の畑でもある部分は雪腐褐色小粒菌核病が、ある部分には本病が発生している。本病の場合は菌核を作らないこと、枯れた葉が淡桃色になるから区別は比較的容易である。

①雪腐病融雪直後の症状　②融雪後の紅色雪腐病の症状、他の雪腐病より紅色が目立つ

オオムギ・コムギの病害

この病原菌は積雪下でこのような雪腐れを起こすだけでなく、生育中の葉身、葉鞘および穂にも感染する。西原(1958)によれば、関東地方では出穂期頃に、葉に暗色の斑紋を生じ蔓延し、大きな被害を与えることがある。このような葉枯れは、コムギだけでなく、オオムギ、ライムギ、カモジグサにも普遍的に発生し、病斑から *Fusarium nivale* と同じ分生子が検出されている。これは明日山(1940)がコムギの葉に斑紋を生ずる病害で認めた病原菌とも同じと思われる。また山本(1956)が中国地方で報告した *Myco-sphaerella* sp. による病害も本病と同じと考えられる。穂では、頴、穂軸が侵され赤かび病となる。北海道における赤かび病の大部分はこの菌によると思われる。(赤かび病の項51ページ参照)。

病原 病原菌の不完全世代は長い間 *Fusarium nivale* とされてきたが、今日では *Michrodochium nivale* とされ、完全世代は *Monographella nivalis* が採用されている。この菌は子のう菌に属し、分生子と子のうを作る。分生子は、小型分生子は作らず大型分生子だけを作る。大型分生子は分生子形成細胞(フィアライド)から生じ、0〜3の隔壁を持ち、無色で湾曲し、鎌形を呈する。大きさは菌系によってかなり差異があり、隔壁数によっても異なるが、8〜30×2〜5μmである。完全世代の子のう殻は晩春から初夏にかけて被害植物の表皮下に形成される。卵形〜球形で暗褐色〜黒色120〜180×100〜150μmである。ホモタリックで子のうは60〜70×6〜9μm。中に6〜8個の子のう胞子を蔵する。子のう胞子は無色、紡錘形で2〜3の隔壁があり、大きさ10〜17×4〜5μmである。

生態 種子伝染および土壌伝染する。本病に罹病した種子を播種すると、越冬前に茎葉部に褐色の病斑を生じ、融雪後に紅色雪腐病となる。積雪期間が長く積雪量が多いと発病・蔓延が助長される。しかし従来紅色雪腐病の発病には積雪が必要条件と考えられてきたが、病徴の項でも説明したように、本病菌がムギ類、イネ科牧草には積雪とは無関係に葉枯れ・裾枯れなどを起こす。雪腐病を起こす病原菌の中で紅色雪腐病菌は-5〜32.5℃の広い範囲で生育が可能で、発育適温は19〜23℃、胞子形成の適温は10〜15℃で他の雪腐病菌より高温性である。このため低温で発生が多い雪腐黒色菌核病との混発はほとんど見られないが、多少温度の高い地帯で発生が多い褐色小粒菌核病とは混発することが多い。

防除 輪作をして極力土壌伝染を少なくし、刈株は深く鋤込む。種子は無病のものを選び、吹付け処理などにより種子消毒をする。施肥基準・適期播きを守る。根雪前に薬剤を散布する。薬剤はアゾキシストロビン剤、イミノグダジン酢酸塩剤、銅・水銀剤、プロピコナゾール剤など登録がある。当初チオファネートメチル剤の効果が高かったが、耐性菌が分布しているので効果はあまり期待できない。

〔備考〕このほかムギ類雪腐病には *Pythium* 属菌による褐色雪腐病がある。この病気は北陸地方、北海道の水田転換畑作地帯で発生する。病徴は雪腐小粒菌核病と似ていて融雪直後ゆでたように水浸状になり、乾くと灰白色で薄紙状になる。菌核を作らず、ときに白色の菌糸が見られることがある。病原菌は *Pythium* 属菌7種が記録されているが、重要な菌は *Pythium iwayamai* および *P. paddicum*, *P. okanoganense* の3種といわれている。いずれも卵胞子を形成、この卵胞子が越冬、感染に重要な役割を果たす。卵胞子は発芽して遊走子を形成するが、遊走子の形成、運動には水が必要である。このため発生は排水が悪く、水が停滞するような所で多くなる。

③ 紅色雪腐病、オオムギの症状　④ 紅色雪腐病、病葉の紅色が目立ち菌核や菌糸は見られない
⑤ 紅色雪腐病、葉の褐色病斑が顕著

2.24 うどんこ病　Powdery mildew
Blumeria graminis（de Candolle）Speer

　古くから広く発生している重要な病害で、白渋病とも呼ばれていた。

　病徴　早い時には秋に発生することもあるが、一般的には春4、5月頃から発生が多くなる。主に葉に発生する。あたかも葉の上にうどん粉を散布したようになる。この白色のものは菌糸および分生子で、ムギの葉の表面を菌糸が這っており、この菌糸から吸器を植物体内に差し込んで養分を吸収している。菌叢は古くなると灰色〜淡褐色になりその上に小さい黒点（子のう殻）を作る。発生が甚だしい時は、下葉から上葉にかけて全面に発生して圃場全体が白くなることがある。このような時は葉鞘、穂にも病斑が見られる。罹病した葉は早く枯れ上がり稔実が悪く屑麦が多くなり30％程度の減収になることもある。

　病原　菌糸は表生し、宿主の表皮細胞に数本の指状の枝を持つカニ状の特長のある吸器を作る。菌糸には後に分生子および子のう胞子が作られる。分生子は糸上に直立し膨大した基部細胞を有する分生子柄上に連生し、無色、楕円形〜長楕円形で大きさ32〜44×12〜15μmである。フィブロシン体を欠く。子のう殻は閉子のう殻で、ほぼ球形、褐色を呈し、大きさ130〜280μm。糸状で褐色の短い数本の付属糸がある。子のうは長楕円形で春先に初めてこの中に無色、楕円形20〜23×10〜13μmの大きさの子のう胞子を作る。

　ムギ類うどんこ病菌の学名は、1815年以来長い間 *Erysiphe graminis* とされてきたが、1975年にイネ科植物に寄生し、吸器の形態が特徴的であること、分生子柄の基部細胞に膨大部があるなどの特徴を持っていることから、*Blumeria* 属が創設され1属1種であるが新しく *Blumeria graminis* の学名に改められた。なお分子系統解析に基づいて提唱されている新しいうどんこ病菌の分類体系では *Erysiphe* 属と *Blumeria* 属はかなり遠い関係にある。*Blumeria graminis* は寄生性の分化は極めて明瞭でオオムギ菌はコムギを侵さず、コムギ菌はオオムギを侵さない。このため、オオムギ菌は *Blumeria graminis* f. sp. *hordei* コムギ菌は f. sp. *tritici* として区別している。またそれぞれの分化型の中では品種に対する寄生性の違いからレースが明らかにされている。例えば、わが国では f. sp. *hordei* には11のレースが記録されている。なお、この菌は heterothallic であるため交配によって新しい病原力を有するレースが出現する可能性がある。

　生態　子のう殻で越冬し、春先この中に子のう胞子が形成されこれが風などで運ばれてムギの葉に達し発病する。二次伝染は分生子による。分生子は1〜30℃で発芽、適温は20℃前後である。かなり乾いた空気中（湿度85％）でも発芽できるが、水に触れると分生子は破裂するので雨は侵入には不適である。潜伏期間は普通3〜5日である。

①コムギうどんこ病の発生状況　②うどんこ病病斑　③うどんこ病菌分生子　④うどんこ病菌子のう殻と子のう

オオムギ・コムギの病害

発生の適温は 15〜22℃であるが、10℃以下でもかなり発生する。風通しの悪い所、窒素の効き過ぎているムギなどに発病が多い。

防除 品種によって抵抗性に差があり、各地で抵抗性品種が育成され、作付けが推奨されているので、これらの品種を栽培するのが基本である。止むを得ず感受性品種を栽培しなければならない時は栽培条件に留意し、発生状況に注意する必要がある。例えば北海道などで、赤銹病の防除を主眼として、品質がよく赤銹病に極めて強い品種ホロシリコムギを栽培すると、この品種はうどんこ病に対しては抵抗性は弱く発病は多くなる。このような時には播種期を遅らせないようにし、厚播きしない、窒素肥料の過用を避けるなど栽培管理に注意する。また発生予報などにより発生の兆しがある時には薬剤を散布し防除する。薬剤はチオファネートメチル剤、トリアジメホン剤、トリフミゾール剤など EBI 剤を中心に有効な薬剤が登録されているので、これらを散布して防ぐ。ただ、EBI 剤は連用すると耐性菌が発達する恐れがあるので注意する必要がある。

2.25 コムギ粒線虫病（つぶせんちゅう）　Wheat gall, Cockles
Anguina tritici（Steinbuch）Filipjev

病徴 罹病株は葉が小さくなり、捻じれて奇形になる。稈の節は肥大し屈曲する。穂では頴は長い間緑色を呈して外方に向かっている。また曲がって奇形を呈することも多い。子実は暗褐色でその質は極めて固くなる。

病原 線虫の一種で幼虫は円筒形または円錐形で尾部は尖り、頭部はやや鈍円である。雌は体長 3.5〜4mm で体内に 2,000 前後の卵を持っている。雄はこれより小さく長さ 2.5mm 前後である。

生態 病原線虫が子実内および土中で生存しこれによって伝染する。

防除 種子は無病地より採るが線虫が付着している恐れのある時は 55〜56℃の温湯に 10 分間浸漬する。

⑤オオムギうどんこ病　⑥オオムギうどんこ病菌叢　⑦オオムギうどんこ病菌分生子　⑧コムギ粒線虫病被害株

2.26 オオムギ豹紋病(ひょうもん)　Zonate leaf spot of barley
Helminthosporium zonatum Ikata

　出穂直前頃から成熟期にかけて普通に発生する病害である。しかしながら、本病は1943年に鋳方末彦・吉田政治によって病害虫雑誌（30：209〜212, 247〜252）に新種として発表されているが、報告が和文でありラテン記載もないことから無効名となっていてIndex Fungorumにも記載されていない。このため日本植物病名目録には病原については再検討を要すとして収録されている。著者も本病は1950〜60年代に発生を認め旧版にも収録した。その後2000年以降も発生を認めているので、あえて本書にも収録した。西原も1991年草地試験場研究資料で述べているように、ラテン記載およびタイプ標本を指定して報告する必要があろう。

　病徴　主として葉に発生する。初め下葉に黒褐色の斑点を生じ、後にその周囲は黄色に変じ、さらに黄色の部分の外側に淡黒褐色の変色部ができ輪紋になる。この輪紋は二重、三重になり、いわゆる豹紋状になる。病斑は楕円形または紡錘形で長径が1cmに及ぶこともある。しかし下葉や、品種によっては単に黒褐色の斑点に止まることも多い。葉鞘、稈にもまれに黒褐色の斑点を生ずるが輪紋にはならない。

　病原　分生子を作る。分生子柄は普通数本叢生し、淡褐色で2〜6の隔壁があり屈曲する。分生子は長楕円形、ほぼ真直、細胞壁は厚く、隔壁は2〜8個、大きさ48〜115×10〜18μmである。西原（1991）によれば本病菌の有性世代は未報告であるが、その時点での分類方式では*Drechslera*に属することは明らかであるとしている。

　生態　種子および被害麦稈についている菌によって越夏し伝染源となる。一般に本病は酸性土壌の畑で発病が多く、また寒い冬、遅播き、遅い追肥などによってムギの生育が遅れた時によく発生する。

　防除　種子消毒を行う。発生がひどい時には、斑点病、網斑病に準じて薬剤防除も有効と思われる。栽培環境については、被害麦稈は堆肥とし、よく腐熟したものを用いる。また風除けなどに麦稈を使用しない。堆肥を十分施し、遅播きにならないよう注意することなどが本病の防除に有効である。

①初期の症状　②葉の病斑　③輪紋状病斑　④病原菌分生子(左)分生子柄(右)

2.27 オオムギ雲形病　Barley scald
Rhynchosporium secalis（Oudemans）Davis f. sp. *hordei* Iwata & Kajiwara

　世界各国のオオムギに発生する一般的な病害で、とくに冬季湿潤な地帯で発生が多い。わが国では1940～50年代に全国的に発生、とくに山陰、北陸地方や山間部で発生が多く問題視された。しかしその後オオムギの栽培面積の減少と共に発生も減少した。

　病徴　葉のほか葉鞘、穂にも発生する。葉では初め水浸状の病斑ができ、後日数の経過と共にイネいもち病によく似た周縁褐色、内部灰白色の紡錘形の病斑を作る。この病斑はよく融合して雲紋状を呈する。病斑はムギの品種や菌の系統によって異なり、抵抗性品種では褐色の斑点しか作らないが、罹病性品種を多肥栽培したような場合にはそう白色の褐変を伴わない病斑になる。葉鞘や穂には褐色の病斑を作るほか、出穂後には節部も侵されて褐変し折れ易くなる。

　病原　不完全菌類に属し、分生子だけを作る。分生子は鎌形で無色2胞、大きさは菌の系統でかなり異なるが10～20×3～6 μmである。分生子は分生子柄を欠いており菌糸（多くの菌糸が絡み合って子座状になっている）の上に直接形成される。本病は当初ライムギで明らかにされたが、ライムギ菌とオオムギ菌では寄生性の違いは歴然としていて、ライムギ菌はオオムギに寄生せず、オオムギ菌はライムギを侵さない。このためオオムギ菌は別の分化型として *R. secalis* f. sp. *hordei* とされている。本病原菌にもレースがあり、現在までにわが国では10のレースが知られている。

　生態　病原菌は被害植物や種子について越夏するが、最も主な伝染源は被害種子である。また、前年の被害麦稈を風除けなどに使用すると、降雨などの時病斑上に形成された分生子が雨滴と共に飛ばされてオオムギを侵す。真冬の間発病はあまり進まないが、積雪下でも発病は進展する。3月中旬頃から気温の上昇と共に発病が増加し、4月下旬から5月中旬にかけて最も激しく発病する。病斑の上に多数形成された分生子は風だけでは飛散することは少なく、雨滴と共に飛ばされ拡がることがほとんどである。したがって本病の蔓延と雨には密接な関係があり、降雨の多い年には発病が多くなる。

　防除　①無病の種子を使用し、さらに種子消毒する。②被害麦稈は堆肥として十分腐熟したものを用いる。③3月中旬頃から薬剤を散布する。

①発生状況　②罹病型病斑　③中間型病斑　④雲形病菌分生子

2.28 コムギ葉枯病（はがれ）　Speckled leaf blotch of wheat
Septoria tritici Roberge ex Desmazieres

世界各地の小麦生産地帯に一般的に見られる病害で、葉にコムギ稈枯病の葉の病斑と類似した斑点を生じ、冷涼多雨の地帯で発生が多い。わが国でも各地に発生していたが、麦作の減少もあり発生は少なくなっている。

病徴　葉、葉鞘に発生する。春先、初め下葉に淡黄色〜淡褐色の病斑を生ずる。典型的な病斑は紡錘形で長さ5〜10mm、幅3〜5mm、淡褐色〜黄褐色を呈し、周縁は淡黄色にふちどられている。病斑は節間伸長期から開花期にかけて急速に増加し、往々融合して不正形、大型の病斑になり、被害の甚だしい時には全葉が黄褐色になって枯れる。病斑はまた葉鞘にまで進展する。いずれの病斑も古くなると小黒点（柄子殻）を散生する。湿度の高い時は柄子殻の孔口から胞子塊が噴出しているのが容易に見られる。本病の病斑は稈枯病による葉の病斑とよく似ていて、両者とも病斑上に暗黒色の柄子殻を作り、ルーペを用いた程度では区別が困難である。しかし、検鏡すれば本病の柄胞子は細長く、稈枯病の柄胞子は短く、ずんぐりしているので容易に識別できる。

病原　文献によれば、本菌は子のう菌類で多くのコムギ栽培地帯の圃場で完全世代の *Mycosphaerella graminicola* (Fuckel) J. Schröter が見られるというが、わが国ではまだ発見記録された報告はない。不完全世代は、柄子殻を作りその中に柄胞子を生ずる。柄子殻は黒褐色で球形、大きさ60〜200μm。柄胞子は無色、針状で真直または多少湾曲する。両端は丸く、3〜7個の隔壁がある。大きさは時期によって甚だしい差があるようで20〜98×1.4〜3.8μmである。なお、完全世代は米国、欧州各国では、枯れた被害葉の壊死部に比較的容易に形成されるとの報告があるが、ヘテロタリックであるため形成には異なった mating type の存在が必要とされている。

生態　柄子殻が被害植物について生存し、これら被害麦稈を風除けなどに使用すると風雨を介して柄胞子が飛散し伝染する。わが国では3月下旬頃発生し始め、5月に最も被害が目立つようになる。条件によっては止葉にも病斑ができて全葉が枯れることがある。病原菌の宿主への侵入は主に気孔を通して行われる。気温15〜25℃の時、感染から10〜14日で病斑上に柄子殻を形成するようになる。柄子殻は主に気孔下のうに形成され、気孔の開口部の直下に柄子殻の孔口が開く。

防除　第一次伝染源になる被害麦稈を圃場に残さない。また風除けに利用することは避ける。激発地では連作を避け、種子消毒を行う。抵抗性品種を栽培する。

①葉枯病葉の病斑（荒葉）　②病斑上の柄子殻　③病原菌柄子殻と柄胞子　④病原菌柄胞子

2.29 コムギ 稃枯病(ふがれ病)　Glume blotch of wheat
Phaeosphaeria nodorum（E. Müller）Hedjaroude

世界各国に広く分布し、コムギの葉および穂に発生する。

病徴　葉、葉鞘、稈、節、穂に発生する。葉では長楕円形、淡褐色の斑点を生じ、病斑の周りは黄色を呈する。病斑はよく融合して不正形の大きな病斑になり、後に灰褐色～灰白色に乾枯し、病斑上に微小黒点（柄子殻）を散生、全葉が枯死する。葉鞘にも葉と同じような病斑を作る。稈では濃褐色の線状病斑を生じ、節にもよく感染し暗褐色～黒褐色の病斑を生じる。被害の最も大きいのは穂で、芒や頴の先端が暗褐色に変じ漸次下方に及ぶ。被害の大きい時は穂は灰色～褐色となって登熟しない。いずれの病斑上にも黒色の小粒（柄子殻）を形成する。

病原　病原は子のう菌類に属する糸状菌である。1845年に *Septoria nodorum* Barkely として初めて記載され、長い間この不完全世代の学名が稃枯病の病原として用いられてきた。その後、完全世代が発見され1952年に *Leptosphaeria nodorum* の学名が付され、さらに 1969 年に *Leptosphaeria* 属から *Phaeospheria* 属に移され現在に至っている。一方、不完全世代については1977年に *Septoria nodorum* から *Stagonospora nodorum* に改められたものが今日採用されている。

不完全世代は生育中のコムギの病斑上に普通に見られる。柄子殻は灰黒色、球状または扁球形、組織中に埋没して生じる。葉では葉脈に沿って一列に並んで形成される。柄胞子は無色で細長く大きさ 14～32×2～4μm、1～3（普通 3）の隔壁がある。完全世代はヘテロタリックで異なった mating type の二つの isolates が存在して初めて偽子のう殻を作り、中に8個の子のう胞子を有する二重壁の子のうを形成、子のう胞子は無色～淡黄色 19～32×4～6μm で4細胞からなり両端の細胞は先端が細くなっていて、中央の1細胞は膨らんでいる。

生態　第一次伝染源は主に被害麦稈上に形成された柄子殻内の柄胞子であるが、刈株上に形成された子のう胞子、罹病種子中の菌も第一次伝染源になる。被害残渣中に形成された柄子殻中の柄胞子は、雨滴によって飛散し拡がる。この菌の飛散、感染に降雨は絶対的な条件で、柄胞子は水滴を得て2時間以内に発芽を開始し10時間以内には侵入が始まる。柄胞子の発芽と感染は5～35℃で起こり、15～25℃が適温、病斑の形成には20～27℃が最適といわれている。

防除　発生源となる被害麦稈は堆肥化などで処分し連作を避ける。無病の種子を使用し、抵抗性品種を栽培する。

① 葉の病徴　② 穂の病徴

2.30 コムギ角斑病(かくはん)　Gray leaf spot, Halo spot of wheat
Pseudoseptoria donacis（Passerini）B. Sutton

　わが国で本病の発生が明らかにされたのは1954年で比較的新しく、一時は各県に広く発生していたが、近年発生は少なくなっている。海外ではアメリカでわが国と相前後して発生、西海岸の麦作地帯に拡がった。現在、イギリス、西ヨーロッパ、オーストラリアおよびニュージーランドなどで発生が知られている。本病はコムギだけでなく、エンバク、ライムギにも発生する。

　病徴　葉、葉鞘、稈、穂を侵し、出穂期後に発生が多くなる。葉では、初め比較的小さな楕円形〜紡錘形で周縁褐色〜暗褐色、中心部淡褐色の病斑ができる。病斑の数は非常に多く、葉全体を覆うようなこともある。この病斑の特徴は英名 halo spot からもわかるように病斑の周囲に顕著な黄色のハロー（暈）ができることである。後に病斑は融合して大きくなり、枯れ上がることが多い。これらの病斑には小黒点の柄子殻が見られる。本病の柄子殻は気孔の下に形成されるので葉脈に沿って規則正しく並ぶ。

　病原　病原は初め *Septoria donacis* として記載された（1879）。その後 *Selenophoma donacis* と変わり長い間用いられてきたが、柄胞子の形成が全出芽・アネロ型であることから *Pseudoseptoria* とされ今日に至っている。不完全世代だけが見られる。柄子殻は球形〜扁球形で気孔直下に形成され、黒褐色、大きさ 84〜174×48〜132μm である。柄胞子は両端の尖った鎌形で無色、単胞、大きさ 9〜27×2.4〜4.5μm である。この菌はライムギ、キビ、カモジグサなどを侵すがオオムギは侵さない。オオムギにも同じような病害が発生するが、コムギには病原性がないため変種として取扱われ *Selenophoma donacis* var. *stomaticola* と呼ばれていた。しかし、現在ではオオムギ菌の柄胞子には隔壁があって識別可能とされ、コムギ菌とは別種で *Pseudoseptoria stomaticola* とされている。

　生態　被害葉や稈についている柄子殻によって越夏し、伝染する。被害稈を風除けなどに使うと多く発生する。気温15〜20℃で風を伴った雨の時によく蔓延する。本病の発生は出穂後急増することが多いので、被害は穂数の減少より子実の生長に影響し種子重が減少する。

　防除　①被害稈は風除けなどに使わず堆肥にして十分腐熟させてから使う。②輪作する。

①角斑病初期の病斑　②罹病葉　③病斑周囲の黄色ハロー　④角斑病菌柄胞子

2.31 条斑病　Cephalosporium stripe
Cephalosporium gramineum　Y. Nisikado & Ikata

1932年に日本、岡山で初めて記載された病気で、現在ではイギリス、アメリカの主要な麦作地帯でも発生している。ムギ類そのほかイネ科牧草に発生するが、最も被害が大きいのはコムギで、減収率80％に及ぶ場合があるとの報告がある。

病徴　土壌伝染性でコムギの唯一の菌による導管病である。葉や葉鞘に鮮明な黄色の条斑を生ずる。この条斑の幅は2～5mmでオオムギ斑葉病の初期の病徴によく似ている。病気が進むと黄色の病斑は次第に黄褐色～褐色になる。とくに葉脈の部分は褐色を呈する。被害茎の節および節の下部も褐色になっている。被害株は乾枯し、出穂しても白穂または稔実不十分である。

病原　菌糸および分生子は被害組織中の導管内に形成される。分生子は、無色で長さ5～18μmの分生子柄の頂端に頭状に着生、無色、単胞、楕円形で大きさ2.8～8.4×1.4～3.5μmである。この分生子は、被害植物が枯死した後に多く形成されるようである。

生態　本病は種子および土壌で伝染する。罹病株で生産された種子は、表面および内部の胚に菌が生存していて第一次伝染源となる。無病圃場での栽培では汚染種子は第一次伝染源として極めて大きな役割を果たすが、連作圃場の場合は、前年の被害残渣が第一次伝染源となる。すなわち、被害残渣に付着した菌は土壌中で腐生的に生存する。土壌のpHが6.0以下であると生存期間は長くなり、病気の発生程度は重くなる。土壌の表面または地表近くで生存していた病原は分生子座に多数の分生子を形成し土壌中に分散して感染源になる。これらは、秋にムギが播種されると根または地中にある下部の茎の表皮や傷から進入して導管部に達し発病する。本病の感染最適温度は20℃前後である。土壌中での菌の生存期間は極めて長く1年以上生存する。また熱にも強く鶏や牛の飼料とした後その糞の中でも生存しており伝染源になる。しかし水田状態で湛水すれば40日で死滅する。

防除　①種子は健全なものを用い、種子消毒する。②被害麦稈は畑に絶対残さず搬出して完全堆肥とする。③本病が発生した畑では3年間は休閑する。また可能ならば水田転換をする。④被害麦を家畜に与える時は煮沸して与える。

① 条斑病発生状況　② 組織内の病原菌菌糸　③ 初期の病徴　④ 葉鞘の条斑　⑤ 葉の条斑　⑥ 黄色になった病葉

2.32 株腐病(かぶぐされ)　Foot rot, Rhizoctoniose
Ceratobasidium gramineum (Ikata & T. Matsuura) Oniki, Ogoshi & T. Araki

関東以西の表日本に多く発生する。オオムギでの被害が多く、水田転換畑で多発した記録がある。また、最近コムギで品種を更新した結果発生が増加している地域もある。

病徴　幼苗では地下部の葉鞘に茶褐色の斑紋ができ、下葉が枯れる程度で見過ごされる。病徴がはっきりするのは節間伸長が始まる頃からで、下葉の葉鞘にイネ紋枯病に似た周縁褐色、内部淡褐色〜灰白色の不正形の病斑ができ、後には葉が枯れる。出穂期頃になると稈にも同じような病斑ができ、病斑の部分は折れ易くなり倒伏する。ひどく侵されたものでは出穂しないことがある。収穫期近くになると葉鞘の病斑上に暗褐色の菌核ができるが、脱落し易いため見落とされることが多い。なお、本病は積雪下では雪腐症状を示すことがあるという報告もある。

病原　病原は担子菌で菌核および担胞子を作る。菌核は表面が粗く黒色〜暗褐色で大きさ 0.3〜0.7×0.4〜1.6 mm、担胞子は4〜5個の小柄のある無色、倒卵形の担子のうの上に形成され、無色、卵形または楕円形で大きさ 3.3〜6.6×3.3〜3.9μm である。早朝または霖雨の時に形成される。

生態　収穫期間際に作られた菌核が土中あるいは被害麦稈について夏を越し、ムギが播かれるとすぐ侵入を始める。感染適温は 10〜25℃、最適は 20℃ である。12月までは発病が増加するが、真冬の間は一時停止し3月から再び増加する。春の感染は秋の発病株から二次伝染する場合が多い。本病は 12〜2月の気温が高く、いわゆる暖冬の時に発生が多い。元来オオムギに発生が多く、コムギでは発生は極めて少なかったが、2000年以降三重県では発生が急増している。これはこれまで栽培していた品種農林61号に代わり新しい奨励品種ニシノカオリの栽培が増加したことによる。一般に新品種の育成には赤銹病、うどんこ病、赤かび病、縞萎縮病については抵抗性を検定、抵抗性のあるものを奨励するが、株腐病は評価の対象外であったため、品質等を重視する結果株腐病に対し罹病性品種の栽培が増加したことによると考えられる。

防除　①本病はムギの被害茎内で越夏するから刈取後なるべく早く刈株を取除き、連作は避ける。②可能な限り播種期を遅らせ深播きを避ける。③罹病性品種を避け抵抗性品種を栽培する。④窒素肥料の過用を避けカリ肥料を多く施し、10a当たり 80〜100kg の石灰を施用すると発病が少なくなる。⑤発病のひどい所では薬剤散布を行う。アゾキシストロビン系の薬剤の効果が高い。

①株腐病による倒伏　②発病初期の地際部の症状　③典型的な病徴　④稈の病徴

2.33 立枯病 Take-all
Gaeumannomyces graminis (Saccardo) Arx & D. L. Olivier var. *tritici* J. Walker

およそ100年前オーストラリアで初めて記録されて以来、土壌伝染性の重要な病害として知られるようになった。全世界に広く分布するムギ類の重要な病害である。コムギ、オオムギ、ライムギの他イネ科の牧草類も侵すが、コムギの被害が最も大きい。

病徴 2〜3月頃から病徴が現われる。初め伸びが悪く、分げつも少なく下葉から黄色になって枯上がる。出穂後は急に株全体が枯れて灰黄色となる。葉鞘は稈に密着して根は黒変して腐りもろくなり抜け易くなる。地際部の黒変した葉鞘、稈の組織内に黒色の子のう殻が形成される。罹病株の穂は白穂となり遠くからでも認められる。

病原 病原は子のう菌で、学名は長い間 *Ophiobolus graminis* とされていたが、1952年 Arx らによって本菌が感染束を形成し、また子のう壁が一重膜であることなどから *Gaeumannomyces* 属に移された。子のう殻は大きさ200〜400μmで黒色、150〜300μmの長い頸孔がある。子のうは大形で円筒状〜棍棒状、壁は一重で明瞭な頂環(apical ring)を有し、中に8個の子のう胞子を束状に内蔵する。子のう胞子は無色で、長棍棒状、3〜7の隔壁がある。大きさ72〜104×3〜4μmである。またこの菌は、菌糸が宿主の表面に接触すると菌足(simple hyphopodia)という付着器に似た組織を形成し、これから侵入菌糸を出して宿主に侵入する。なお *G. graminis* var. *tritici* はコムギ、オオムギ、ライムギを侵すがコムギが最も感受性が高く被害が大きい。*G. graminis* にはエンバク、ベントグラスを侵す var. *avenae*、イネ科牧草を侵す var. *graminis*、トウモロコシを侵す var. *maydis* などが知られている。

生態 本病の第一次伝染源は、被害植物の根や地際部についている菌糸および菌糸束で、これらが土中で越夏し、秋にムギが播かれると幼植物を侵す。種子根、子葉鞘および早春新しく生じた冠根などが最も感染し易い。菌の発育適温は19〜24℃、感染には10〜20℃が適温で、関東地方では播種後50日までと3月下旬が最も感染し易い。中性〜アルカリ性土壌が発生に好適である。また、火山灰土や軽鬆土、新しい開墾地など窒素、燐酸が少なく有機物に乏しい痩せた土地での発生が多く、水田裏作にはほとんど発生しない。

防除 ①適期より10日間遅らせて播種すると発病は非常に少なくなる。②発病の多い畑ではイネ科以外の作物を作る。排水不良の土地では排水をよくする。③肥料は十分に施し肥切れしないようにする。ことに燐酸、カリを基肥として多量に施し、堆肥などの有機質肥料を多く施す。

①立枯病被害株 ②稈地際部の病徴 ③立枯病菌子のう殻と④その横断面 (鈴木)

第 3 章　エンバクの病害

エンバクの病害

3.1 北地モザイク病　Mosaic
Northern cereal mosaic virus

1944年伊藤・福士によって明らかにされたウイルス病でオオムギ、コムギなどと共に、北海道、青森・岩手県などの北日本でエンバクにも発生する。

病徴　初め、黄緑色〜淡褐色の斑点や条斑がかすり状に現われる。その後罹病葉は退緑し、淡褐色〜褐色を帯びる。この点、レッドリーフ病に似ていてオオムギ、コムギの病徴より褐色が顕著になるのがエンバクの病徴の特徴のようである。病葉は小型で細くなるが、捻れることはない。早期に感染したものは出穂しない。

病原・生態　病原は *Cytorhabdovirus* 属のムギ北地モザイクウイルス Northern cereal mosaic virus（NCMV）である。このウイルスは桿状で大きさ350×60 nm、1本鎖RNA（−）を持つ。不活化温度50〜55℃である。病原ウイルスは土壌伝染、種子伝染、汁液伝染はしないで、ヒメトビウンカ、シロオビウンカ、サッポロウンカ、ナカノウンカによってのみ伝搬される。ウイルスはこれらの虫体内で増殖、7日内外の潜伏期間を経てウイルスを媒介する。媒介は連続的で死に至るまで続くが経卵伝染はしない。病原ウイルスは秋に伝染したスズメノカタビラ、秋播きのムギ類や保毒虫体内で越冬する。

3.2 レッドリーフ病　Red leaf
Barley yellow dwarf virus, *Wheat yellow leaf virus*

病徴　葉が赤く変色するウイルス病で、激発すると遠くからでも圃場が赤く見えることがある。葉先および葉縁からかすれたように赤く変色していき、激発すると葉は枯死し、株は萎縮して出穂しないこともある。BYDVによるレッドリーフは青森、千葉、東京など東日本で発生することが報告されている。

病原　病原はオオムギ黄萎ウイルス Barley yellow dwarf virus（BYDV）とコムギ黄葉ウイルス *Wheat yellow leaf virus*（WYLV）である。前者は初めカモジグサに yellow dwarf症状を示すウイルスでオオムギ、コムギ、エンバクなどに感染し、ムギクビレアブラムシおよびムギヒゲナガアブラムシにより高率に媒介され、直径約25〜30 nm、球状の永続型ウイルスでBYDVであると発表された。その後BYDVはオオムギに発生していることが確認され黄萎病と名付けられ、さらにエンバクにも感染しred leaf症状を示すことが明らかにされている。BYDVは媒介するアブラムシの種類が異なる系統があり、わが国のオオムギに発生するのはPAV系統とされている。エンバクのred leafに関しては、カモジグサおよびオオムギに発生していたBYDVを接種し感染、発病したもので、自然発病したものがどの系統かについては明らかにされておらず、今後の検討に待たねばならない。後者のWYLVはエンバクの他にオオムギ、コムギ、ライムギ、ライグラス、カモジグサなどを侵し、キビクビレアブラムシにより媒介され、長さ約1,600〜1,850 nm、紐状の半永続型ウイルスである。

生態　BYDVの場合、アブラムシ体内のウイルス粒子は吸汁後96時間後でも高い伝搬能を保持していることが確認されている。植物での潜伏期間は約2週間である。

WYLVによるエンバクの感染を報告した井上によれば、岡山ではしばしばBYDVとの重複感染が見られたという。また、病原性についてはWYLVの方が強く感染後、葉の変色が急速に進み枯れ熟れの状態になるが、BYDVでは変色の進展は遅く、葉先や葉縁だけに止まると報告している。

防除　エンバクには抵抗性差異があるが、わが国の市販品種では抵抗性程度は不明である。適正な施肥により植物を健全に保ち、アブラムシを防除する。

（月星隆雄）

① 北地モザイク病　② レッドリーフ病（月星）

3.3 暈枯病(かさがれ)　Halo blight
Pseudomonas syringae pv. *coronafaciens*（Elliott 1920）Young, Dye & Wilkie 1978

わが国では、1952年岡山県下で初めて発生、その後千葉県でも発生し、1964年に暈枯病と命名された。本病は古くからアメリカ始め世界の多くの国々で、エンバクの他オオムギ、コムギその他イネ科植物に発生する。

病徴　温暖地では春先から発生する葉枯性の細菌病で、葉では初め水浸状の斑点が現われるが、後に灰色〜褐色の楕円形、紡錘形病斑となり、病斑周囲は黄色いハロー（暈）で囲まれる。葉先から進展して波状や不定形の病斑となることもあり、病勢が進むと病斑が縦に伸び条状になり、そこから裂けるなどして葉が枯死し、被害が拡大する。最終的には枝梗や種子も侵されることがある。

病原　大きさ 0.4〜0.6×1.5〜2.5 μm、グラム陰性の桿状細菌で、罹病組織の維管束内に菌体が充満し、切断すると多量の菌泥を噴出する。エンバクに強い病原性を示す他、コムギ、オオムギ、カモジグサ、ブロムグラスなどにも有傷接種により病原性を示す。4〜33℃の温度範囲で発育し、最適発育温度は22.5℃であることから、暖地では2月頃から多発する。病原細菌は罹病葉内で2年間は生存できる。

防除　種子伝染するため、無病の圃場から採種し、種子消毒してから播種する。連作を避け、罹病葉を圃場に残さない。本病に対する抵抗性は品種登録時の検定項目に加えられており、圃場で明瞭な抵抗性を示す系統を利用する。

（月星隆雄）

3.4 条枯細菌病(すじがれさいきん)　Bacterial stripe blight
Pseudomonas syringae pv. *striafaciens*（Elliott 1927）Young, Dye & Wilkie 1978

1967年わが国では兵庫県下で初めて発生が記録された病害で、暈枯病と異なり発生はそれ程多くない。

病徴　3〜5月に発生する低温性の細菌病。葉では初め水浸状の斑点だが、後に長さ5〜20 cm、幅1〜2 mmの長い褐色で半透明の条斑となる。徐々に隣接した病斑が融合して不定型となる。病斑周囲は黄色く変色するが、かさ（暈）は形成しない。葉鞘でも発生する。発病株は下葉から枯れ上がり、病勢が激しいと生長点が侵され、枯死する。

病原　大きさ 0.6〜1.2×1.8〜3.6 μm、グラム陰性の桿状細菌で、芽胞は形成しないが、包のうがある。罹病組織の維管束内に菌体が充満し、切断すると多量の菌泥を噴出する。宿主範囲は狭く、無傷接種でエンバクにのみ病原性を示し、コムギ、オオムギ、ライグラス、オーチャードグラスなどには病原性を示さない。最適発育温度は15〜20℃であり、47〜49℃で死滅する。

防除　品種によって抵抗性に大きな差があり、市販品種や育成系統の抵抗性程度が明らかにされているため、これらを利用する。

（月星隆雄）

① 暈枯病病斑の周りのハローが目立つ（月星）　② 条枯細菌病（月星）

エンバクの病害

3.5 冠錆病(かんさび)　Crown rust、Leaf rust
Puccinia coronata Corda

病徴　多くは生育末期に葉、葉鞘、稈（主に葉）に発生する。初め葉の両面に黄色〜黄褐色の小型病斑ができる。この小斑点は拡大して長楕円形になり、膨れ上がる。これは病原の夏胞子堆で、初め表皮に覆われているが後破れて中から鮮明な橙黄色の粉（夏胞子）を飛散する。末期になると夏胞子堆に並んで黒色の冬胞子堆を作るが、夏胞子堆のように表皮は破れず、冬胞子が飛散することはない。

病原・生態　病原は糸状菌の一種で担子菌類に属し、錆菌特有の異種寄生性で、エンバク上で夏胞子と冬胞子を作り、精子および錆胞子はクロウメモドキ上に形成するといわれているが、わが国では夏胞子、冬胞子の世代しか知られていない。夏胞子は単胞、球形で表面に細かい刺があり、淡黄色である。大きさ 24〜32×16〜24 μm。冬胞子は2胞からなり、根棒状あるいは円筒形で、頂端は肥厚して歯状を呈し特徴のある形態を示す。色は暗褐色。大きさ 35〜62×14〜24 μm である。夏胞子の発芽適温 20℃、10℃以下または35℃以上では発芽しない。この菌の宿主としてはエンバクの他レッドトップ、ベントグラス、フェスク類、ベルベットグラス、ライグラス、リードカナリー、チモシー、ブルーグラスなどが挙げられているが、明瞭な寄生性の分化が見られる。エンバクに寄生するものは *P. coronata* f.sp *avenae* Eriksson とする報告もある。

防除　①抵抗性品種を選ぶ。②施肥を適正にし、とくに窒素過多にならないようにする。③暖地では熟期の早い品種を早播きすれば3月の激発を回避できる。

3.6 裸黒穂病(はだかくろほ)　Loose smut
Ustilago avenae（Persoon）Rostrup

病徴　穂に発生する。本病に罹った穂の子実は黒粉〜黒穂胞子化する。初め表面は薄い膜で覆われているが、すぐ破れて中から黒粉を飛散し、後には黒粉は飛び散って穂軸だけが残る。普通1株全体が発病する。子実の他まれに葉にも病徴が現われる。すなわち葉脈に沿って黒褐色の黒穂胞子が形成され、後破れて飛散する。

病原・生態　糸状菌の一種で担子菌類に属する。罹病した穂の黒粉は黒穂胞子である。黒穂胞子は球形または楕円形で暗褐色、表面に細かい突起がある。大きさ 7〜8×5〜6 μm。この病菌の黒穂胞子は開花中に花器に入って直ちに発芽して菌糸になり、あるいは発芽しないで穎の内側に付着して生存する。このような種子が播種され発芽すると潜伏している菌は直ちに幼植物に侵入し生長点に達し、ここに潜伏していて穂が形成されると穂に侵入して発病する。菌の発育適温は15〜28℃、限界温度は5〜34℃である。また黒穂胞子は土の中でも生存しており、播種されると幼植物を侵す。

防除　①無病の種子を選び、さらに安全を図るために種子消毒を行う。この場合、土壌中に菌が生存していることもあるので、種子消毒剤を粉衣するのが最も有効のようである。②秋播きの場合は播種期を早くする。

①冠錆病被害株　②冠錆病菌夏胞子　③裸黒穂病、葉の病徴　④裸黒穂病罹病穂

3.7 葉枯病 Leaf stripe
Pyrenophora chaetomioides Spegazzini

病徴 葉の他葉鞘、頴などに発生する。葉では初め黄褐色〜褐色の周縁不明瞭な病斑であるが、後に拡大して 5〜20×2〜3 mm の大きさになり、病斑の中心部は褐色、周りは黄色になる。発病がひどいと葉は先端から枯れる。また子実にも褐色の病斑を作る。

病原 子のう菌に属する糸状菌で分生子、子のう胞子を作る。分生子柄は単生時に数本叢生し、多くは真直であまり屈曲せず太い。黒褐色を呈し 3〜14 個の隔壁がある。分生子は円筒形で黄色〜黄褐色 1〜9 個の隔壁があり、大きさ 33〜143×12.3〜24 μm である。子のうは表皮下に生じる。フラスコ形で黒褐色の偽子のう殻に形成され、無色、長棍棒状〜円筒形でわずかに湾曲し、大きさ 250〜350×35〜45 μm で、2〜8 個、通常 8 個の子のう胞子を内蔵する。子のう胞子は淡黄色〜黄褐色、長楕円形〜楕円形で 3〜6 個の横の隔壁と 1〜2 個の縦の隔壁がある。大きさは 35〜75×17〜30 μm である。

生態 種子や被害植物に付着している菌糸や分生子によって越夏、越冬する。種子が播種されると子葉鞘や若い葉を侵して病斑を作り、この病斑上に生じた分生子によって拡がる。

防除 ① 種子は無病のものを用い、裸黒穂病に準じて種子消毒を行う。② 連作を避け早播きとし、被害麦稈の処理を行う。

3.8 黒斑病 Drechslera leaf spot
Drechslera sp.

1977 年熊本県で、1983 年には千葉県でも発生が認められて黒斑病と名付けられた。

病徴 春および秋の比較的涼しい時期に主に葉に発生する。初め黒褐色の小斑が不規則に形成され、これが拡大して楕円形から葉脈で区切られた長方形の斑点となる。病斑は相互に融合して、5〜15×3〜5 mm の赤褐色〜黒褐色の斑点となり、後に病斑表面に黒いかびが密生して黒斑となる。病斑周囲には黄色の暈が形成され、徐々に黄化部分が拡大して、葉は枯死する。

病原 不完全菌類に属する糸状菌。単一または分岐し黒褐色 55〜260×8〜13 μm の分生子柄を叢生し、胞子形成痕は少ない。分生子は真直、淡灰黄色〜灰褐色、倒棍棒形〜楕円形、両端に向かって漸尖し、しばしば先端細胞が細くなり、大きさ 55〜133×13〜18 μm、隔壁 2〜9、時に先端が裂けて Y 字形となる。形態的に既知種と一致しないため、種は未同定である。

防除 品種によって抵抗性に差があり、市販品種や育成系統の抵抗性程度が明らかにされているため、これらを利用する。

（月星隆雄）

① 葉枯病、葉の病斑　② 黒斑病、葉の病徴（月星）　③ 黒斑病菌分生子（月星）

3.9 炭疽病　Anthracnose
Colletotrichum graminicola (Cesati) G.W.Wilson

わが国では1960年に千葉県下で発生し、初めて報告された病害である。

病徴　梅雨明けから発生し、夏季に蔓延する。病斑は黄褐色〜橙色、楕円形〜紡錘形、大きさ 5〜30 × 1〜5 mm で後に相互に融合して不定形となる。病斑が古くなると中央部が灰白色になり、剛毛が形成され、黒くかびを密生し、中心部から裂けることも多い。激発すると葉身基部も侵されて落葉し、穂も侵され、植物体全体が褐色になる。

病原　不完全菌類に属する糸状菌。分生子層中に黒褐色の剛毛を形成し、その基部からオレンジ色の粘塊状に分生子が大量に形成される。分生子柄は円柱状、単胞、無色、9〜15 × 3〜5 μm で分生子を頂生する。分生子は鎌形で、一端は他端より尖り、無色、単胞、18〜30 × 3〜5.4 μm である。オーチャードグラス、ライグラスなどの菌と同種だが、寄生性は異なり、エンバク菌はエンバクにのみ病原性を示す。

防除　種子伝染するため、無病の圃場から採種し、種子消毒してから播種する。連作を避け、罹病葉を圃場に残さない。分生子塊が風雨で飛散して蔓延するため、密植を避ける。

［備考］病原の *C. graminicola* はトウモロコシ、モロコシ、エンバクを含めたムギ類および多くのイネ科牧草を侵す菌として広く用いられていた。1960年頃、わが国でもすでにモロコシの菌など別の学名を付してはとの意見もあった。最近アメリカでは *C. graminicola* はトウモロコシの病原に限って用い、C_3型イネ科植物の寄生菌については *C. cereale* などとしようとする意見もあるようで、エンバクの炭疽病菌もその対象になる可能性がある。

（月星隆雄）

3.10 紋枯病　Sheath blight
Thanatephorus cucumeris (A.B.Frank) Donk

病徴　梅雨入り前から7月にかけて発生し、地際部の葉鞘で初め暗緑色水浸状の病斑が現われ、これが葉鞘を伝って上部へ進展する。後に病斑は周縁部褐色、中心部灰緑色〜灰白色の楕円形の大型病斑となる。病斑表面には菌核が形成されるほか、くもの巣状に菌糸が絡み付き、担子胞子が白色菌塊状に多数形成される。激発すると止葉まで病斑が進展し、株枯を引き起こす。

病原　有性世代は樽形〜短棍棒形の担子器に小柄を生じ、その上に無色、広楕円形〜倒卵形、平滑、大きさ 6〜14 × 4〜8 μm の担子胞子を形成する。無性世代の菌糸は淡褐色〜褐色、主軸菌糸の幅は 6〜10 μm、かすがい連結は持たず、おおむね直角に分枝し、分枝部でわずかにくびれる。分生子は形成しない。自然条件下および培養上で白色〜褐色、表面平滑、直径 2〜4 mm の菌核を形成する。AG-1 Ia が主な病原であるが、北海道では AG-1 Ib 型の発生が報告されている。

防除　高温高湿条件で多発するため、密植を避け、株間の湿度を下げる。罹病残渣上の菌核が地上に落ちて翌年の感染源となるため、残渣を圃場に残さない。エンバク品種の抵抗性差異に関する報告はない。

（月星隆雄）

① 炭疽病（月星）　② 紋枯病（月星）

第4章　アワの病害

アワの病害

4.1 白髪(しらが)病　Downy mildew
Sclerospora graminicola (Saccardo) J. Shröter

　ささら病とも呼ばれ、アワの病害中最も恐ろしい病害であるが、近年はアワの栽培が少なくなり見かけることもほとんどなくなった。

　病徴　葉の病斑は、初め淡黄緑色の条斑ができ、湿度の高い時その裏面に白色のかび（分生子）を多数形成する。この淡黄緑色の部分には後に褐色の斑点を生じ、次第に病斑全体が褐色になる。被害のひどいものは心葉は展開せず、後に褐色になって破れ、褐色の粉末（卵胞子）を飛散し、さらに葉脈だけが残って白髪状になる。白髪病という名前はこれに由来している。穂に発生すると稈が肥大して糸状を呈し、奇形となって稔らない。穂全部がささら状になる場合が多いが、穂の一部だけがささら状になることも多い。この糸状の肥大した部分には多数の卵胞子を形成しており、揉むと褐色の粉になって飛散する。

　病原　糸状菌で鞭毛菌類に属し、分生子および卵胞子を作る。分生子柄は数本叢生し、先端近くで数回分岐し、無色、隔壁はなく大きさ252〜420×13.5〜27.5μmである。この先端に倒卵形、楕円形、無色、乳頭突起のある分生子を生じる。分生子の大きさは 10.5〜27.0×14.4〜43.2μm である。分生子は発芽すると2〜6個の遊走子を出す。遊走子には2本の鞭毛があり水滴など水の中を運動して宿主に達した後、鞭毛を失って球形の被のう胞子になり、これが発芽して宿主の組織に侵入する。卵胞子は細胞壁が厚く、黄褐色、平均 35×36μm 位の大きさで、蔵卵器の中に生じる。蔵卵器はほぼ球形を呈し34.5〜64.5×33〜57μmである。宿主範囲は比較的狭く、アワの他キンエノコロ、エノコログサ、オオアワガエリを侵す。

　生態　越冬は卵胞子による。卵胞子は生存力が極めて長く20ヵ月以上生存する。この卵胞子が種子について、また土壌中にあって越冬し、翌年アワが播かれ発芽する時に侵入する。また気温22〜27℃の時分生子を病葉の裏面に多数形成、分生子は発芽すると遊走子を出して、これによって新しい宿主に侵入する。分生子の寿命は極めて短く、晴天下では5分で死滅する。したがって降雨の多い時によく蔓延する。

　防除　①種子は無病のものを選び、さらに種子消毒剤を塗末して播種する。②連作を避けて1年間は他の作物を作る。③被害植物はできるだけ集めて焼却する。

①被害葉　②末期の症状、罹病葉は破れて白髪のように細くなる　③被害穂はささら状になる　④白髪病菌卵胞子

4.2 銹病　Rust
Uromyces setariae-italicae Yoshino

広く日本全国に発生し、韓国にも分布している。アワの成熟前、8月～9月にかけて最も多く発生する。

病徴　葉および葉鞘に発生する。初め表面に褐色で長円形の膨らんだ病斑ができる。病斑は叢生時に多数が条生する。この病斑は夏胞子堆で後破れて内部より銹病特有の黄褐色の粉末（夏胞子）を飛散する。また葉によっては灰黒色、円形～楕円形の病斑が形成される。これは冬胞子堆で古くなると表皮が破れて黒色の粉末（冬胞子）を散生する。

病原　糸状菌の一種で担子菌に属し、アワの上で夏胞子と冬胞子を形成する。夏胞子は柄上に単生し、単胞で球形に近く黄褐色を帯び、表面に細い刺があり、3～4個の発芽孔がある。大きさ 22～34×18～26μm。冬胞子も柄上に単生し、単胞で卵形～楕円形で黄褐色、表面は平滑、細胞壁は厚い。大きさ 20～30×16～24μm である。

生態　精子器や銹子腔も観察されておらず、全体の生活史は不明であるが、冬胞子および夏胞子で越冬し、被害植物上の夏胞子が翌年の伝染源になると考えられている。また本菌はアワの他エノコログサ、キンエノコロにも寄生するので、この上に形成される夏胞子もアワへの伝染源になると推測される。

防除　①発生がひどい時被害植物は集めて焼却し、宿主となる畦畔のエノコログサ、キンエノコロを除去する。②なるべく連作は避ける。③施肥に注意しとくに窒素肥料の過用を避ける。

4.3　いもち病　Blast
Pyricularia setariae Y. Nisikado

病徴　主に葉に発生するが、葉鞘にも病斑を作る。葉の病斑は、初め周囲が水浸状になった褐色の小さい病斑であるが、後に拡大すると共に周縁褐色～黒褐色、中心灰白色の 2～3mm の紡錘形の病斑になる。発生が多いと病斑は融合して大きな病斑になることがあり、葉は乾枯する。

病原　イネいもち病菌と同じような形の分生子柄、分生子を作る。分生子は無色、洋梨形で2個の隔壁がある。大きさは 19.9～25.0×6.4～8.1μm で平均 21.0×7.5μm、イネ菌の平均 26.0×8.8μm よりやや小さい。この菌はハルガヤ、ヒロハウシノケグサに寄生性があるが、イネおよびコムギには全く病原性はない。オオムギおよびトウモロコシに対しては、品種によって反応が異なり、病原性は± である。

生態　病斑中の菌糸によって越冬し、翌春この上に分生子を形成し、新しく播種され、発芽したアワを侵す。

防除　①種子は無病のものを選び、白髪病に準じて種子消毒を行う。②前年の被害稈の処分に注意し、畑の近くにこれを放置しないように心掛ける。③窒素肥料の過用を避ける。

①銹病罹病葉の夏胞子堆　②銹病冬胞子堆　③いもち病、葉の病斑　④アワいもち病菌分生子

アワの病害

4.4 ごま葉枯病（はがれ）　Leaf spot
Cochliobolus setariae（S. Ito & Kuribayashi）Drechsler ex Dastur

幼苗の時からアワの全生育期を通じて発生し分布も広い。

病徴　主として葉に発生するが、時に葉鞘や穂にも発生する。初め葉に多数の黄褐色の斑点を生ずる。この斑点は楕円形〜紡錘形で周縁不明瞭であるが次第に拡大して 1〜5×0.5〜1.5mm 程度の褐色〜黒褐色の病斑になる。病斑が多数形成されると拡大して融合し大型の不整形病斑になり、葉は枯死し、多数の分生子を生じ黒色ビロード状を呈する。穂でも穎果上に小斑点を生じ、後に拡大して全面に広がり黒い粉を撒いたようになり、時に穂全体が侵され、黒穂状を呈することがある。

病原　糸状菌で子のう菌類に属する。子のう胞子と分生子を形成するが、自然界では完全世代の形成はほとんど確認されていない。このため病斑上に見られるのは分生子だけである。分生子は円筒形〜紡錘形で暗褐色、やや湾曲したものもある。6〜10 個の隔壁があり、大きさ 42〜97×11〜15µm である。この分生子は 2〜6 本叢生し、長さ 135〜180×5.5〜6.5µm で 6〜9 の隔壁があるかなり長い分生子柄の先に 1〜7 個が着生する。分生子は常に両端の細胞から発芽する。なお、本菌の不完全世代は古くから長い間 *Helminthosporium* 属とされていたが、分生子が両端の細胞から発芽する特徴を重視し *Bipolaris* という属名に変更された。*Bipolaris* 属は主として南方系のイネ科植物を侵すとされている。

生態　病原菌は被害植物の茎葉や種子で、菌糸あるいは分生子で越年し、翌年の第一次伝染源になる。またエノコログサにも病原性があり、これが伝染源になるともいわれている。菌の発育適温は 30〜32℃と高く、最低温度は 7〜8℃、最高温度は 35℃である。

防除　①被害植物は畑に放置せず集めて処分する。②連作を避ける。③種子は無病の種子を用い、窒素肥料が多くならないよう施肥に注意する。

4.5 縁葉枯病（ふちはがれ）
Pseudocochliobolus lunatus（R. R. Nelson & F. A. Haasis）Tsuda, Ueyama & Nishihara

病徴　本病は主に葉に発生、7月上旬頃から発生し始め、生育が進むにつれて病勢は激しくなる。初め、黄色〜褐色の小さい斑点を生じ、次第に細長い病斑になる。健全部との境界はやや不明瞭である。病斑は葉縁に多く生じ、多数の病斑が融合すると病変部は葉脈に沿って波状となり、普通幅 5mm 前後、長さは数cmに及ぶ。色も灰褐色〜暗褐色を呈する。風などによって傷のできた部分に発生するから、台風の後などに発生が目立つ。

病原　病原は子のう菌類に属し、子のう胞子と分生子を形成するが、子のう胞子（完全世代）は自然状態での形成は観察されておらず、分生子だけが病斑上に形成される。分生子柄は褐色〜暗褐色で先端は屈曲する。大きさ 80〜170×7〜8µm である。分生子は 4 胞からなり紡錘形、中二つの細胞は暗褐色で大きく、両端の細胞は淡褐色で小さい。くの字に曲がった胞子もかなりある。大きさ 28〜40×8〜18µm である。

生態　本病原菌の病原性は比較的弱く、枯死葉などで腐生生活をしている。したがって、被害植物や他の作物などの枯死葉上で腐生している菌が、そこで分生子を形成、風雨によってアワに達し、主に葉の傷などから侵入して第一次の感染を起こし拡がる。病原菌の生育適温は 28〜32℃で比較的高い。

①ごま葉枯病病斑（大畑）　②縁葉枯病　③縁葉枯病菌分生子　④縁葉枯病菌分生子柄

第 5 章　モロコシ（ソルガム）の病害

モロコシ（ソルガム）の病害

5.1 モザイク病　　Mosaic
Sugarcane mosaic virus

病徴　本病に感染すると上葉に淡緑色の斑紋あるいはモザイクが見られる。また淡赤色の条斑を生じる。このような症状は熱帯のインドネシア等ではよく観察される。感染植物は萎縮し、葉面積が減少、穂数、穂重も減少する。

病原　病原サトウキビモザイクウイルス *Sugarcane mosaic virus*（SCMV）は *Potyvirus* 属に属し *Potato virus Y* に類似する紐状粒子で大きさ 750×13nm、風車状封入体を作る。汁液中では 56℃10 分で不活化する。アメリカでは、13 の strain があることが知られているが、わが国では不明である。

生態　SCMV は土壌伝染性であるが、そのメカニズムはまだ明らかにされていない。このウイルスはまたキクビレアブラムシ、トウモロコシアブラムシなど少なくとも 7 種のアブラムシによって非永続的に伝搬される。これらアブラムシは罹病植物から 30 秒〜1 分の短い時間の吸汁でウイルスを獲得し、伝染が可能でアブラムシによって感染が急速に拡大することが多い。

防除　媒介虫を防除して本病を防ぐのは、生態的にも経済的にも困難で、アメリカでは抵抗性品種（交雑種を含む）が知られていてこれらを栽培するのが有効とされているが、わが国ではまだ明らかにされていない。

5.2 条斑細菌病　　Bacterial stripe
Burkholderia andropogonis（Smith 1911）Gillis, Van Van, Bardin, Goor, Hebbar, Willems, Segers, Kersters, Heulin & Fernandez 1995

病徴　主に葉および葉鞘に発生する。初め小さい赤褐色〜紫褐色または黄色の斑点を生じ、条件が良いと病斑は急速に葉脈に沿った鮮明な条斑になる。病斑の幅は 5mm 前後であるが、発生がひどいと長さは数 cm からほぼ葉と同じ長さに達することがある。時に隣接する病斑が融合し葉全体が赤色になり枯上がる。条件によっては新鮮な病斑の表面から病原細菌の菌泥が漏出し、それが乾くと淡赤色、鱗片状になって付着するのがしばしば認められる。

病原　培地上で白色のコロニーを作る細菌で 0.4〜0.9×1.0〜2.4μm の大きさで両端に 1〜2 本の鞭毛がある。グラム陰性、芽胞は作らない。発育最適 pH は 7.0〜7.5、発育適温は 28〜30℃、4℃以下 36℃以上では生育しない。

生態　本病菌はモロコシの他トウモロコシを侵す。またスーダングラス、ジョンソングラス等の牧草も侵し、被害葉で越年し伝染する。病原は種子に付着して越年し、翌年種子の発芽と同時に幼芽に侵入し、風雨によって伝播され、蔓延する。

防除　①被害植物を圃場に残さないようにし、発病のひどい所では輪作する。②抵抗性品種が知られているので、常発地ではこれを栽培する。

① モザイク病（SCMV）罹病株　② モザイク病（SCMV）葉の症状　③ 条斑細菌病、葉の病徴

5.3 銹病　Rust
Puccinia purpurea Cooke

モロコシを栽培すると必ず発生といえるほど普遍的な病害で、とくに若干冷涼で湿度の高い中央・南部アメリカ、東南アジアやインド南部では発生が多く、収量の減少だけでなく、飼料価値を減ずる。

病徴　葉および葉鞘に発生する。発芽直後の幼苗では発生することはほとんどないが、播種後1ヵ月以上経過すると発生が多くなる。初め赤褐色の小さな腫物状の斑点が現われる。抵抗性品種では病斑は斑点で止まるが、罹病性品種では斑点は水泡状に盛上がり、暗赤褐色で長さ2mm大の突起(胞子堆)になる。この斑点は葉の裏面に多く生じ、後に表皮が破れて中から赤褐色の粉が飛散する。この粉は病原菌の夏胞子である。後に夏胞子堆に似ているが表皮が長く破れない病斑が混在するようになる。これは冬胞子堆である。

病原　病原は担子菌類に属し、夏胞子と冬胞子を形成する。夏胞子堆は表皮下に形成され、成熟すると裂開して粉状になる。夏胞子は単胞で楕円形〜卵形で柄上に単生し、黄褐色〜赤黄色、$22〜44 \times 20〜29\mu m$で表面にいぼ状の突起があり、赤道面に4〜6個の発芽孔がある。胞子堆には多数の糸状体が混在する。冬胞子は柄上に単生し、2胞で楕円形、先端は円形、横隔壁部分がわずかにくびれ、表面は平滑、暗褐色で大きさ$36〜54 \times 24〜32\mu m$、無色〜若干黄味を帯びた永存性の柄がある。アメリカの観察結果では、冬胞子の先端および横隔壁近くの側面に、それぞれ不明瞭な1個の発芽孔がある。この発芽孔から3隔壁の長い前菌糸ができる。前菌糸の4細胞からそれぞれ小柄ができその上に長楕円形の担子胞子が形成されると説明されているが、わが国ではこのような観察の記録は見当たらない。

生態　本病は、わが国ではソルガムだけで記録されている。夏胞子で越年し、翌年これにより伝染すると思われる。アメリカではペレニアルライグラスおよび関連種、散逸したソルガムに形成されている夏胞子が接種源となり、時に極めて遠い所まで飛散し発生するといわれている。夏胞子は宿主の葉に付着すると1〜2時間以内に発芽し、4時間後には気孔から侵入し、48時間後には感染し極めて小さい斑点が見られるようになり、感染10〜14日後には成熟した夏胞子が飛散するようになるという。またアメリカではカタバミ(*Oxalis corniculata*)が中間宿主とした記録もあるが、実験的な接種試験によるもので、自然条件下では確認されていない。わが国ではこのような記録は全く見当たらない。

防除　①被害植物は集めて焼却する。②刈遅れを避ける。③抵抗性品種を選んで栽培する。

①銹病罹病葉　②銹病の病斑

モロコシ（ソルガム）の病害

5.4 紫輪病(しりん)　Gray leaf spot
Cercospora sorghi Ellis & Everhart

世界各国とくにモロコシの生育期に比較的温暖で湿度の高い地域に発生が多く、葉に発生する病害では世界中で最も広く分布する病害である。とくに西アフリカのマリ、セネガル、ブルキナファソ、ナイジェリアで発生が多い。

病徴　初め葉に赤色の小さい斑点ができる。この斑点は拡大して幅の狭い葉脈に限られた角ばった周縁濃紫紅色、内部は灰白色の 5〜15×2〜5 mm 位の斑点になる。また時に病斑は融合して縦縞状の病斑または不規則な斑点になり、葉が枯れる。発生がひどい時には、葉鞘や上部の茎にも病斑を生ずる。後に葉の病斑の両面に分生子を形成するが、分生子の形成は病斑の裏面の方が盛んで、胞子を形成した病斑の色は灰色を帯びる。

本病の病徴は *Bipolaris sorghicola* による紫斑点病と似ていてよく混同される。しかし、紫斑点病の場合、病斑が融合して大きくなることは少なく、また病斑上の胞子形成も少ない。形成した際は分生子柄は紫輪病のように束状でなく、単生であるので区別は容易である。

病原　糸状菌の一種で不完全菌類に属し、分生子だけを作る。分生子柄は病斑の気孔部分から束生して抽出、暗褐色で隔壁があり大きさ 60〜180×4〜6 µm、分生子は無色で鞭状、3〜11 の隔壁があり、大きさは 40〜120×3〜4.5 µm とされているが、大きさは変異が大きい。この菌は生育は遅く、多くの培地上で灰色の底着性のコロニーを作って生育するが、分生子は形成しない。しかし分生子はニンジンの葉煎出液寒天培地または波長の長い紫外線照射により容易に形成する。

生態　菌糸塊（分生子柄の基部）が被害植物に付いて越冬し、翌年これに分生子を生じ拡がる。分生子は葉面に達すると急速に発芽し、気孔を通じて組織内に侵入し、温暖で湿度の高い条件下では感染 12 日後には分生子を形成するようになる。

防除　前年の被害植物は除去して焼却し、発病跡地は丁寧に耕し、表土をよく反転する。連作を避け肥切れしないよう施肥に注意する。

① 紫輪病初期の病斑　② 紫輪病菌分生子　③ 激発した紫輪病

モロコシ（ソルガム）の病害

5.5 斑点病　Sooty stripe
Ramulispora sorghi（Ellis & Everhart）L. S. Olive & Lefebvre

1903年アメリカで記録され、わが国の文献では1921年（大正10）に中国東北部（旧満州）の高梁で発生することが報じられている。世界中で発生が認められているが、とくに気温が高く、湿度の高い西アフリカ諸国での発生が多い。

病徴　幼苗期から収穫期に至るまでモロコシの全生育期間を通じ発生する。葉の表面に初め赤褐色〜黄褐色、円形の病斑を作る。病斑は後拡大して長さ5〜14cm、幅1〜2cmの大きな病斑になる。中心部は灰色、周辺部は紫赤色〜黄褐色を呈し、その外側はかなり鮮明な黄色を呈する。

葉に病斑を作る病害には、紫輪病、炭疽病などもあるが、これらの病害のうち斑点病の病斑は、斑点が極めて大きいので容易に区別することができる。暖かく湿度の高い条件下では、成熟した病斑の中心部は分生子が多数形成され灰色を呈し、さらに古くなった病斑の表面には黒色の小粒の菌核が密生し、煤状を呈する。この菌核は落ち易い。

病原　病原は糸状菌で不完全菌類に属し、分生子を作る。分生子柄は無色からわずかに黄色味を帯びて隔壁はなく、大きさ20〜35×2〜2.5μm、子座状に束をなして気孔から生じ分生子を頂生する。分生子はくっつき合ったような状態で形成され無色で糸状、多少屈曲して先が細くなり2〜3本の側枝を出す。大きさ36〜100×2〜4μmで4〜12の隔壁を有する。また、病斑の表面に亜球形、黒色、小型の菌核を形成する。菌核の大きさは53〜190×100〜230μm、菌核はしばしば発芽して分生子座を形成し分生子を作る。この菌の培地上での生育適温は28℃である。

生態　病原は土壌の上または土壌中の被害葉に付着している菌核によって越冬する。翌年条件がよくなると、この菌核上に分生子座を形成し、その上に多数の分生子を作る。この分生子が風や雨によって飛散し、伝染源になって発病する。モロコシの生育中は病斑上に形成された分生子によって伝播する。

防除　①被害植物が第一次伝染源になるので、前作の被害植物は焼却する。②可能な限り輪作を行う。③可能ならば抵抗性品種を栽培する。

①葉の病斑　②病斑が融合して大きな病斑になった状態　③斑点病菌分生子　④斑点病菌分生子柄

5.6 炭疽病　Anthracnose
Colletotrichum sublineolum Hennings

　本病は 1919 年澤田によって台湾で記載されているが，世界的には 1852 年にイタリアでトウモロコシの病害として記載され，モロコシ（ソルガム）では 1912 年にテキサスで初めて記載されている。黒点葉枯病とも呼ばれる。病原菌はモロコシ類のみを侵すが，各地で大きな被害を与えることがある。

　病徴　葉，葉鞘，稈，穂に発生する。葉では初め赤色～赤褐色の小斑点を作り，後に長径 2～8mm の楕円形～不整形の病斑になる。病斑の色は品種によって若干異なるが，グレンソルガム系では，周縁赤褐色，健全部との境は不鮮明，内部は淡黄褐色を呈し，その表面に無数の黒点を作る。この黒点は分生子層で拡大して観察すると剛毛が見られる。病斑は下葉から次第に上方に蔓延し，多数の病斑が融合して拡がる。ひどい場合は株全体が赤紫色～紫褐色を呈して枯れる。梅雨末期頃から秋まで発生し，盛夏に最も激しくなる。また穂も侵され，稔実が極めて悪くなる。このような穂から得られた種子は罹病していて，播種すると幼苗の葉の中肋等に病斑を生じ立枯れになる。

　病原　不完全菌類に属す。学名は，この菌が多くのイネ科植物から分離され，形態が類似して区別が困難なこともあり，広義 *Colletotrichum graminicola*（sensu lato）と称され，多くのイネ科作物を侵して宿主範囲は極めて広いとされてきた。しかし，西原はソルガムから得られた菌は他属の植物にはほとんど病原性を示さないと報告し，明瞭な寄生性の分化を認めた。これはわが国だけでなく，アメリカを始め世界各国でも報告され，また，詳細な形態や系統からも，モロコシの菌は *C. sublineolum* に変更された。本菌の分生子は三日月形，無色，単胞，大きさ 20～28×3～6μm で，暗褐色の剛毛のある分生子層内に形成される。発育最適温度は 30℃前後である。他のイネ科植物から分離される炭疽病菌についても同様の学名変更がなされ，サトウキビを侵す菌は *C. falcatum*，暖地型グラス類を侵す菌は *C. caudatum* とされた。現在では狭義 *C. graminicola*（sensu stricto）はトウモロコシを侵す菌のみとされている。

　生態　病原は被害植物組織中で菌糸の形で生存する。また，種子には菌糸も分生子も付着して生存する。被害植物中の菌糸は土壌表面に放置された時 18 ヵ月の長い間生存するが，土中に埋没された場合は短くなる。被害組織中に潜在して冬を越した菌は分生胞子を形成し，これが風雨で運ばれて新しく発病する。

　防除　①種子は無発病地より採種し，被害植物は集めて焼却する。②なるべく連作を避ける。③発病地は秋によく耕して，表土は深く鋤込む。④抵抗性品種を作付けする。

①激発した炭疽病の葉の症状　②炭疽病の病斑　③病斑上に見られる黒点　④炭疽病菌分生子層　⑤炭疽病菌分生子

5.7 豹紋病　Zonate leaf spot
Gloeocercospora sorghi D. C. Bain & Edgerton ex Deighton

　南関東、四国、九州においてモロコシに発生、とくに飼料用のもので被害が大きいとして1958年に命名報告された病害である。

　病徴　葉や葉鞘に発生、梅雨に入ると下葉から小型の赤色または紫色の斑点を形成し、これが徐々に楕円形～不定形に拡大する。ある程度広がると赤紫色の輪紋状病斑となり、まだら模様になる。病斑は大型で葉縁に半円状に形成されることも多く、0.5～5×0.2～5cm、多湿条件では葉の表面に鮭肉色、粘塊状の分生子塊を形成する。病斑が古くなると、罹病組織内に小さな菌核を形成し、やがて全葉枯死する。

　病原　不完全菌で分生子座を形成し、有性世代は形成しない。分生子座は気孔を突抜け、内部に長さ5～10μmの分生子柄を束状に形成する。分生子は分生子柄先端に単生し、無色、糸状、しばしば湾曲し、大きさ14～105×2.4～3.9μmであるが変異が大きく195μmに達するという報告もあり、西原の測定によれば平均51.6×3.0μm、隔壁0～12個で、これが風雨などで飛散して蔓延する。菌核は黒色、直径0.1～0.2mm、枯死病斑内に多数形成され、これが土中に落下して越冬し、翌年の伝染源となる。なお、本菌はトウモロコシにも寄生し、アワ、キビにも病原性がある。

　防除　種子伝染するため、無病の圃場から採種し、種子消毒してから播種する。連作を避け、罹病葉を圃場に残さない。分生子塊が風雨で飛散して蔓延するため、密植を避ける。病原菌はモロコシおよびトウモロコシにのみ感染するため、牧草類などとの輪作により発生を低減できる。

（月星隆雄）

5.8 紫斑点病　Target spot
Bipolaris sorghicola (Lefebvre & Sherwin) Alcorn

　本病は1939年にアメリカジョージア州のスーダングラスで最初に記録されているが、1889年採集のソルガム（モロコシ）とジョンソングラスで発病の標本があり、古くから発生していた病害と推察される。わが国では1973年になってようやく記載された。アメリカ、スーダン、イスラエル、インド、フィリピン、台湾でも発生する。

　病徴　晩夏から初秋にかけて増加し、葉、葉鞘および穂に発生する。病斑は赤紫色、楕円形、0.5～2×0.3～1cmで、同心円状の斑紋となることもある。モロコシのタンカラー系統では病斑は黄褐色となる。病斑は古くなると、中央部が黄褐色に変色し、やがて全葉が枯死する。

　病原　不完全菌で分生子座を形成し、有性世代は形成しない。分生子柄は通常単生し、直直またはやや折れ曲がり、淡褐色～褐色、53～163×4～7μmである。分生子は淡褐色～オリーブ褐色、楕円形～紡錘形、30～100×12～19μm、3～8偽隔壁を持つ。発芽した分生子からしばしば二次分生子を形成する。植物体に付着した分生子は高湿条件下で発芽し、付着器から侵入菌糸を伸ばして感染する。スーダングラスおよびジョンソングラスにも強い病原性を示す。

　防除　刈り遅れないようにし、罹病葉を圃場に残さない。単一劣性の抵抗性遺伝子 *ds 1* が知られており、これを持つ抵抗性品種を利用する。スーダングラスおよびジョンソングラスなどソルガム属植物の連作を避ける。　（月星隆雄）

①豹紋病の病斑（月星）　②豹紋病菌分生子（月星）　③紫斑点病の病斑（月星）

5.9 糸黒穂病 Head smut
Sporisorium holci-sorghi (Rivolta) Ванky

モロコシが栽培されている世界中の各地で発生する。とくに近年、罹病性の雑種を集約的に栽培することもあり被害が大きくなっている。

病徴 穂ばらみ期から出穂期にかけて、初め白い護膜に包まれた胞子層が少し葉鞘から現われ、やがて葉鞘を破って中から黒い糸状の菌糸体が露出し、大量の黒穂胞子を飛散する。発病すると穂内部の組織がほとんど菌糸体に置き換わる。黒く長い糸状の組織は発病後に残った植物組織で、大量の胞子層を伴う。

病原・生態 担子菌で、黒穂胞子は暗褐色、球形～楕円形、直径 9～14μm、表面に細かい突起を密生する。黒穂胞子は地面に落ちて少なくとも発生翌年までは残存する。土壌中で生存している黒穂胞子は、モロコシが播種され発芽すると幼芽に付着して発芽し結節部から直接組織内に侵入、菌糸は細胞内、細胞間に伸びて吸器状に生育、感染数日後には生長点近くまで達し、開花期には花器に侵入して発病する。なお、黒穂胞子は実験室条件下では10年程度まで生存するとされる。

防除 本病は穂に形成された胞子の飛散によって蔓延するため、出穂前の収穫で収量を確保できる品種の利用で感染を回避できる。モロコシ品種間には抵抗性程度に差があり、抵抗性品種を利用する。

(月星隆雄)

5.10 粒黒穂病 Grain smut, Covered kernel smut
Sporisorium sorghi Ehrenberg ex Link

世界中に分布する。かつては被害も大きく重要な病害であったが、種子消毒により防除が可能になり、現在はマイナーな病害になった。

病徴 穂が黒穂になるが、外観上は健全粒と変わりない。黒穂になった粒は胞子堆と呼ばれる。胞子堆は子房に形成され、厚い灰白色の護膜に包まれる。胞子堆の大きさはかなり変異があり、大きいものは1cm以上に達するものもある。円錐形～卵形で長く伸びたような感がある。色は白～灰色、褐色と変化が大きく、また灰色～褐色が帯状を呈することもある。胞子堆は穂全体に分布する。被害植物の大きさは健全なものとほとんど変わらない。なお分類上重要な特徴となっている胞子堆の内部にある柱軸は、残存するが短く、種実内に止まる。

病原 糸状菌の一種で担子菌に属する。黒穂胞子は暗褐色、球形～楕円形で細かい突起を有し、大きさ 6～9μm である。従来本菌は *Sphacelotheca* 属として取扱われていたが、胞子堆内に柱軸が存在するという点が分類上重要な規準となり、*Sporisorium* が設けられ、イネ科植物を宿主とする黒穂病菌で *Sphacelotheca* として取扱われていたものが本属に所属するよう改められた。

① 糸黒穂病被害株（後藤）　② 糸黒穂病（後藤）　③ 粒黒穂病被害穂

5.11 麦角病(ばっかく)　Ergot
Claviceps sorghicola Tsukiboshi, Shimanuki & T. Uematsu,
Sphacelia sorghi McRae

　本病は honeydew または sugary disease ともいわれ、アフリカ、アジア、アメリカで発生するが、オーストラリアでは発生しない。わが国では 1983～1985 年にかけて、宮崎および千葉県で初めて発生が確認された。
　病徴　穂（子房）だけが侵される。開花後頴花の表面に淡褐色の蜜滴が形成される。この蜜滴は本病に感染した子房から分泌されたものである。罹病した子房は後に白色または灰色の菌核になる。典型的な菌核は牛の角状を呈するので麦角と呼ばれるが、ネズミの糞状を呈するものもある。大きさはまちまちで直径 2～3mm の小さいものや、種子直径の 3～4 倍に達するものもある。時には、蜜滴に腐生菌の一種 *Cerebella* 属菌が繁殖し、麦角は形成されず黒穂状を呈することがある。
　病原　わが国で報告されたものは子のう菌類 *Claviceps sorghicola* と完全世代がわが国では未発見の不完全菌類 *Sphacelia sorghi* がある。
　Claviceps sorghicola は、蜜滴内に無色、楕円形の大きさ 5～10×2.5～3.8μm の分生子を作る。二次分生子は形成しない。麦角は発芽して長い柄上に球状の子座ができ、その表面に子のう殻が並んで形成される。子のう殻はフラスコ形で、その内部には細長い子のうおよび 8 個の糸状の子のう胞子、大きさ 92.5～152.5×0.5～1μm を生ずる。この菌は *Sphacelia sorghi* の完全世代でアフリカを中心に広く分布している *Claviceps africana* やインドに分布する *C. sorghi* とは、子座の色と形態、子のう胞子および分生子の大きさなどの違いから、1999 年に月星らが新種として記載発表したものである。
　Sphcelia sorghi は不完全菌類に属し、蜜滴内に大型分生子 (8.8～16.3×5～8.8μm) と小型分生子 (2.5～5μm) を形成し、さらに蜜滴の表面には二次分生子を形成するが、蜜滴の表面には二次的に腐生菌 *Cerebella* も存在する。完全世代は *Claviceps africana* とされているが、わが国では未確認であるので、これを明らかにして *C. africana*, *C. sorghi* を含めて全体的に比較検討する必要があろう。
　生態　地上に落ちた麦角が翌年初夏に発芽して子座を形成、子のう胞子が飛散して第一次伝染源になる他、蜜滴内の分生子も風雨で飛散あるいは虫によって伝搬されると考えられている。感染の適温は 20～25℃の比較的低温と報告されている。
　防除　①罹病株は除去し焼却する。また種子は 5%の塩水に浸して麦角を除去する。②わが国では地域によって若干異なるが感染の最盛期は、9月上旬～10月上旬といわれている。したがって開花期がこの時期に終了するよう播種期を設定する。③抵抗性品種を選定し栽培する。

①麦角病罹病穂（左）と健全穂（右）（植松）　②麦角病罹病穂に形成された蜜滴（植松）
③罹病穂で腐生菌が繁殖し黒穂状になったもの　④麦角病菌子座（植松）

第 6 章　トウモロコシの病害

トウモロコシの病害

6.1 モザイク病　　Mosaic
Cucumber mosaic virus, Sugarcane mosaic virus

　トウモロコシの葉にモザイク症状を示すウイルスによる病害は、世界的には数種類が報告されているが、わが国で発生し同定されている病原は現在キュウリモザイクウイルス *Cucumber mosaic virus*（CMV）とサトウキビモザイクウイルス *Sugarcane mosaic virus*（SCMV）の2種類で両者とも全国的に発生が見られる。

　病徴　CMVでは新葉で葉脈に沿って黄緑色の斑点または条斑ができる。また罹病株は矮化し、重症のものは生長・開花せず枯死する。SCMVでは、葉に小さな黄色輪点または黄白色の不規則な長楕円形の大きな斑紋を生じ、モザイク状となり葉全体が淡黄緑化する。

　病原および生態　CMVは *Cucumovirus* 属に属し、1本鎖RNAを持つ、径30nmの球状粒子で耐熱性60〜70℃である。トウモロコシの他、キュウリ、トマト、レタスなど200種以上の植物に発生し、世界中に広く分布し、多様な変異が見られる。モモアカアブラムシ、トウモロコシアブラムシなどによって非永続的に伝搬される。

　SCMVは *Potyvirus* 属、1本鎖RNAを持つ750×13nmの紐状の粒子で不活化温度56〜68℃。トウモロコシのほかサトウキビ、ソルガムなどイネ科植物に発生、キクビレアブラムシ、トウモロコシアブラムシによって伝染する。

　防除　①キビ、アワなど本病に罹り易い作物は近くに栽培しないようにし、イネ科雑草やツユクサなど感染源となる植物の駆除に努める。②薬剤を散布しアブラムシを駆除する。

6.2 縞葉枯病（しまはがれ）　　Stripe　　*Rice stripe virus*

　イネ縞葉枯病と同じ病原ウイルスによって起こる。このためイネ縞葉枯病発生地帯に散発する。

　病徴　葉身に黄白〜黄緑色の縞状または条状の斑紋を生ずる。斑紋は後に淡紅色〜褐色になり枯れる。生育初期の発病では新葉は軽く巻いた状態になり、草丈が短くなる。新葉は早く枯死する。生育中期の発病は草丈の短縮は目立たないが、雌穂は不稔になる。

　病原と生態　病原はイネ縞葉枯ウイルス *Rice stripe virus*（RSV）である。（ウイルスの性質等については、1.3 イネ縞葉枯病の項参照）

　本病のトウモロコシへの伝染源はコムギあるいはオオムギで発生した移動性の強い第一世代の成虫が媒介する。第二、三世代虫によっても感染するが、この世代は主にイネで生息しているため、トウモロコシへの飛来は少ない。またこの時期トウモロコシは生育が進んでいて、感染から発病まで1ヵ月を要するので被害は少ない。

　防除　媒介虫のヒメトビウンカの駆除をするが、被害を少なくするには、播種期を遅らせて第二回成虫の発生期を避けることが重要である。

①モザイク病（CMV）　②縞葉枯病被害株　③縞葉枯病罹病株雄花の病徴

6.3 条萎縮病　Streaked dwarf
Rice black streaked dwarf virus

1956年小林・小尾によってトウモロコシで初めて報告されたウイルス病である。1950年頃から発生していたようである。初めは遺伝的な劣悪形質の発現個体と考えられていたが、1955年山梨県下で大発生して問題になった。1957年には高知県で、1962,63年には宮崎など南九州で、1967年には関東の山間部で大発生した。最近、発生は減少したが福島・岩手など東北地方でも発生が認められている。

病徴　本病に罹ると、初め葉色が若干退色して淡緑色になるが、後にはむしろ緑色が濃くなる。節間および葉は全体が短くなる。とくに上位の節でに短縮が著しい。葉身は皺を生じて葉脈が目立つ。特徴のある病徴は葉身の裏面、葉鞘、雌穂の葉脈が隆起して、ろう白色〜淡黄色の長短不規則な条線を生ずる。イネではこの隆起した条線は黒色を呈するため、黒条萎縮病と呼ばれているが、トウモロコシでは黒色を呈することなく白〜淡黄色のため、単に条萎縮病と呼ばれる。生育の初期に感染した重症株では雌穂は抽出しない。軽症のものは雌穂は着生するが形は小さく、着粒は不規則で数も少なくなる。

病原と生態　病原はイネ黒条萎縮ウイルス *Rice black streaked dwarf virus* (RBSDV) である（ウイルスの詳細は1.2 イネ黒条萎縮病の項参照）。このウイルスは主にヒメトビウンカで媒介されるが、宿主範囲は狭くイネ科植物に限られる。イネで最も被害が大きく、トウモロコシの被害が目立つ。ムギ類では被害はほとんど問題にならないが、秋季に感染し春期発病株がトウモロコシへの重要な伝染源になる。媒介の主役となるヒメトビウンカは若齢幼虫がウイルスを獲得し易いが、一般的にはウイルスの獲得は罹病イネ吸汁12〜24時間で60〜70%、1時間でも低率ではあるが獲得可能である。ウイルスを獲得した虫は、7〜21日の潜伏期間を経てウイルスの媒介を始め、ほとんどの個体が生涯にわたって媒介するが、経卵伝染はしない。トウモロコシでの感染後の潜伏期間は若葉期ほど短く、第2葉期感染では8日であるが、第8葉期では1ヵ月近く要する。10葉期以降はほとんど感染しない。幼苗期ほど感染し易く、第1〜4葉期に感染すると出穂しないか、しても奇形穂になるものが多い。

防除　伝染源は秋に感染したムギ類であるから、ムギ類からトウモロコシに飛来する第一世代虫に防除の重点を置く必要がある。このためムギ類での第一世代虫を殺虫剤で防除する。また、飛来する第一世代虫を避けて播種期を遅らせる。とくにトウモロコシをムギの畦間に播種するような栽培法の地帯ではこの方法が推奨される。トウモロコシの品種間には抵抗性に顕著な差がある。一般にフリント種は強いものが多く、デント種およびその交雑種は中程度、スイート種はいずれも弱い。

① 条萎縮病被害株　② 条萎縮病、葉の症状　③ 条萎縮病被害果　④ 条萎縮病罹病葉の葉脈の隆起

6.4 条斑細菌病　Bacterial stripe

Burkholderia andropogonis（Smith 1911）Gillis, Van Van, Bardin, Goor, Hebbar, Willems, Segers, Kersters, Heulin & Fernandez 1995

病徴　梅雨期以降に初め下葉にオリーブ色～淡褐色、水浸状、透明の円形～楕円形の病斑を形成する。病斑は古くなると灰白色～黄褐色、短い条状、2～10×3～5mm程度となり、徐々に上葉に進展する。モロコシの条斑細菌病と異なり、明瞭な長い条斑にはならず、やや短い斑点が連なって形成されることが多い。梅雨が長引いた時など、高湿条件で発生が多くなり、病斑表面には病原細菌の菌泥が噴出する。

病原　病原細菌は楕円形または両端の丸い短桿状で、1本の単極性鞭毛を持ち、大きさ1.5～2.5×0.5～0.8μm、グラム陰性、ポリヒドロキシ酪酸を生産し、レバンを産生せず、オキシダーゼとアルギニンジヒドロラーゼ反応は陰性である。病原細菌の宿主範囲は広いが、トウモロコシ菌については不明である。

防除　種子伝染するため、無病の圃場から採種し、種子消毒してから播種する。連作を避け、罹病葉を圃場に残さない。トウモロコシ品種間には抵抗性程度に差があり、抵抗性品種を利用する。

（月星隆雄）

6.5 褐条病　Bacterial brown stripe

Acidovorax avenae subsp. *avenae*（Manns 1909）Willems, Goor, Thielemans, Gillis, Kersters & De Lay 1992

わが国では1966年に埼玉県で発見され、その後宮崎県、千葉県でも発生を見た。フィリピン、インドネシアなど熱帯地方で発生が多い。

病徴　主に葉に発生する。初め若い葉に黄白色～淡褐色の小さな病斑ができる。病斑は次第に葉脈に沿って縦に伸び、内部灰白色、周縁淡褐色～黄褐色の条斑になる。条斑の幅は葉脈に限られて通常5～6mm、長さは時に30cmに達する。病斑は古くなると薄紙状になって裂け易くなる。時に雌穂にも発生し、茎頂部が侵されて不稔となり、腐敗することもある。

病原および生態　病原は単極毛の鞭毛を有するグラム陰性の細菌。短桿状で大きさ 0.6～1.5×0.3～0.7μm、好気性で緑色蛍光色素は産生しない。発育適温は36℃。本細菌はトウモロコシの他にイネ、アワ、テオシント、ブロームグラス等のイネ科植物での発病が報告されているが、これらの作物とトウモロコシの発病との関係は不明である。またイネでは本病は種子伝染することが確認されているが、トウモロコシでは明らかでない。

〔備考〕ここに示した②褐条病被害株の写真は、病原 *Ps. alboprecipitans*（当時）を人工接種し発病したものを、フィリピン大学（UPCA）の実験圃場で1969.1.25に撮影したものである。

① 条斑細菌病、葉の病徴（月星）　② 褐条病被害株　③ 褐条病、葉の病斑

6.6 煤紋病(すすもん)　Leaf blight
Setosphaeria turcica (Luttrell) K. J. Leonard & Suggs

　世界中のトウモロコシに発生する病害で、わが国でも全国的に分布する。冷涼な気候を好み、北海道、東北地方で発生が多く、温暖な地域でも冷涼な年には発生が多く注意を要する。

　病徴　成葉に発生する。初めやや退色した小さな病斑ができ急速に拡大して、長さ5〜10cm、幅0.5〜1cmの大きな紡錘形の病斑になる。病斑の内部は灰白色、周縁は淡褐色を呈する。古くなると病斑は淡褐色〜淡緑褐色となり、病斑上に黒色の分生子が一面に形成される。

　病原　糸状菌の一種で子のう菌類に属し、完全世代は *Setosphaeria* であるが、わが国では未記録で一般には不完全世代の分生子だけを作る。分生子世代は長い間 *Helminthosporium turcicum* の学名で呼ばれていたが、近年は *Exserohilum turcicum* が用いられている。分生子柄は叢生し、黒褐色で2〜8個の隔壁がある。分生子は紡錘形で湾曲し、淡褐色〜黒褐色、大きさ 30〜150×12〜28 µm、1〜9（平均5）個の隔壁を有する。本菌の分生子の特長は分生子柄着生部、すなわち分生子基部の臍が顕著に突出しており、*Bipolaris* とは著しく異なることから *Exserohilum* 属が設けられたものである。発芽は両端発芽。7〜35℃で生育し、発育適温は28〜30℃である。

　生態　病原菌は被害葉で菌糸または分生子の形で越冬、トウモロコシの生育期間中は分生子によって伝染する。通常梅雨明けの頃から発生が始まり8〜10月にかけての生育後半に蔓延する。蔓延が絹糸抽出前に起こると生育が阻害され、稔実歩合が著しく低下する。飼料用トウモロコシでは罹病すると飼料品質が低下し、重度に罹病した材料からサイレージを調整すると、採食量、消化率および発酵品質が低下するといわれている。とくに低温多湿の年に発生が多く、早播き、カリ欠乏、生育後期窒素欠乏も発病を助長する。

　防除　①発病のひどい所では、被害葉は畑に残さず、できれば集めて焼却する。②早播きを避けカリ肥料を十分に施す。また生育後期に窒素欠乏にならないよう中〜後期に追肥する。③抵抗性品種を栽培する。古い品種では交3が、その後育成されたタカネワセ、オカホマレ、ゆめそだち、たちぴりか、等は強い抵抗性を有するとされている。

①煤紋病罹病葉　②煤紋病の病斑　③煤紋病菌分生子の着生状態　④煤紋病菌分生子柄　⑤煤紋病菌分生子

6.7 ごま葉枯病　Leaf spot, Southern leaf blight
Cochliobolus heterostrophus（Drechsler）Drechsler

わが国で 1926 年に西門・三宅によって世界で初めて記載された病害で、世界中に分布する。テオシントにも発生し、古くはどこにでも発生するが、ほとんど被害を伴わないマイナーな病害であった。ところが、雄性不稔を利用したトウモロコシの一代雑種の品種が広く利用され、普及した 1968 年頃より本病の発生が目立ち始め、1970～71 年にアメリカを中心に、わが国も含めて爆発的に大流行し、大きな話題を呼んだ病害である。

病徴　葉に黄色～黄褐色の小斑点を数多く作る。病斑は後 3～5 mm の紡錘形または楕円形で、中心部は淡褐色、周縁はやや濃い褐色を呈し、病斑部と健全部の境にわずかに中毒部を生ずる。

この病徴が古くから見られた典型的な病徴である。ところが、一代雑種を労力をかけずに容易に得るため導入された雄性不稔の系統、とくに T-msc の細胞質を有するテキサスタイプ雄性不稔の系統を侵す T-race が出現し従来とは異なった全く激しい病徴を示すようになった。T-msc 形質を持った品種が T-race に侵されると、葉だけでなく葉鞘、苞葉、雌穂などに大型の病斑ができる。葉では長さ 1～2 cm、幅 0.5～1 cm の大きな淡褐色の病斑となり病斑の周りには顕著な中毒部を生ずる。発生がひどい時には病斑は融合し、葉は萎凋して枯れる。苞葉では直径 2 cm 台の円形で輪紋のある病斑を生じ、さらに病斑が融合して苞葉全体に及び褐色に変わる。後に、病斑上に黒色の分生子を密生する。苞葉の病斑は雌穂の内部まで及び若い子実上に白色～薄いオリーブ色をした菌糸が見られる。若い雌穂が侵されると不稔の部分を生ずる。なお、英名は従来 Southern leaf spot が用いられていたが、1970 年の大発生以来 Southern leaf blight が一般的に用いられるようになった。その後 T-msc の形質を持った品種は除かれているので T-race による発病は見られなくなった。

病原と生態　病原菌は子のう菌類に属し子のう胞子と分生子を作るが、普通は不完全世代の分生子だけを形成し、子のう胞子はほとんど見られない。不完全世代は長い間 *Helminthosporium maydis* とされていたが、現在は *Bipolaris maydis* が用いられている。分生子は屈曲した分生子柄の先に 1～8 個形成され、長円筒形で一方に少し湾曲し帯黄色 2～15 の隔壁があり、大きさ 25～140×10～21 μm（平均 75×15 μm）である。分生子の分生子柄着生部は凹んでいる。完全世代の子のう殻は黒色、長さ 0.15 mm ほどの嘴状の突起を持った球形で、大きさ 0.4～0.6×0.4 mm、中に 1～4 個の子のうが形成される。子のう胞子は糸状で無色、子のう中に螺旋状に巻いた形で形成される。大きさ 130～340×6～9 μm、菌の発育温度は 10～35℃、発育適温は 28～30℃である。病原菌は胞子あるいは菌糸の形で被害植物に付いて越冬する。温暖で湿潤な気象環境が発病好適条件で、青刈り用として晩播きの高温時の播種の場合発生がひどくなる傾向がある。

① ごま葉枯病典型的な病斑　② ごま葉枯病による雄性不稔系統の被害　③ ごま葉枯病の病斑型

防除 ①品種選択には十分注意し，T-msc の形質を持つ雄性不稔の系統は絶対栽培しない。近年極強の抵抗性品種タカネミドリ，さとゆたか，はたゆたか，ゆめそだち，ゆめちから，などが育成されているので，これらの品種を利用する。②晩播きは極力避ける。肥切れすると発病が多くなるから施肥に注意する。③発生が多い時被害植物は集めて焼却する。

6.8 北方斑点病（ほっぽうはんてん）　Northern leaf spot
Cochliobolus carbonum R. R. Nelson

1969年に *Bipolaris* sp. による病害としてこの病名が付され記載された。その後，アメリカ産の菌と比較検討して病原名が決定された。

病徴 梅雨期前後に下葉から発生し，周縁部褐色，中心部灰白色，条状，長さ 0.5～3×0.1～0.5cm 程度の中肋に沿った病斑を多数形成する。この病徴は *Bipolaris maydis* によるごま葉枯病の病徴に類似し，区別は容易でないが，本病の病斑はより幅が狭くて細く，また長さも短い。激発した場合，病斑が拡大・融合し，葉が枯上がる。この病徴は BZR トキシンを産生するレース3によるもので，わが国での発生はこのレースが中心であるが，やや短い条斑を形成するレース2も発生している。主に日本北部の冷涼地で発生する。

病原 子のう菌。有性世代は培地上の対峙培養でのみ形成され，偽子のう殻は黒色，内部に円筒形の子のうを形成し，子のう内には無色，糸状，大きさ 180～307×6～10μm の子のう胞子を螺旋状に巻いて形成する。分生子は褐色～暗褐色の分生子柄上に形成され，オリーブ褐色～褐色，長紡錘形～円筒形，真直～やや湾曲，30～100×12～18 μm，6～12偽隔壁を持つ。

防除 多湿条件下で分生子が形成され，これが風雨で飛散して蔓延するため，密植を避ける。植物体に適正な施肥を行い健全に育て，連作から輪作体系に戻す。積極的な抵抗性育種は行われていないが，市販品種の抵抗性検定が行われており，抵抗性程度の高い品種を利用する。

（月星隆雄）

④ごま葉枯病苞葉の初期症状　⑤ごま葉枯病苞葉病斑上の病原菌分生子　⑥ごま葉枯病菌分生子柄　⑦ごま葉枯病菌分生子　⑧北方斑点病（月星）　⑨北方斑点病菌分生子（月星）

トウモロコシの病害

6.9 褐斑病　Eye spot
Kabatiella zeae Narita & Y. Hiratsuka

1956年北海道で発見され、世界で初めて報告された病害で、その後東北や中部の山間部でも発生が認められている。

病徴　葉、葉鞘、苞葉に発生する。病斑は1～3mmの小さな円形で中心部は灰白色、周縁褐色～紫褐色、透過光線で見ると病斑の周りに明瞭な淡黄色の暈(ハロー)が見られる。発生がひどいと病斑は融合して大型となり葉は枯上がる。

病原　病斑上に貧弱な分生子層を作り、これから棍棒状の分生子柄が気孔または表皮を貫いて突出、無色で大きさ10～15×4～6μmである。分生子は分生子柄の頂部に1～8個集って着生する。無色、単胞で長い三日月形、大きさ16.2～47.5×2.0～3.5μm(平均32.4×2.6μm)で、時に1～数個の油滴を含む。本菌の発育適温は24℃、最低温度4～8℃、最適温度32～36℃である。

生態　北海道、長野県で発生が多い。第一次伝染源は畑に残された前年の被害葉で、7月上～中旬、トウモロコシの6葉期前後に初発生し、7月下旬～8月に発生が多くなる。乳熟期前に多発生すると葉が枯死し、子実の著しい減収を招く。

防除　収穫後被害葉を集めて焼却する。発生の多い所は1年以上他の作物を栽培し輪作する。発生の多い時には薬剤を散布する。

6.10 斑点病　Physoderma brown spot
Physoderma maydis Miyabe

古く記載された病害であるが、大きな被害を及ぼす病害ではない。

病徴　葉身、葉鞘、茎、苞葉等に発生する。病斑は、初め小型で楕円形から丸い黄色の斑点を多数生ずる。病斑は後に融合して紫褐色～赤褐色の不規則なやや角ばった大きな病斑になる。茎が侵されると節に接した葉鞘の下部に病斑が集中しここから折れることがある。

病原および生態　病原は鞭毛菌類に属し、形態的に複雑な変化をする菌である。菌糸は宿主組織中で集合細胞を形成し、後に胞子のうになる。胞子のうは表面平滑で褐色、球状で、大きさ20～30×18～24μmである。この胞子は25～30℃、光の存在下のみで発芽して20～50個の遊走子を放出する。遊走子は5～7×3～4μmで、中央に大きな油球を持ち、一端に体長の3～4倍の鞭毛を持つが、間もなく鞭毛を失ってアメーバ状になり宿主細胞に付着。発芽して侵入糸を出して宿主細胞内に侵入し発病する。病原菌は厚壁の胞子のうが被害組織中で、あるいは土壌中で越冬し、翌春遊走子を形成して若いトウモロコシを侵す。

防除は被害植物の残渣を処理することが奨められている。

① 褐斑病、葉の典型的病斑　② 褐斑病初期の病斑(透過光)　③ 褐斑病苞葉の病徴
④ 褐斑病菌分生子　⑤ 斑点病

6.11 豹紋病　Zonate leaf spot
Gloeocercospora sorghi D. C. Bain & Edgerton ex Deighton

　モロコシ豹紋病と同じ菌によって起こる病害で、モロコシ豹紋病が記録された際にトウモロコシに寄生することが示唆されているが、トウモロコシで発生が確認され報告されたのは1985年になってからである。

　病徴　盛夏に発生し、病斑は黒褐色、長径4〜5cmで、葉縁から広がり楕円形となることが多い。ある程度広がると輪紋状病斑となる。高温高湿条件になると、葉の表面に鮭肉色の粘塊状の分生子塊を形成し、病斑が古くなると、罹病組織内に小さな菌核を形成して越冬し、翌年の伝染源となる。主にスィートコーンで発生する。

　病原　不完全菌で分生子座を形成し、有性世代は形成しない。分生子座は気孔を突き抜け、内部に分生子柄を束状に形成する。分生子は分生子柄先端に単生し、無色、糸状、しばしば湾曲し、大きさは18〜118×1.5〜3.3μmとされているが、モロコシ豹紋病の項でも述べたように長さの変異が大きい。隔壁0〜12個である。菌核は黒色、直径0.1〜0.2mm、枯死病斑内に多数形成され、これが土中に落下して越冬し、翌年の伝染源となる。病原菌はチモシー等グラス類には病原性を示さず、これらの豹紋病菌とは寄生性が異なる。

　防除　種子伝染するため、無病の圃場から採種し、種子消毒してから播種する。連作を避け、罹病葉を圃場に残さない。分生子塊が風雨で飛散して蔓延するため、密植を避ける。病原菌はモロコシおよびトウモロコシにのみ感染するため、牧草類等との輪作により発生を低減できる。

（月星隆雄）

6.12 炭疽病　Anthracnose
Colletotrichum graminicola (Cesati) G. W. Wilson

　1939年に旧満州で発見され、その後1959年に千葉県で発生が認められた病害である。

　病徴　梅雨明けから葉および葉鞘に発生する。病斑は周縁部黒褐色、中央部黄褐色〜灰白色、5〜10×3〜8mm、楕円形〜紡錘形で、後に相互に融合して不定形となる。病斑が古くなると表面に剛毛が形成され、中央部が小黒点状にかびて見える。下葉から発生し始め、次第に上葉に拡がり、葉はやがて枯死する。葉鞘の病斑はやや窪む。

　病原　不完全菌類で、円形、直径75〜100μm、内部に黒褐色の大きさ48〜93×3〜6μmで1〜4個の隔壁がある剛毛を多数伴う分生子層を形成する。分生子柄は無色、単胞、10〜17×3.6〜6.3μmで、先端に分生子を頂生する。分生子は無色、単胞、鎌形、21〜34×3.6〜6.0μmで、内部に1〜3個の油球を含み、剛毛付近にオレンジ色粘塊状に形成される。付着器は褐色，周縁部は不整形，17.5〜20×12.5〜14μmである。病原菌はモロコシやグラス類の炭疽病菌とは別種である。なお、本病の学名については3.9 エンバク炭疽病の項も参照されたい。

　防除　種子伝染すると考えられるため、無病の圃場から採種し、種子消毒して播種する。連作を避け、罹病葉を圃場に残さない。

（月星隆雄）

①豹紋病、葉の病斑（月星）　②炭疽病、葉の病斑（月星）

6.13 赤かび病　Gibberella ear rot, Fusarium ear rot

Gibberella zeae (Schweinitz) Petch, *Gibberella fujikuroi* (Swada) S. Ito,
Fusarium verticillioides (Saccardo) Nirenberg, *Fusarium fujikuroi* Nirenberg,
Fusarium proliferatum (Matsushima) Nirenberg ex Gerlach & Nirenberg

病徴　晩夏から初秋にかけて子実に淡紅色または鮭肉色のかびを生じ, かびの色は菌種により異なる. 雌穂の包葉から露出した部分あるいは害虫による食痕から発生することが多い. 病勢が進むと紫黒色となり, 穂軸まで侵されることもある.

病原　病原は子のう菌に属し, 完全世代は *Gibberella* 属, 不完全世代は *Fusrium* 属の菌が数種類関与する. 古くから病原は *Gibberella zeae* (不完全世代 *Fusarium graminearum*) とされていた. この菌はムギ類の赤かび病の病原として最も重要な役割を演じており, 形態等については 2.8 オオムギ赤かび病の項で述べられているのでここでは省略する.

Gibberella 属は, 暗紫色～青黒色, 球形～亜球形の子のう殻を形成し, 内部に棍棒状の子のう, 子のう内部には楕円形～紡錘形, 1～2 の隔壁を持つ子のう胞子を形成する性質を有し, 不完全世代は *Fusarium* 属である. 近年, 菌の生理的性質, 代謝生産物とくに毒素等の研究が進み, さらに遺伝子の塩基配列などが比較検討された結果, トウモロコシの赤かび病の病原として, *F. verticillioides*, *F. fujikuroi*, *F. proliferatum* などが加えられた.

F. verticillioides はモノフィアライド上に長く連鎖した小型分生子を形成, BLB 照射下で大型分生子を形成, 大型分生子の基部細胞は柄足状, 3～5 隔壁である. *G. fujikuroi* 種複合体の中に位置付けられている. *F. fujikuroi* は単生または多岐のフィアライド (分生子形成細胞) 上に, 連鎖状または擬頭状に小型分生子を形成, 大型分生子はおおむね真直, 先端はやや鉤状で大きさ 40.1～58.5×3.2～4.4μm, 3～5 隔壁を有する. *F. proliferatum* は単生または多岐のフィアライド上に連鎖した小型分生子を形成, 大型分生子はおおむね真直, 先端は漸尖し大きさ 44.1～67.1×3.5～4.7μm, 3～5 隔壁を有する. なお, ムギ赤かび病の項ですでに説明されているように *F. graminearum* は小型分生子を形成せず, 両端がやや湾曲した大型分生子だけを形成する.

生態　病原菌はかび毒 (マイコトキシン) を産生し, *F. verticillioides* は慢性毒性を示すフモニシン類を, *F. graminearum* は急性毒性を示すデオキシニバレノール (DON) などのトリコテセン系毒素およびゼアラレノンを産生する. 北海道では 8 月中～下旬に *F. graminearum* 分生子飛散が顕著となり, 菌の侵入・感染はこの時期と推定されている. 本州以南での赤かび病菌の感染時期は特定されていないが, 植物体中の DON およびフモニシンは絹糸抽出 4 週後以降に増加を始め, 黄熟期から完熟期にかけて

① 赤かび病被害子実 (月星)　② 赤かび病罹病子実初期の症状 (インドネシア・ボゴールで)

急激に増加する。

防除 わが国の飼料中のDON濃度には基準値が設けられており、生後3ヵ月以上の牛に給与する飼料では4ppm、それ以外の家畜用の飼料では1ppm以下にすることが求められている。フモニシンについては米国では30ppmの基準値が設けられている。この基準値を達成するための対策としては、かび毒の濃度はトウモロコシの登熟が進むにつれて増加するため、サイレージ調製適期である黄熟期前後に確実に刈取り、刈遅れないようにする。ポストハーベストの対策としては、サイレージ調製中に十分な嫌気条件を保つことによりpHが速やかに低下し、これにより病原菌は死滅し、サイレージ調製期間中のDON増加はない。トウモロコシ品種間で抵抗性に差があることが知られているが、まだ、高度な抵抗性を持つ品種は育成されていない。

（月星隆雄）

6.14 青かび病　Blue mold kernel rot
Penicillium italicum Wehmer, *Penicillium* sp.

米国では害虫の食痕、あるいは機械刈りによる損傷を原因とする病害として1930年代から報告されているが、わが国では1950年代に初めて報告された。海外ではトウモロコシ穀粒の胚に青かびが生える様子から、ブルーアイ（Blue eye）とも呼ばれる。

病徴 穂に発生し、子実や穂軸に灰緑色のかびを生じる。子実の被害は種皮に止まることが多いが、まれに胚も侵される。圃場で発生し、貯蔵中に拡がることが多い。種子伝染し、播種後種子が土壌中で青かびに覆われ、苗立枯れを起こすこともある。

病原 *P. italicum* は、ペニシリウム亜属に属す不完全菌で、分生子柄はフィアライド（分生子形成細胞）を輪生し、ファイアライドは先端に向かって漸尖し、分生子を形成する。分生子は無色～淡緑色、楕円形～円柱形、表面平滑、3.5～5×2.2～3.5μmである。他のペニシリウム属菌も関与しているが、米国では *P. oxalicum* が多いとされる。いずれも病原菌の感染力は弱く、害虫の食痕等から発生することが多い。

防除 種子伝染すると考えられるため、無病の圃場から採種し、種子消毒してから播種する。刈遅れない。サイレージ調製中に十分な嫌気条件を保ってpHを速やかに低下させ、病原菌の死滅を促す。

（月星隆雄）

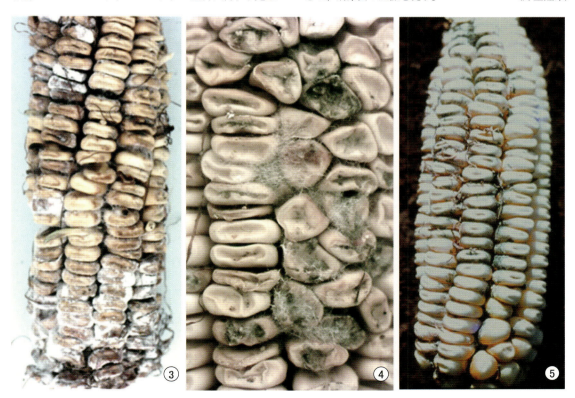

③赤かび病罹病子実末期の症状　④赤かび病③の詳図（インドネシア・ボゴールで）
⑤青かび病罹病子実（月星）

トウモロコシの病害

6.15 黒穂病（くろほ） Smut、Common smut
Ustilago maydis（de Candolle）Corda

トウモロコシで2種類の黒穂病の発生が記録されている。黒穂病（Smut, Common smut）と糸黒穂病（Head smut）である。糸黒穂病（*Sporisorium holci-sorghi*（Rivolta）Vánkey）はトウモロコシでの発生は比較的少なく、むしろソルガムでの発生が多く、しかも中国の旧満州など北方地域での発生がほとんどである。わが国ではソルガムで19世紀の終わりに発生，その後2004年に九州で発生した記録があるだけである。したがって、トウモロコシに発生するのは Common smut と呼ばれる黒穂病だけである。

病徴 葉、葉鞘、雌雄の穂、苞葉の他根にも発生、とくに雌雄の穂に多く発生する。病患部は異常に肥大して瘤となり特徴のある病徴を示すので"おばけ"とも呼ばれる。瘤は初め光沢のある白色〜淡赤色の膜で覆われているが後破れて内部から黒色の粉（厚壁胞子）を飛散する。瘤の大きいものは10cm以上に達するものもある。

病原 病原は担子菌類クロボ菌科に属し、病患部に見られる黒粉は本菌の厚壁胞子である。厚壁胞子は球形〜短楕円形で黄褐色、大きさ8〜13×8〜11μmで表面に細かい突起がある。厚壁胞子は発芽すると前菌糸を生じ、その上に紡錘形の小さな小生子を作る。小生子は半数体で、異なる交配型の小生子の発芽によって生じた菌糸と融合して初めて感染能力を獲得する。発芽適温は26〜34℃、最高温度36〜38℃、最低温度は8℃である。数種の生態種が知られている。

生態 厚壁胞子は生存期間が非常に長く、7年間生存し、多くは土壌中で越冬する。越冬した胞子は発芽して小生子を生じ、小生子が風によって飛散して発芽中あるいは発芽直後の若いトウモロコシの葉、葉鞘に達して侵入発病する。侵入した菌糸は伸長してトウモロコシの生長点に達し、トウモロコシが30cm位伸びた頃から発病し始め、開花期頃目立つようになる。一般にフリント種は罹り易く、デント種は罹り難い。

防除 ①連作によって発病が多くなるので連作を避ける。発病の甚だしい圃場は少なくとも3年以上他の作物を作る。②胞子が飛散しないうちに被害植物は速やかに抜取り焼却する。③黒穂胞子は厩肥や堆肥にしても死滅せず、生き残ることが多いので、被害植物を利用した堆厩肥はトウモロコシ栽培には使用しないよう注意する。④耐病性品種を栽培する。

① 黒穂病被害株　② 黒穂病雌穂の病徴　③ 黒穂病、葉鞘の病徴　④ トウモロコシ黒穂病菌（黒穂胞子）

6.16 錆病（さび）　Rust, Common rust
Puccinia sorghi Schweinitz

　古くから、沖縄・九州から日本全国で普通に発生する病害で、世界的にもトウモロコシおよびテオシントが栽培されている所に広く発生する。

　病徴　主として葉に発生するが、葉鞘、苞葉など地上部のどの部分にも発病、胞子堆を形成する。胞子堆は葉では両面にほとんど同時に同じように作られる。この点、南方錆病が葉の表面に多く、裏面には少ないという点と非常に異なっている。胞子堆は円形〜楕円形で赤褐色。葉の表面および裏面に散生する。胞子堆は、初めは表皮に覆われているが、後に表皮が破れて黄褐色の粉（夏胞子）を飛散する。トウモロコシの生育が進み、秋になると夏胞子堆に冬胞子が形成され、色も黒褐色に変わり、冬胞子堆に変化する。

　病原　糸状菌の一種で、担子菌類に属し、錆菌に特有の夏胞子と冬胞子を作る。夏胞子は黄褐色を呈し、ほぼ球形大きさ 24〜33×21〜30μm で南方錆病の夏胞子より小さい。細胞壁は黄色〜黄褐色を呈し、厚さ 1.5〜2μm で表面に細かい刺を有し、赤道部に 3〜4 の発芽孔が見られる。胞子堆の中に夏胞子の後に形成される冬胞子は茶褐色、表面は平滑、楕円形〜長楕円形または倒卵形で2胞からなり、隔壁の部分はややくびれる。大きさ 28〜46×14〜25μm、80μm に達する長い小柄（胞子柄）を有し、南方錆病の短い小柄と対照的である。中間宿主としてカタバミ類（*Oxalis*）が知られているが、わが国ではカタバミ類に形成された錆胞子堆が見つかった例はない。

　生態　夏胞子の発芽温度は最低 4℃、最高 30〜32℃、適温は 15〜18℃である。このため、錆病は比較的低温 16〜23℃で、湿度 100％が発生に好適な条件で蔓延する。日本も含めて温帯地域では中間宿主 *Oxalis* での発病は見つかっていないため伝染環は不明な点が多いが、周年トウモロコシが栽培されている地域から、夏胞子が風によって運ばれて発病、蔓延すると推察される。なお、南方錆病よりは発生の適温が低く大きな差異がある。

　防除　抵抗性品種を栽培する。"ゆめちから"など極強の品種が育成されているのでこれらの品種を利用する。また、窒素肥料の偏用を避け、追肥は遅れないように注意する。

① 錆病、葉鞘の胞子堆　② 黄褐色の夏胞子堆、一部はすでに黒褐色の冬胞子堆に変化している

トウモロコシの病害

6.17 南方銹病　Southern rust
Puccinia polysora Underwood

　古くから東南アジアなど亜熱帯地域で広く発生していた病害であるが、わが国での発生の歴史は比較的新しい。1982年に沖縄本島で最初に発生が確認されて以来、熊本を始め九州各地で大発生、さらに四国でも発生が確認され、発生の地域が拡大している。

　病徴　銹病に似るが、夏胞子堆は淡黄褐色で円形～卵形、小型で大きさ 0.2～2.0mm で周りの黄化が目立つ。葉の表裏で発病程度が異なり、表面での発生が多い。生育の初期～中期にかけての発生が多く、後期には発生は少ない。また、罹病葉の黄変が見られる。

　病原　担子菌類に属し、夏胞子と冬胞子を作る。夏胞子は黄色～黄金色で楕円形～倒卵形で、大きさ 29～40×20～29μm である。黄色味を帯びた細胞壁には細かい突起がまばらに見られる。冬胞子はまれに形成され茶褐色で角ばった楕円形～倒卵形、2胞で隔壁部がくびれる。大きさ 29～41×18～27μm で短い小柄を有する。

　生態　本菌の中間宿主は未発見、わが国では沖縄・九州・四国で発生が認められているが、伝染経路は不明。本病の発生適温は 27℃で銹病より高い温度を好む。

　防除　抵抗性品種を栽培する。抵抗性品種として"なつむすめ、ゆめつよし"がある。また生育が進んだトウモロコシでは発生が少ないので常発地はなるべく早播きをする。

6.18 褐条べと病　Brown stripe downy mildew
Sclerophthora rayssiae R. G. Kenneth, Kaltin & I. Wahl var. *zeae* Payak & Renfro

　1960年代からインド、パキスタン、ネパール、タイなどで発生が報告されてきたが、わが国では1986年に初めて報告された。稔実が悪くなるなどの被害報告もあるが、おおむね被害は小さい。

　病徴　梅雨期に入ると下葉から発生し、黄色～黄褐色、長方形～条状、5～20×3～7mm の葉脈で区切られ境界の鮮明な病斑を形成する。後にこの病斑が長く伸びて、縞模様の病徴となる。さらに病勢が進むと病斑は褐色～赤紫色を帯び、葉全体が枯死する。発生は下葉に止まることが多く、植物体の変形や奇形は認められない。

　病原　卵菌類で、わが国ではトウモロコシに発生している唯一のべと病菌である。造卵器は亜球形、無色～明るい藁色、直径 33～44.5μm で、卵胞子は球形～亜球形、直径 29.5～37μm、壁は厚さ約 4μm である。胞子のうは 2～6個群がって形成され、無色、卵形、29～66.5×18.5～26μm で、発芽して無色、球形、直径 7.5～11μm の遊走子を形成する。発生には土壌温度30℃前後が好適である。

　防除　病原菌はメヒシバ類にも寄生するとされるため、下草として生えるメヒシバを除去する。連作を避け、罹病残渣を圃場に残さない。

（月星隆雄）

①南方銹病　②南方銹病菌夏胞子　③褐条べと病菌卵胞子（月星）　④褐条べと病、葉の病斑（月星）

6.19 紋枯病　Sheath blight
Thanatephorus cucumeris（A. B. Frank）Donk

イネ紋枯病と同じ病原菌によって起こる病害で、高温多湿の条件下で発生が多い。とくにインドネシアなど東南アジアの国々でよく発生する。

病徴　主に葉鞘が侵されるが、葉身や雌穂の苞葉にも発生する。初め地際部の葉鞘に水浸状の淡緑色～淡褐色で境界の不明瞭な円形～不正円形の斑紋を生ずる。この病斑は急速に拡大して周縁淡褐色～赤褐色、内部灰白色の大型の雲紋状になり、葉鞘全面を取巻くようになる。高温多湿の環境条件下では、この病斑から白色絹糸状の菌糸が伸び、上位葉鞘に拡がり、雌穂にまで達することもしばしばである。このような状態になると葉身も枯死し、上位葉だけを残し株全体が茶褐色になる。病斑上には、しばしばくもの巣状の菌糸が見られ、後に菌核を形成する。菌核は、初め灰白色後に褐色～灰黒色になりネズミの糞状で脱落し易い。

病原　糸状菌の一種で担子菌類に属し、イネ紋枯病菌と同じである。菌核および担胞子を形成するが、圃場で担胞子を認めることはほとんどない。このため不完全世代の学名 *Rhizoctonia solani* の方が親しまれている。菌型はAG-1、1Aとされており、多犯性で多くの作物を侵す。菌核は褐色または灰黒色、表面粗く1～3mmの球状であるが、くっついて不規則な形をした、いわゆるネズミの糞状を呈するものが多い。菌糸は直径が8～10μmで太く、直角に分岐するのが特徴である。

生態　土中に落ちた菌核、あるいは被害植物中の菌糸で越冬し、第一次伝染源になる。通常トウモロコシが栽培され生育すると、菌核から、あるいは被害組織中の菌糸がトウモロコシ地際部の葉鞘を侵し、順次上方に伸展する。菌糸は10～40℃で生育、適温は30℃で高く、高湿度の下で伸長が早い。このため東南アジアなどの湿潤な熱帯地域は本病の発生に好都合で急速に蔓延し、雌穂を侵すことが多く、被害が大きくなる。

防除　①高温・多湿になると発生が多くなるので多肥・密植を避け、通風をよくする。とくに湿潤熱帯では密植は禁物である。②本菌は多犯性で多くの作物を侵すので、前作で本病が多発した圃場では注意する必要がある。病原はイネ紋枯病菌と同一の菌であるから転換畑でも同様の注意を要する。③近年育成された品種で"ゆめつよし、ゆめちから"などは抵抗性が強いので被害軽減に有効である。④湿潤熱帯では多発し被害を蒙る恐れがある。多発の可能性が高い所では薬剤による防除も考慮する。

①被害株　②初めに発病が見られる地際部の病斑　③苞葉も侵され多数の菌核が形成される

6.20 苗立枯病　Seedling blight
Fusarium avenaceum (Fries) Saccardo

病徴　罹病した苗は、初期の生育が貧弱で，葉が次第に淡緑色になり，先端から黄褐色になる。著しい場合は苗全体が黄変，さらに褐色になって枯死する。このような苗の地際部を見ると，くびれて細くなっており，白色～淡紅色の菌糸がまつわり付いている。

病原　糸状菌の一種で不完全菌類に属する。オオムギ・コムギの赤かび病菌と同じで，Snyder et Hansen の分類体系では *Fusarium roseum* f. sp. *cerealis* に属し cultivar は‘Avenaceum’と呼ばれていた菌である。普通は3～7の隔壁を有する大型分生子を形成する。大きさは3隔壁のもので 20～67×2.5～4.5μm，5隔壁の胞子では 36～86×2.5～5μm，7隔壁胞子では 80～112×2.5～5μm である。またまれに子のうを形成する。これに対して *Gibberella avenacea* Cook の学名が付されている。また、苗立枯れは この他 *Pythium debaryanum* など数種の *Pythium* 属菌が病原となって起こることも明らかにされている。これらは播種後10℃以下の低温が続いた時に発生することから、とくにピシウム苗立枯病と呼び区別されている。

生態と防除　十分に明らかにされていない。病原が *Fusarium avenaceum* であれば厚壁胞子を形成して単独で土壌中で生存することはないので、種子に寄生または付着した菌、あるいは他の作物の被害残渣に潜在する菌が、第一次の発生源になっていると考えられる。

防除法については、とくに試験された報告もないが、無病の種子を播種することが重要と思われる。

6.21 ピシウム苗立枯病　Seed rot and damping-off
Pythium debaryanum R. Hesse, *Pythium paroecandrum* Drechsler, *Pythium spinosum* Sawada, *Pythium sylvaticum* W. A. Campbell & F. F. Hendrix, *Pythium ultimum* Trow var. *ultimum*

病徴　出芽時に低温多湿条件に遭うと種子が発芽しないか、苗が枯死する。種子が感染すると胚または胚乳が侵され、発芽せずに腐敗する。発芽する場合でも、葉に初め灰色の条が入ったようになる。この時，根は完全に褐変し表面は菌糸に覆われ，出芽後3～4葉期には苗が萎凋枯死することが多い。

病原　5種のピシウム菌が関与しており、いずれも13℃以下の地温が7日以上続くと、感染し、発病させる。トウモロコシに対する病原性はどの菌種も差はなく、いずれも10℃の温度条件下では種子の発芽率を約50%、苗の草丈を約20%低下させる。*P. debaryanum* および *P. spinosum* がイネ科牧草、マメ科牧草などの苗立枯病を引き起こすなど、どの菌種も宿主範囲が広く、多種の作物で苗立枯病を起こす。

防除　ベノミルおよび TMTD 水和剤による種子消毒は防除効果があり、本病の発生を抑制するため、殺菌剤種子粉衣済みの品種を利用する。激発地では低温を避け、トウモロコシの播種を遅らせることで発生を回避できる。

(月星隆雄)

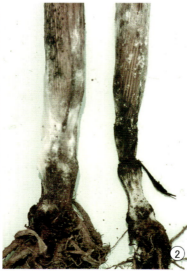

① 苗立枯病罹病株　② 苗立枯病地際部の病徴　③ ピシウム苗立枯病罹病株（島貫）

6.22 根腐病　Browning root rot
Pythium arrhenomanes Drechsler, *Pythium graminicola* Subramanian

　1980年代に関東地方で茎腐症として初めて報告されたが、根腐れを起こすことから、後に根腐病と命名された。近年の温暖化に伴い、北日本でも多発するようになり、大きな問題となっている。欧米など海外ではこの病害の顕著な発生事例はなく、本病が温暖多湿というわが国特有の環境下で多発することを示している。

　病徴　初め根が褐変し、地上部には異変はないが、晩夏～初秋にかけてトウモロコシが黄熟期を過ぎると暑さと共に一気に枯れ上がり、植物体全体が黄色くなり、雌穂が垂れ下がる。この時点で稈内部は空洞化、軟化し、白い菌糸が蔓延する。根量が極端に減少し、倒伏し易くなる。

　病原　病原菌は卵菌類であり、*F. arrhenomanes* および *P. graminicola* の2種が関与する。前者の造卵器は球形、淡黄褐色、平滑、頂生または間生、直径23.9～30.5μm、造精器を1～8個側着し、卵胞子は充満性で、壁厚1.3～2.7μm、膨れた棍棒状の遊走子のうを形成する。後者の造卵器は球形、直径20～25μm、平滑で、棍棒状の造精器を1～6個側着し、卵胞子は充満性、壁厚3μm以下で、膨れた棍棒状の遊走子のうを形成する。いずれの菌も生育最適温度は30℃前後であり、さまざまなイネ科の作物および雑草に寄生する。

　防除　播種期を遅くし、生牛糞を投入すると発生が助長され、早播き、施肥法および抵抗性品種を組合わせて防除を行う。飼料用トウモロコシでは黄熟期に達した段階で刈取り、刈遅れないようにする。トウモロコシ品種間で抵抗性差異があり、抵抗性品種を利用する。

（月星隆雄）

6.23 腰折病　Pythium stalk rot
Pythium aphanidermatum (Edson) Fitzpatrick

　わが国では1978年群馬県での事例以来、顕著な発生報告はなかったが、2012年夏の九州での大豪雨に伴って発生し大きな被害を出した。近年の気候変動により、今後重要病害となる可能性がある。

　病徴　6月末頃に草丈が1m程度に達すると発生が始まり、葉鞘の地際部から10～20cmが暗褐色水浸状に変色し、急速に稈内部に腐敗が及ぶ。褐色、紡錘形のやや窪んだ病斑を表面に生じることもある。すぐに稈は軟化腐敗し、その部分から捻れるようにして倒れる。

　病原　病原菌は卵菌類で造卵器は球形、直径22～27μm、頂生、表面平滑で、造精器は雌雄同菌糸性で、側着または底着する。卵胞子は球形、直径17～19μm、平滑、非充満性で、壁は厚い。遊走子のうは膨れた糸状または不規則な棍棒状、無色、50～1,000×4～20μmで、先端から球のうを出して、内部から15～40個の腎臓形、2鞭毛の遊走子を遊出する。生育最適温度は34～36℃である。30℃以上の高温多湿条件下で発生し、出穂前後の若い植物が罹病することが多い。

　防除　罹病組織上で形成された遊走子が水中を泳いで蔓延するため、圃場の排水を改善し水が溜まらないようにする。トウモロコシ品種の抵抗性差異は知られていない。

（月星隆雄）

①根腐病被害株（月星）　②根腐病菌の遊走子のう（月星）　③腰折病（月星）

6.24 べと病　Downy mildew

Peronosclerospora philippinensis（W. Weston）C. G. Shaw（Philippine downy mildew）
Peronosclerospora maydis（Raciborski）C. G. Shaw（Java downy mildew）
Peronosclerospora sorghi（W. Weston & Uppal）C. G. Shaw（Sorghum downy mildew）
Peronosclerospora sacchari（T. Miyake）Shirai & Hara（Sugarcane downy mildew）

トウモロコシの Downy mildew といえば、ここに挙げた4種の病原による病害以外に *Sclerophthora macrospore* による Crazy top、*Sclerophthora raysia* var. *zeae* による Brown stripe および *Sclerospora graminicola* による Graminicola downy mildew も含めることが多い。わが国では Crazy top に対しては黄化萎縮病、Brown stripe には褐条べと病、Graminicola downy mildew にはアワで白髪病の病名が付けられていて、狭義ではべと病には含まれない。また、これらは発生も少なく被害もほとんどない。トウモロコシべと病は通常は頭書に挙げた *Peronosclerospora* 属の4種による病害を指す。日本国内ではこれら4種の菌によるべと病は発生がないため、熱帯農業を取扱った教科書以外、ほとんど取上げられていない。しかしながら、東南アジアのトウモロコシの栽培では被害も大きく最も重要な病害であって、第二次世界大戦後1960年代後半から1970年にかけて東南アジアで大規模なトウモロコシの開発輸入を試みたわが国の援助政策に大きな障害となった病害で、現在でも最重要の病害といえよう。

病徴　掲げた4種の病原によるべと病の共通した病徴の最大の特徴は、若い時期すなわち発芽間もない幼苗期の4～5葉期までに感染すると、全身感染を起こし感染後14～25日後に全身病徴（systemic symptoms）を示すことである。全身病徴は新しく展開する葉全体が次々に黄白～黄色になるか、または明瞭な黄白化した条斑を生じ、罹病個体は矮化し後に枯れるという特徴のある病徴を示す。このような全身病徴はトウモロコシが幼苗すなわち播種後2週間以内の5葉期までに感染した場合のみに起こる。これは病原菌の菌糸がトウモロコシの生長点に達する結果起こることが確かめられている。6葉期以後に感染した場合は、葉に黄緑色の斑点ができ、その後黄緑色～黄色の不明瞭な条斑を生ずる程度で、葉位が進むとほとんど感染しなくなる。全身病徴の現われ方は菌の種によって多少異なる。*P. philippinensis* では病斑の裏面が真っ白になる程胞子形成が顕著、また比較的全身病徴が現われるのが遅い個体で

①べと病被害株（フィリピン）　②病斑に形成された病原菌分生子　③典型的な葉の病斑（インドネシア）

は、雄花が葉状を呈し不稔になることが多い。P. sorghi では、半葉病徴がよく見られ、また病葉の胞子形成も顕著、卵胞子を形成するため、病斑の条斑は後期には淡褐色を呈し、後に破れてささら状になる。P. sacchari では病斑の条斑は、古い葉では幅が狭く不連続になることがある。条件の良い時には病斑上の胞子形成は盛んで、時に葉鞘の上にも形成する。また、病斑は卵胞子を形成するため、P. sorghi と同じような症状を示す。また、時として多数の貧弱な雌穂をつけることがあるなどの症状を示すことがある。

　病原　病原は鞭毛菌類、卵菌目に属する菌で、初め Sclerospora として記載された。しかし、伊藤誠哉はこの属に含まれる菌に、発芽が遊走子によるものと発芽管によるものがあるため、これらを Eusclerospora と Peronosclerospora の二亜族に分けた。その後、白井・原は Peronosclerospora を属のランクに上げた。しかし、この属は長い間 Sclerspora の異名として取扱われてきたが、1978年に Shaw は Peronosclerospora 属として再認識し、トウモロコシベと病を含めて8種をこの属に入れ、現在はこれが用いられている。菌の形態は Peronosclerospora maydis では、分生子柄は気孔から直立して1～2本生じ先端に向かって太くなり頑丈な感じ。長さ150～550μm、先端で2～3回分岐しその先に無色、球形、径30μm前後の分生子を作る。分生子は隔壁のない細い発芽管を伸長して発芽する。この菌では卵胞子の形成はまだ認められていない。インドネシアに分布しトウモロコシだけを侵す。他の菌も基本的にはほぼ同様の形態を示すが、P. philippinensis では分生子柄の長さ 150～400μmで少し短いが分岐が多く多数の長卵形～長楕円形の分生子を形成、極まれに卵胞子を形成する。主にフィリピンに分布するが、インド、ネパールにも分布し、トウモロコシの他エンバク、テオシント、サトウキビ類、モロコシ類にも寄生する。P. sorghi の分生子柄は前二者よりも小さく長さ180～300μm、分生子はほとんどが球形で P. maydis よりやや小さい。褐色、球形、大きさ 25～43μm の卵胞子を形成する。タイおよび東南アジア、インド、北アフリカ、ラテンアメリカなど広い範囲に分布し、主な宿主はモロコシ類で、トウモロコシやテオシント、キビ類、エレファントグラス類にも寄生する。P. sacchari の分生子柄は4種のうち最も小さく160～170μm、分生子は長楕円形、黄色～黄褐色の若干角ばった球形の卵胞子、大きさ 40～50μm を形成する。台湾の他タイ、インド、フィリピン、フィジー等に分布し、主な宿主はサトウキビでトウモロコシ、テオシント、ソルガム類にも寄生する。なお卵胞子の発芽は両種とも発芽管による。

④ 被害圃場（インドネシア・ランポン）　⑤ 激発圃場（インドネシア）　⑥ 幼苗の病斑　⑦ 典型的な病斑

トウモロコシの病害

生態 病原の種類によって生態は異なるが、P. maydis と P. philippinensis はほとんど同じと考えられる。P. maydis では卵胞子は形成せず、また宿主もトウモロコシに限られているので、伝染源は圃場にある罹病トウモロコシである。全身病徴を示す罹病植物は夜間気温が 20～25℃で湿度が高い時に分生子柄を気孔から抽出し分生子を形成する。この分生子が成熟・離脱してトウモロコシの幼苗に達し、水滴があると直ちに発芽する。発芽管は急速に伸びて 1～1.5 時間後には気孔から葉の内部に侵入する。侵入した菌は細胞間隙を伸長して感染から 15～17 日後には、トウモロコシの生長点（apical meristem）に到達して、全身病徴を示すようになる。植物体に侵入した菌の菌糸は感染直後から生長点に達するまでは、細い糸状の菌糸であるが、全身病徴を示す展開した病葉では、数珠玉状の菌糸で、このような菌糸が認められる所で分生子を形成して新しい感染を起こして拡がる。病徴の記述の中でも説明したように、全身感染を起こすのは、播種後 2 週間以内の 5 葉期までであり、以後の感染では被害はほとんど出ないので、播種時周辺に罹病植物がある場合に被害が大きくなる。P. philippinensis による場合も同じような生態で、罹病トウモロコシが主な感染源で生態もほぼ同じである。P. sorghi のトウモロコシでの発生は、罹病植物上に形成された分生子により、P. maydis と同様の経過で感染・発病し拡がるが、卵胞子を形成するので第一次伝染源は複雑になる。卵胞子は土壌中で数年生存し、宿主があれば直接発芽管を出してトウモロコシ、ソルガムの幼苗の地下部の茎より侵入して全身発病する。このため、以前にソルガム、トウモロコシで発病が見られた圃場では、周辺に罹病植物がなくても発病し拡がる。

P. sacchari は主な宿主はサトウキビである。サトウキビは永年作物であるため宿主の中で菌糸の形で生存を続け、条件の良い時には分生子を形成し、近くにトウモロコシが栽培され幼苗があれば感染発病する。なお、P. sacchri も卵胞子を作る。その役割は確認されていないが、P. sorghi の卵胞子と同様に第一次伝染源として考慮する必要はあろう。

防除 ①これまでの文献では第一に抵抗性品種を栽培することが挙げられている。それぞれの国、地域よって抵抗性品種が明らかにされている場合には、その品種を栽培する。②第一次伝染源としての罹病植物を除去する。とくに、P. maydis, P. philippinensis の場合には圃場衛生に十分注意するとその効果は高い。③汚染地域での栽培では 浸透性殺菌剤で種子処理をして、播種する。

⑧ べと病罹病株　⑨ べと病被害株多穂型（台湾）　⑩ 病原菌卵胞子（P. sacch.）　⑪ べと病菌分生子

第 7 章　ダイズの病害

ダイズの病害

7.1 萎縮病　Stunt
Cucumber mosaic virus, Peanut stunt virus

わが国でウイルスによって発生するダイズの病害は、日本植物病名目録によると7病害が挙げられ、病原ウイルスとして13のウイルスが記載されている。この7病害の一つにウイルス病という病名があり、その病原として *Southern bean mosaic virus, Peanut stunt virus, Bean common mosaic virus* および Broad bean wilt virus の4ウイルスが挙げられている。

元来作物に発生する病害の名称は、実用的な面から主にそれぞれの病徴、あるいは病原の特徴を冠した名前が付けられてきた。単にウイルス病では、ダイズ糸状菌病あるいはダイズ細菌病等と同じようにウイルスによる病害の総称と理解されるので、できればウイルス病という病名は避け、それぞれのウイルスの感染によって起こる特徴のある病徴等を冠した病名が望まれる。確かにウイルスによる病害の場合、無病徴で保毒している場合やウイルスの詳細な性質等未同定なものもあり、一概に特徴のある固有の病名を付けるのは困難な場合もあると判断されるが、可能な限りウイルス病という病名は避けるべきであると考え、上記ウイルスによる病害に適切な病名を付し整理することを試みた。ここに挙げた萎縮病もその一つである。病名目録では、ダイズ萎縮病の病原として *Cucumber mosaic virus*（CMV）が挙げられているが、この病原としてウイルス病の病原の一つとして掲げられている *Peanut stunt virus*（PSV）を加えた。

病徴　CMVによる病徴は品種によって多少異なることもあるが、発芽直後、葉脈透化を生じ茎の頂端が曲がることが多い。その後、葉にモザイクが現われる。草丈は低く葉は変形して着莢が劣る。種子には輪紋状、網目状、放射状の斑紋を生ずる。

また、萎縮病の病原の一つに加えたPSVも葉に退緑斑紋を生じ、時に縮葉を伴い、新葉では葉脈透化、品種によっては頂部に壊疽を生じ、激しく萎縮する。また種子には斑紋を生ずる等、CMVによる病徴に類似しており、病徴で両者を区別することは困難である。

病原　病原のキュウリモザイクウイルス *Cucumber mosaic virus*（CMV）は、従来ダイズ萎縮ウイルス Soybean stunt virus（SSV）と呼ばれていたもので、CMVのダイズ系統といわれており、ダイズ品種やササゲに対する病原性によりA，Ae，B，C，Dの5系統に分けられている。汁液伝染する他各種アブラムシにより非永続的に伝搬され、種子伝染する。種子伝染率は品種や感染時期によって異なるが30〜100％と高率である。

またラッカセイ矮化ウイルス *Peanut stunt virus*（PSV）も、径30 nmの球状のウイルスでCMVと同じ *Cucumovirus* 属で、CMVと基本的性質は同じで血清学的にも類縁関係があるが、CMVと病原性が異なり、CMVに感染する農林2号や奥羽13号等は侵さない。

生態　病原CMVは高率に種子伝染するので、罹病種子による発病株が圃場における第一次の伝染源になる。その後はアブラムシによって伝搬される。土壌伝染はしない。種子伝染率は高率ではあるが、開花期以後に感染した場合は伝染しない。北海道を除く各地に発生する。

防除　病原ウイルスは種子伝染するので、無病の健全な種子を播種する。圃場では種子伝染株や二次伝染株の早期抜取りを行う。二次伝染はアブラムシによって行われるので、薬剤によりアブラムシの防除を行う。

① 萎縮病罹病株　② 萎縮病、葉の症状　③ CMV（SSV）罹病種子（農林2号）

7.2 矮化病 Dwarf
Soybean dwarf virus, Milk vetch dwarf virus

1952年頃より北海道の道南地方で栽培されていたダイズ品種「鶴の子」に萎縮状の異常生育が見られた。その後この障害は年々増加、1969年にウイルスによる新しい病害であることが明らかにされた。近年は東北地方でも発生する。また、病原は異なるがレンゲ萎縮ウイルス（MDV）も同じような症状をダイズで示すことが報告されている。

病徴 ダイズ矮化ウイルス（SbDV）による病徴は、品種、発生時期および場所によって若干異なる。早い時期、2〜3葉期に感染発病すると頂葉がわずかに退緑し、葉片は小形になり、裏面に向って巻込む。葉柄、節間は短く、植物全体が著しく矮化する。葉は次第に濃緑粗剛となる。感染発病の時期が遅い時には、新葉の退緑は同じように現われ、葉片は葉脈が短縮し縮葉状にはなるが、葉柄や節間は伸長し矮化症状は示さない。罹病株は分枝・着花数共に少なく、開花も遅れる傾向がある。病勢が進むと下葉の脈間が黄化する。また罹病しても矮化や縮葉は認められず、単に葉が黄化する場合もある。本病では萎縮病やモザイク病に見られる葉脈透化、モザイク症状や種子の斑紋は認められない。MDVによる病徴も上記SbDVの病徴と区別できない。

病原 病原のダイズ矮化ウイルス *Soybean dwarf virus*（SbDV）は *Luteovirus* 属に属し、1本鎖RNA（＋）を持つ径25 nmの球状粒子で汁液伝染、種子伝染せず、ジャガイモヒゲナガアブラムシによって永続的に伝搬される。ダイズアブラムシ、マメアブラムシ、モモアカアブラムシ等は伝搬しない。ジャガイモヒゲナガアブラムシによる伝搬力は高率で、しかも一度保毒したアブラムシは永続的に長期間ウイルスを媒介する。このウイルスには、ジャガイモヒゲナガアブラムシによる伝搬系統とエンドウヒゲナガアブラムシ伝搬系統がある他、寄生性が異なる矮化系統と黄化系統がある。純化ウイルスの不活化温度は45〜50℃、保存限度は4ヵ月以上である。宿主範囲はマメ科植物に限られ、ダイズの他インゲンマメ、エンドウ等である。

今一つの病原に挙げられているレンゲ萎縮ウイルス *Milk vetch dwarf virus*（MDV）は、当初 *Luteovirus* とされていたが、現在は1本鎖DNAを持つ *Nanovirus* 属に移されており、径約30 nmの球状ウイルスで、SbDV同様汁液、種子伝染はしない。マメアブラムシ、ジャガイモヒゲナガアブラムシ、ワタアブラムシ、エンドウヒゲナガアブラムシによってSbDV同様永続的に媒介され、病植物の篩部に局在する。宿主範囲はマメ科、ナス科、アカザ科でSbDVよりやや広い。

生態 SbDVは種子伝染せず、ウイルスは圃場周辺の保毒植物から伝播される。矮化系統ではアカクローバが、黄化系統はシロクローバが伝染源である。感染クローバは無病徴であるが、これら保毒クローバで越冬したジャガイモヒゲナガアブラムシは、5〜6月に移動してウイルスを媒介して一次感染を起こし、これから逐次拡がる。アブラムシのウイルス最短獲得吸汁時間は30〜60分、最短接種吸汁時間は10〜30分、体内潜伏時間15〜17時間後から伝染を開始し、保毒虫は脱皮後も伝搬力があり、永続的に長時間ウイルスを伝搬する。また、SbDV保毒親虫から仔虫への移行はない。北海道および東北地方に発生する。

MDVも病原ウイルスは種子伝染せず、SbDV同様保毒植物から同じような方法でダイズに感染し拡がる。ただ、宿主範囲がSbDVより広く、レンゲ、エンドウ、ソラマメ等が第一次伝染源になり、伝搬するアブラムシもマメアブラムシ、ワタアブラムシ等種類も多く、永続的に伝搬されるので注意する必要がある。このウイルスによる矮化病は、現在のところ近畿地方だけに発生することが報告されている。

防除 両ウイルス共種子伝染せず、感染源は周辺の保毒植物である。したがって、保毒植物とくにクローバ類を除去する。クローバ類は感染していても無病徴のため、とくに注意が必要である。アブラムシは保毒すると永続的にウイルスを媒介するから殺虫剤を使用して媒介するアブラムシを徹底的に防除する。SbDVに対しては、耐病性品種ツルコガネが育成されており被害を軽減できる。

① 矮化病罹病株（児玉）

7.3 モザイク病　　Mosaic
Soybean mosaic virus, Alfalfa mosaic virus, Bean yellow mosaic virus,
Bean common mosaic virus, Southern bean mosaic virus

萎縮病の項で述べたような観点から、日本植物病名目録でダイズウイルス病として掲載された病害のうち、病原名がモザイクウイルスと記載されているものは、本項モザイク病に移して説明をすることにした。具体的にはインゲンマメモザイクウイルス（BCMV）とインゲンマメ南部モザイクウイルス（SBMV）である。

病徴　各ウイルスとも似た病徴を示すので、全国的に発生し最も被害の大きいダイズモザイクウイルス（SMV）を例に病徴を述べる。　種子伝染株はまず初生葉に、圃場での感染株では若い葉に葉脈透化が現われる。　続いて濃緑部と淡緑部が入交じった特有のモザイク症状や葉脈緑帯が現われる。　さらに新しく展開する葉は、モザイク症状と共に幅が狭くなり葉縁が下側に巻き笹葉状に変形する。罹病株は萎縮して草丈が低くなる。　症状の激しい株では莢が湾曲して扁平になる。　罹病株の種子は表面に褐色～黒褐色の斑紋を生じ、いわゆる褐斑粒になり著しく品質を損なう。　褐斑粒の模様はへその部分を中心にした放射状あるいは帯状で、萎縮病による輪紋状の褐斑粒と区別できる。被害程度は感染の時期や品種によって異なるが、10～75％の減収となる。

同じ *Potyvirus* 属の BCMV もインゲンマメ黄斑モザイクウイルス（BYMV）も SMV と似た病徴を示すが、SMV に比べると症状は比較的軽い傾向がある。BCMV にはアズキの系統とダイズの系統があり、アズキ系統では葉のモザイクが明瞭で目立つ。ダイズ系統では感染株は巻葉やモザイク症状を示し、品種によっては壊疽症状を示す。BYMV では、葉の斑紋はやや明瞭であるが葉の変形はほとんど見られない。このウイルスによる病徴の大きな特徴は、*Potyvirus* 属の他のウイルスのように種子に褐斑を生じないことである。

SBMV では葉の斑紋は軽微であるが、モザイクが明瞭で黄色の斑紋が目立つ。種子には褐色～黒色の斑紋を生ずる。黄色の斑紋が目立つのは AMV で、これまでに掲げた病原ウイルスの中ではとくに顕著である。初め葉に黄色の斑点ができ、次第に融合して明瞭な黄色斑点となり、時に壊疽斑点を伴うことがある。

病原　ダイズモザイクウイルス *Soybean mosaic virus*（SMV）、インゲンマメモザイクウイルス *Bean common mosaic virus*（BCMV）、インゲンマメ黄斑モザイクウイルス *Bean yellow mosaic virus*（BYMV）の 3 ウイルスはいずれも *Potyvirus* 属で、ウイルス粒子は紐状で大きさ 750×13nm、罹病植物の細胞質内に小集団として認められる。またウイルス粒子の物理的性質もほぼ同じで、粗汁液中での不活化温度 55～65℃ 10分（BYMV はやや高く 60～70℃ 10分）、希釈限度は 10^{-4}、保存限度は室温で 4～5 日前後である。SMV の宿主範囲はマメ科植物に限られ自然発病はダイズだけである。ダイズ品種に対する病原性によって A, B, C, D, E, の 5 系統に分けられるが、D および E 系統は激しい萎縮、頂部壊疽を生ずる重症型である。

BCMV にはインゲンマメ普通系統の他アズキ系統とダイズ系統等があり宿主範囲が若干異なる。アズキ系統は以前アズキモザイクウイルス（Azuki bean mosaic virus）と呼

① モザイクだけの症状（SMV）　② 葉脈緑帯が見られる症状（SMV）

ばれていたが、現在は BCMV の 1 系統として取扱われるようになった。宿主範囲はマメ科植物に限られ、アズキおよびダイズだけで自然発病が認めうれる。これに対しダイズ系統は宿主範囲がやや広く、マメ科の他アカザ科にも寄生する。両系統共に血清学的にダイズモザイクウイルス（SMV）と類縁関係がある。

BYMV は宿主範囲がやや広く、マメ科植物の他系統によってアカザ科、アヤメ科、ナス科植物にも寄生性がありインゲンマメ、エンドウ、ソラマメ、クローバ、グラジオラス等かなり広い範囲で自然発病が見られる。血清学的には BCMV と類縁関係にある。

アルファルファモザイクウイルス *Alfalfa mosaic virus*（AMV）も病原の一つである。このウイルスは *Alfamovirus* 属に属し、粒子は桿菌状で幅 16 nm、長さは 30, 35, 43, 56 nm の 4 種類よりなる多粒子性ウイルスで、感染には 30 nm の粒子を除く 35, 43, 56 nm の粒子が必要とされる。粗汁液中の不活化温度 60～65℃、希釈限度は 10^{-3}～10^{-5}、保存限度は 3～5 日である。宿主範囲は広くマメ科、ナス科、キク科等 47 科 300 種に及ぶ。

さらに今一つの病原としてインゲンマメ南部モザイクウイルス *Southern bean mosaic virus*（SBMV）がある。このウイルスは、*Sobemovirus* 属でウイルス粒子は径 28～30 nm の球状、粗汁液中の不活化温度は 90～95℃、希釈限度は 10^{-5}～10^{-6}、保存限度は 20～165 日と長く、安定なウイルスである。感染植物の細胞質液胞、核内に結晶状の集塊として散在する。宿主範囲は数種のマメ科植物に限られ、自然発生植物はダイズとツルマメだけである。

生態　*Potyvirus* 属の SMV, BCMV, BYMV 各ウイルスの生態は基本的には同じであるが、各ウイルスは病原性の強弱、宿主範囲の違い等細かい点では異なっている。SMV は種子伝染するので第一次伝染源は保毒種子である。種子伝染率は品種や感染時期によって異なり、時に 50％以上となるが、一般には 10％前後である。開花期以後の感染では種子伝染はしない。また、ウイルスの系統によっても差があり、A, B, C 系統では 5～10％、D および E 系統ではほとんど種子伝染しない。圃場での第二次感染は各種アブラムシによって非永続的に行われ、7月以降アブラムシの発生増加に伴って急激に蔓延する。このウイルスは全国的に発生が多いが、地域によって発生する系統に差があり、北日本では比較的単純、関東以西では各種の系統が発生する。土壌伝染はしない。

BCMV のアズキ系統はアズキでは種子伝染するがダイズでは種子伝染しない。土壌伝染もしない。したがって、伝染源は感染したアズキで、アブラムシによって非永続的に伝搬されて拡がる。発生は秋田、岩手、茨城の各県に限られている。BCMV のダイズ系統も種子伝染は全く認められず、

③ SMV 罹病種子：刈羽滝谷 28 号　④ SMV 罹病種子：岩手早生黒目　⑤ SMV 罹病種子：生娘
—SMV による褐斑粒はここで示したように品種によってかなり異なる—

ダイズの病害

アブラムシによる非永続的伝搬が知られているだけであり、土壌伝染もしない。九州で発生が明らかにされたが、伝染経路は不明である。

AMV は 1% 程度の種子伝染率があり、宿主範囲も広くマメ科を始めとして 47 科 300 種に及んでおり、ウイルス系統や変異株も報告されている。土壌伝染はしないが生態面からは厄介なウイルスのように思われる。しかし、全国的に発生はするが散発程度で大きな被害は与えていない。これはウイルスそのものの病原性が比較的弱く、ダイズ等では感染しても軽微な黄色の退緑斑紋を現わす程度であり、感染源は主としてクローバといわれていることも関係しているように推察される。

SBMV はダイズでは品種によって 3% 程度種子伝染するが、他のウイルスとの大きな違いは、媒介虫がアブラムシでなく、ウリハムシモドキである。食害時のウイルス最短獲得吸汁時間は 1 時間、最短接種吸汁時間も 1 時間、虫体内のウイルス保持時間は 7 日以上である。なおウイルス自体の物理的性質等は他のウイルスより安定している。ただ、ウイルスの宿主範囲はマメ科植物に限られ、発生は山形、千葉、京都のダイズ、および埼玉のツルマメに限られている。

防除 全国的に発生し、被害の大きいのは SMV であるから、防除は SMV を中心にした対策が望まれる。まず種子は健全株から採種した無病の種子を使用する。褐斑粒が少しでも混入している種子の使用は避ける。圃場では種子伝染株や第一次伝染株はできるだけ早く抜取り、伝染源の撲滅を計る。同時に殺虫剤によってアブラムシを防除する。また、基本的には抵抗性品種の栽培が望ましい。例えば、デワムスメはウイルス抵抗性を目的に育成され、A, B, C, D 系統および萎縮病に抵抗性である。A, B 両系統だけならばライデンその他数多くの抵抗性品種が育成されているのでこれらを栽培するが、それぞれの地域に分布するウイルスの系統を明らかにして品種を選定することが望まれる。なお、AMV によるモザイク病が発生する地域では伝染源となるクローバ類の除去に努める。また、SBMV の発生する地域では、殺虫剤によってハムシ類の防除を励行する。

⑥ ウイルス粒子：BCMV（旧 AzMv）（吉田） ⑦ ウイルス粒子：ウイルス病の病原 PSV（吉田）、PSV（Peanut stunt virus）はモザイク病の病原ではないが形態的には 30 nm の球状粒子でモザイク病の病原 SBMV と同じである
⑧ ウイルス媒介虫：ジャガイモヒゲナガアブラムシ（林） ⑨ ウイルス媒介虫：マメアブラムシ（林）

7.4 斑紋病 Soybean fleck
Tobacco rattle virus

1977年、茨城県石岡市で壊疽を伴う斑紋症状を示すダイズ株から分離・確認された。症状と発生状況から判断して被害はそれ程ひどくないと考えられる。本地域以外の発生報告はない。

病徴 葉に壊疽を伴う軽いモザイクを生じ、斑紋症状を示す。また、タバコ、*Nicotiana glutinosa*、ツルナには全身感染し、インゲンマメ、ササゲ、センニチコウ、*Chenopodium amaranticolor*, *C. quinoa* は局部病斑を生じる。

病原 病原はタバコ茎壊疽ウイルス（*Tabacco rattle virus*, TRV）で *Tobravirus* 属に属す。約200×20nm と約90×20nmの長短2種類の桿状粒子からなる。宿主はナス科、ユリ科、アカザ科、マメ科と広く、タバコでは重要な病原とされている。

生態 病原は土壌中の線虫（*Trichodorus* 属および *Paratichodorus* 属）によって伝搬される。ダイズでの線虫による伝搬の報告はないが、タバコでの試験では線虫は成虫と幼虫共に本ウイルスを伝搬する。線虫は1時間の加害でウイルスを獲得し、保毒した線虫は土壌中で20週間ウイルスを保持する。本ウイルスはナズナで種子伝染するとの報告がある。

防除 殺線虫剤で土壌中の線虫を駆除すれば発病は抑制されるが、一度発病した圃場での本ウイルスの根絶は困難である。

（本田要八郎）

7.5 退緑斑紋ウイルス病 Chlorotic mottle
Soybean chlorotic mottle virus

1981年、愛知県のダイズのモザイク症状株で確認されたが、日本以外では発生は知られていない。

病徴 ダイズでは感染するとまず上葉に葉脈透化を生じ、その後斑紋症状となり、株全体はやや生育が劣る。インゲンマメでは接種葉に退緑斑点、上葉にも退緑斑点、斑紋を生じ、巻葉症状となる。

病原 病原はダイズ退緑斑紋ウイルス *Soybean chlorotic mottle virus*（SbCMV）で *Soymovirus* 属に属し、径約50nm の球状粒子である。DNA の塩基配列の解析から、環状2本鎖DNAを有する新ウイルスであると確認された。本ウイルスの宿主範囲は極めて狭く、ダイズの他インゲンマメ、ササゲ、フジマメだけに寄生性を示す。

生態・防除 本病は感染から発病まで比較的長い時間を要し、冬（22～27℃）では30日、夏（24～30℃）で20日を要する。種子伝染はせず、アブラムシ類では伝搬されず野外での伝染源や媒介者は不明である。このため発病株を除去する以外に有効な防除対策が立てられない。

（本田要八郎）

① 斑紋病の病徴（夏秋）　② 退緑斑紋ウイルス病の病徴（亀谷）　③ 罹病組織中の SbCMV（亀谷）

7.6 葉焼病(はやけ)　Bacterial pustule
Xanthomonas axonopodis pv. *glycinea*（Nakano 1919）
Vauterin, Hoste, Kersters & Swings 1995

細菌による病気で温暖、多雨地帯の国々に発生が多い。わが国では、関東以西の暖地に広く分布し、生育後期に発生することが多い。

病徴　主に葉に発生する。初め極めて小さい淡緑色〜淡褐色の斑点ができ、後に1〜2mmになり、褐色〜黒褐色になる。病斑（とくに裏面）は盛上がってコルク化する。病斑の周りには淡褐色の暈（ハロー）ができる。病斑の大きさは小〜大さまざまであるが、それほど融合しない。多く発生すると葉全体が淡黄色になり、枯死して落葉する。また莢にもまれに発生し、褐色の盛上がった斑点ができる。早期に落葉するため着粒数が減少し、子実は肥大せず小さいため減収する。ダイズに発生する細菌病は本病の他斑点細菌病がある。一見非常に似た病徴を示し見分けが困難な面もあるが、葉焼病の特徴は病斑の中央が隆起コルク化して生ずる発疹（pustle）が見られることで、斑点細菌病ではこのような発疹は見られない。また葉焼病の病斑は小さく褐色、これに対し斑点細菌病の病斑は比較的大きく黒褐色、病斑の周囲の暈は顕著で大きい等の違いがある。

病原　グラム陰性、好気性の短桿状の細菌で培地上で黄色のコロニーを作る。1極に1〜2本の鞭毛を有し運動性がある。大きさ1.4〜2.3×0.5〜0.9μm。菌の生育温度0〜34℃、生育適温は30℃前後で高温である。死滅温度50℃10分、寒天培地上に淡黄色円形のコロニーを作り、ゼラチンを液化しリトマス牛乳を青変・凝固する。

生態　病原細菌は被害植物の病斑や種子に付着して冬を越し、翌年風雨によって生育中のダイズに達し発病する。ダイズの生育中は風雨によって病原細菌が運ばれ、気孔等の開口部や傷口から侵入、細胞間隙で増殖発病して拡がる。普通8月頃から発生し始め、収穫間際に激しくなるが、とくに台風の後は病勢の進展が著しい。病原細菌は宿主の中では生存期間が長く、被害茎葉中の細菌は8ヵ月以上、種子中では30ヵ月以上生存する。

防除　①抵抗性品種を栽培する。例えば秋ダイズのホウギョク、アキヨシは抵抗性である。②種子は健全株から採種する。③成熟中期以降、薬剤を散布する。④被害植物は集めて焼却する。

①葉焼病初期の症状　②葉焼病葉表の症状　③葉焼病後期の症状　④葉焼病莢の病斑（滝元）

7.7 斑点細菌病　Bacterial blight
Pseudomonas savastanoi pv. *glycinea*（Coerper 1919）
Gardan, Bollet, Abu Ghorrah, Grimont & Grimont 1992

　斑点細菌病は世界各地で発生し，ダイズの細菌による病害中最も一般的な病害である．とくに冷涼で湿潤な地でよく発生する．

　病徴　主に葉に発生するが，子葉，葉柄，茎，莢にも発生する．初め葉に小さい水浸状の角ばった斑点ができ，後に赤褐色～暗褐色の 1～2mm の病斑になる．病斑の周囲には明瞭な黄色の暈ができる．この暈は菌の系統によって，顕著に作るものとほとんど作らないものがある．

　若い葉が侵されると葉は矮化しクロロシスを起こす．また角ばった病斑は，冷涼多雨の時は拡大，古くなると病斑部は脱落して葉はぼろぼろの状態になる．とくに強い風雨にさらされた後は顕著になる．一般に病斑はまず子葉の葉縁に現われることが多く，病斑は拡大して葉全体が褐色になって枯れる．発病が激しい時には若い苗は矮化した後枯死する．莢では，初め小さい水浸状の病斑ができ，後拡大融合して莢の大部分に及ぶようになる．病斑は古くなるにつれ褐色から黒色に変わる．このような莢の中の種子の表面は，細菌の生育に伴う粘質物に覆われているが，後に貯蔵すると皺を生じたもの，盛上がったり，凹んだり，変色したもの等さまざまな症状を示す．

　病原　桿状の細菌で両端は円く，大きさ 2.3～3.0×1.2～1.5μm．1 極に 1～数本の単極性鞭毛を持つ．寒天培地上で白色のコロニーを作る．ゼラチンは液化せず，糖を分解して酸は生ずるがガスは生産しない．生育適温は 24～26℃，生育の上限は 35℃，下限は 2℃である．

　生態　病原細菌は被害植物および罹病種子中で越冬する．越冬した菌は最初に子葉に感染・増殖，これが第二次感染の主役になり，風雨によって運ばれ拡がる．新しい宿主に達した病原細菌は，葉が濡れている間に気孔から侵入し，葉肉の細胞間隙で増殖，感染から 5～7 日後には典型的な水浸状の病斑を発現する．本病は冷涼多雨の条件下で発病が多く，わが国では東北から北海道にかけて 5～6 月および 9～10 月頃発生が多い．

　防除　①健全種子を用い連作を避ける．②抵抗性品種を栽培する．③被害茎葉は集めて焼却する．

①斑点細菌病の病徴　②斑点細菌病、病斑の周縁の黄色が目立つ

7.8 べと病　Downy mildew
Peronospora manshurica（Naumov）Sydow ex Gäumann

　古くから世界各地で発生が知られている糸状菌による病害で，わが国では北海道から九州まで全国各地で発生する．致命的な大発生はないが，本葉の展開後間もなく発生し始め，6～7月頃多くなる．

　病徴　主に葉に発生するが，莢，子葉にも発生する．葉の病斑は，初め円形または不規則で黄白色を呈し，裏面には綿毛状のかびができている．病勢が進むと病斑が融合して大型の褐色病斑になる．発生がひどいと葉は萎凋し，落葉する．莢の病徴は明瞭でないが，侵された莢の子実は種皮に灰黄色の斑紋を生じ，表面は菌糸および形成された卵胞子で薄く覆われ黄褐色を呈する．後に罹病子実の種皮は薄汚れて皺を生じ，亀裂ができることもある．このような罹病種子を播種すると全身発病株となり，初生葉に淡緑色の病斑を生じ，さらに進んで葉脈に区切られた淡緑色～黄褐色の大型病斑になる．全身発病株は草丈が低く若干矮化し，葉縁は下向きに巻込む．その後新しく展開する本葉に次々と病斑を生じる．

　病原　糸状菌の一種で，鞭毛菌類に属する．純寄生菌で人工培養はできない．菌糸は隔壁がなく，多核で幅7～10 μmである．菌糸は宿主細胞中に棒状の細長い大きさ1～3.5 μmの吸器を作り栄養を取る．分生子柄は樹枝状で無色～淡黄色，隔壁はなく，気孔から単生または叢生する．長さ350～880 μm，径6～8 μm，6～11回叉状に分岐する．分生子は単胞で無色～淡黄色，倒卵形または球形，胞子壁は薄く，内部には顆粒がある．大きさ15～28×16～22 μm．卵胞子は球形，外壁は平滑で厚く黄色を呈する．大きさ24～40 μm．

　生態　第一次伝染源は卵胞子である．卵胞子は感染後9日～15日後まで直線的に形成が増加する．形成温度は昼間23℃夜間20℃の時に最も多く形成され，乾燥状態より湿潤の状態で，宿主の光合成が盛んな条件下で形成が多くなる．形成された卵胞子は罹病種子や被害葉で越冬し，ダイズが発芽する際に侵入し全身発病株を生ずる．全身発病株病葉の裏面には10～25℃の間，とくに20～22℃で湿度が高い時，多数の分生子が形成されて飛散，新しい葉に達した分生子は水滴の存在の下で発芽して気孔から侵入し発病する．発病に好適な葉は展開後5～6日までで，展開後8日を経過すると抵抗的になり発病し難くなる．

①べと病初期の病斑　②べと病病斑上に形成された分生子　③べと病菌分生子　④べと病菌分生子柄

被害植物中に形成された卵胞子が第一次伝染源になるため、前年度の被害茎葉を鋤込んだ圃場で発病が多くなる。また密植し過繁茂の圃場でも多発する。ダイズの品種によって抵抗性が異なり、抵抗性の品種では病斑は小さな褐色の斑点で止まり蔓延しない。アメリカでは品種の抵抗性の違いを利用して判別品種を選定し、これに対する病原性の違いによって25以上のレースが記録されているが、わが国では明らかにされていない。

防除 ①密植を避け、通風をよくする。②なるべく連作を避ける。③被害植物は集めて焼却する。また跡地は深く耕し、表土を深く鋤込む。④薬剤防除は紫斑病に準じて行う。

⑤べと病罹病種子　⑥種子伝染による子葉の発病　⑦種子伝染による罹病株の末期の症状　⑧壊疽を伴った病斑
⑨品種によって病斑は壊疽のままで拡大せず後に破れる

7.9 銹(さび)病　Rust
Phakopsora pachyrhizi Sydow & P. Sydow

本病は1903年わが国で世界で初めて発生が報告された病害でオーストラリア、ロシアを含む東半球のほとんどの国に分布する。日本では関東以西の各地に発生し、時に大発生することがあるが、発生が少なく見逃されることも多い。現在では、日本よりむしろ熱帯〜亜熱帯地方で発生が多く、タイではローカル品種で10〜40％の収量減、導入品種では壊滅的な被害を受けることがあるといわれている。台湾では23〜50％の収量減になることもあるという。また、インドネシアでも1973〜75年にかけて、ジャワ、スマトラの各地で多発生が観察された。

病徴　葉、葉柄、茎に発生するが葉に最も多く発生し、古い葉ほど被害が大きい。葉では初め灰褐色の小さい斑点（夏胞子堆）を生じ、病斑は次第に盛上がって褐色〜暗褐色を呈し、初め表皮で覆われているが、後に表皮が破れて淡褐色の粉末を飛散する。このような病斑は葉の表面にも生じるが裏面に多い。病勢が進むと後に黒褐色の冬胞子堆ができる。被害の甚だしい時葉は早く落ちて立枯れ状を呈する。

病原および生態　糸状菌の一種で、担子菌類に属し夏胞子と冬胞子を作る。夏胞子は単胞で短い小柄を持つ、初め無色後黄褐色、卵形で周囲に細かい突起がある。大きさ21〜42×15〜29μmであるが、品種や採集場所によってかなりの変異が見られる。冬胞子堆は夏胞子堆周辺の表皮下に形成される。冬胞子は楕円形、多角形等種々の形を示し単胞、褐色で12〜34×5〜13μmであるが、冬胞子が発芽したという報告はない。また、精子および銹胞子も知られておらず、伝染環は不明である。したがって越冬の方法も明らかでないが宿主植物はダイズの他、アズキ、クズ、ツルマメ等と多く、これらがあれば一年中夏胞子または菌糸で生存可能なようである。

夏胞子は9〜28℃で発芽し、発芽適温は12〜20℃と広い。発芽すると発芽間の先端に付着器を形成し、宿主に侵入し発病する。潜伏期間は15℃で13日、20℃で7〜8日、22〜28℃で6日、好適条件下では早いサイクルで感染を繰返し蔓延する。わが国では9月下旬に初発が認められ、10〜11月の間に多く発生する。

防除　①阿蘇1号、伊予大豆等の抵抗性品種を栽培する。②播種期が早い程発生が速く被害も大きい傾向があるので可能な限り播種期を遅らせる。③N肥料の過用を避け、カリ肥料を増やすと発病を軽減する傾向がある。④発病を認めたら薬剤を散布する。

①銹病被害株　②夏胞子堆　③冬胞子堆　④激発した銹病により枯上がった葉

7.10 紫斑病(しはん)　Purple stain, Purple speck of seed
Cercospora kikuchii（Matsumoto & Tomoyasu）Gardner

　古くから発生している病害で、全国に分布するダイズの重要な糸状菌病である。

　病徴　ダイズの生育期間を通じて葉、茎、莢、子実に発生する。葉では、初め赤褐色円形の小斑点を生じ、次第に拡大して大きさ1〜3mmの葉脈に遮られた多角形の斑点になる。葉での発生は、生育が旺盛な7月中旬〜8月上旬にかけては発生が少ない。生育の初期には葉の病徴はあまり目立たず中肋や支脈に沿って紫褐色の周縁不明瞭な病斑が多い。その後生育が進み後期になると、下葉を中心に赤褐色の周縁不明瞭な不整形の病斑を生ずる。条件が良く病勢の進展が速い時には、病斑は周縁濃緑色、浸潤状を呈する。発生が激しい時には、褐色〜紫黒色の不整形病斑を多数生じ、時に融合して葉の1/4以上に達する大きな赤褐色の病斑になることがある。このような病斑には多数の分生子が形成される。

　茎では気孔を中心に赤紫色の小斑点を生じ、拡大すると長さ3〜7mm赤褐色〜紫黒色の紡錘形、中央部がわずかに陥没した病斑になる。病勢が進むと茎全体を取囲み、色も灰紫黒色に変わり、その上に多数の分生子を形成する。

　莢の病斑も茎の病斑と同様気孔を中心に発生し、中央部がわずかに隆起した円形の赤褐色の斑点である。莢が緑色を呈している間は小さい斑点に止まっているが、莢の黄化が始まると病斑は急速に拡大して融合し紫褐色〜紫黒色を呈する。ひどく侵された莢の子実は、胚座（臍）を中心に淡紫紅色となっている。時には濃紫色〜紫黒色を呈し、所々に亀裂を生ずる。この子実の病徴が本病の最も特徴のある病徴である。罹病子実は著しく発芽が悪くなり、罹病子実から生じた子葉には、葉縁に褐色〜赤褐色の雲形状の斑点を作り、表面にビロード状に分生子を形成し、本葉への伝染源になる。

　本病は病斑上に黒点を散生するが、ダイズの病害中、病斑部に黒点を生じるものに、本病の他黒点病、炭疽病、および斑点病がある。これらは肉眼では区別が困難であるが、拡大鏡によって病斑部を拡大して観察すると違いが見られる。すなわち紫斑病および斑点病の黒点は、病原菌の分生子柄束で、前二者よりも小さく、多数群生している。黒点病の場合は黒点の形が最も大きく、少し平らである。炭疽病では、黒点が隆起していて、その黒点には剛毛がある。この黒点は重輪状に形成される。

　病原　不完全菌類に属する糸状菌で分生子だけを作る。

①葉の病徴　②葉裏の病徴：葉脈に病斑が多い

ダイズの病害

分生子柄は、叢生して多くは単直まれに分岐し、暗褐色で大きさ85〜220×4〜6μmである。分生子は無色で鞭状をなし、多くの隔壁を有する。原記載では70〜165×4〜5μmの大きさとなっているが、個体によって非常に大きさが異なっていて 38〜450×1.3〜6μmの大きさを示す。これら分生子柄および分生子は、病斑上では小さな黒点となって現われ、注意すれば肉眼でも認められる。病斑上に黒点を生じる病害は、紫斑病の他に、黒点病、炭疽病等があるが、ルーペで細かく観察すれば紫斑病の黒点は小さく、密生しているので、慣れてくれば容易に区別することができる。

菌の生育適温は 20〜30℃、葉の病斑面積率、子実の発病粒数は 20℃で最も高い。なお本菌はダイズだけでなくツルマメ、インゲンマメ、アズキにも感染し葉や種子に病斑を形成する。

生態 病原菌は病種子および被害植物について越冬する。罹病種子が播種され発芽すると、菌糸は直ちに子葉に侵入して発病し、病斑上に分生子を形成、第一次伝染源になる。分生子は 17〜35℃の温度条件下で形成され、葉では 27℃、子実では 27〜29℃で最も多く形成、17℃以下ではほとんど形成しない。分生子の宿主組織への侵入は、組織の傷および気孔から行われるが、侵入肥大菌糸を形成して気孔から侵入する例が最も多く観察されている。

本病の発生はダイズの生育が旺盛な7月中旬〜8月上旬は少なく、生育が進んだ9月上旬以降に急速に増加する。また子実の発病に適した莢の感染時期は開花12日後〜37日後の間であると推察されており、紫斑粒になるのは莢が緑色の間は全く認められず、莢が黄化し成熟期に至る過程で急速に増加する。この時期に降雨が多いと紫斑粒の発生は著しく増加する。

防除 ①種子はできるだけ無病のものを用いる。しかし完全に無病のものを得ることは困難であるから、種子消毒をして播種する。②抵抗性品種を栽培する。品種によって抵抗性に差があるが、早生品種の抵抗性は弱い傾向にあり、抵抗性品種は奥羽13号、花嫁、小出在来、朝日等中・晩生品種に多いが、免疫を示すような品種はなく、抵抗性の程度も環境条件に左右されることがあるので注意を要する。③耕種的には成熟期が遅延すると病粒(紫斑粒)が多くなる傾向がある。また紫斑粒は収穫時期が遅くなる場合、収穫期の乾燥が不十分な場合に多くなるので、適期に収穫し収穫後は速やかに乾燥する。④紫斑粒の発生には薬剤の茎葉散布が高い防除効果を示す。薬剤散布の適期は、感染を保護する系統の薬剤では開花14日後〜28日後、治療効果のある薬剤では開花21日後〜42日後という試験成績がある。

③茎の病斑 ④莢の病徴 ⑤被害子実 ⑥病原菌分生子束 ⑦病原菌分生子

7.11 黒点病(こくてん)　Pod and stem blight
Diaporthe phaseolorum（Cooke & Ellis）Saccardo var. *sojae*（Lehman）Wehmeyer

1920年アメリカで最初に発見され、現在世界各国に分布している。わが国では、みいら病とも呼ばれ、6～7月頃から発生し、生育末期に多くなる。とくに降雨の多い時に発生が多い。

病徴　茎、葉柄、莢、および子実に主に発生するが、葉にも発生する。葉では一定の病斑を示さず確認するのは困難であるが、褐色の斑点に本病菌が寄生しているのが見られる。一般に衰弱した部分に侵入感染するらしい。茎では成熟期頃に表面帯白色の病斑を作り、その上に黒点が縦に並列する。これは柄子殻で、後に集合して、かなり表面に隆起している。莢では初め暗褐色の小斑点を生じ、その周りは急に灰白色となり、ついには乾燥枯死し、表面に黒褐色の粒が散生する。早く侵されたものは莢が扁平になる。この莢を開いてみると、種子は小さくみいら状になり、白色の菌糸が充満している場合が多い。

病原　糸状菌の一種で、子のう菌類に属す。不完全世代は *Phomopsis sojae* Lehman である。柄子胞子とまれに子のう胞子を作る。柄子殻は黒色で扁平または楕円形で表皮の下に生じ、大きさは形成の部位によってかなり異なる。莢や茎に形成されたものは 82～375×82～225μm、葉に形成されたものは 135～240×120～180μm という記録がある。この中に形成される柄胞子は無色、単胞で二つの油滴があり、楕円形で 4～10×2～4μm のものと、無色、釣針状で 13～30×1～2μm の大きさのものと二つの型があるが、後者は発芽せず病原力がない。完全世代はまだわが国では発見されていないが、子のう殻は球形または多少扁円で、黒色の子座中に埋没し、大きさ 185～346×48～282μm で長い頸がある。子のうは無色、棍棒状で、35～51×3.3～10μm、中に8個の子のう胞子ができる。子のう胞子は無色、長楕円形で2胞、各胞に二つの油滴がある。大きさ 9～13×2～6μm である。

生態　被害種子中の菌糸または被害植物に付いている柄子殻中の柄子胞子で越冬し、翌年これらが第一次伝染源となって伝播するものと思われる。

防除　①種子はできるだけ健全なものを用い、種子消毒剤を粉衣して播種する。②被害植物はできるだけ集めて焼却または土中深く埋没する。

①黒点病、葉の病徴　②罹病茎に形成された柄子殻　③被害莢　④被害種子

7.12 斑点病　Frog-eye disease, Cercospora leaf spot
Cercosporidium sojinum (Hara) Liu & Guo

　この病害は1915年原によって初めて記録された病害で、現在世界各地のダイズで発生が認められているが、ダイズ栽培地の中でも比較的気温が高く多湿の地域での発生が多い。

　病徴　主に葉に発生するが、茎、莢、子実にも発生する。葉の病斑は、初め淡褐色の小さい斑点で、拡大するに従い中央が灰色〜灰白色になり、周りは濃褐色となる。灰白色の部分は破れて穴があくことがある。病斑の大きさは、普通径1〜5mmである。このような病斑の裏面には灰緑色のかびが見られる。品種によっては病斑が癒合し、枯死することがある。茎では生育の後半に、初め黒褐色周縁は濃褐色で中央部はわずかに凹んだ病斑ができる。病斑は拡大するに従い、中央部は褐色〜淡灰白色になり、微細な暗色の子座を形成し、束状の分生子柄と多数の分生子を形成し黒色を呈する。莢の病斑は円形〜長楕円形、赤褐色〜黒褐色でやや凹み、拡大すると中央部は褐色〜灰色になり周縁は濃褐色になる。後に病原菌は莢を通して子実を侵す。侵された子実は濃淡の灰色〜褐色の部分を生じる。大きさは小さい斑点から子実全体に及ぶような大きな斑点等さまざまである。時には濃淡の褐色が入り混じった病斑になることもある。子実の表面には割目ができ種皮が部分的に薄く剥がれることもある。しかし、紫斑病と異なり種皮に紫色の斑点は生じない。

　病原および生態　病原は糸状菌の一種で不完全菌類に属する*Cercospora*近縁種の一つで長い間*Cercospora sojina*と呼ばれていたが、分生子柄および分生子に顕著な臍状の離脱痕があることで新しい属*Cercosporidium*が創設され、ラッカセイ黒渋病やイチジク褐斑病菌等と共にこの属に移された。病斑の裏面に見られる灰緑色のかびは、本菌の分生子で、分生子柄は淡褐色で2〜18本叢生し、3〜4個の隔壁がある。大きさ52〜120×4〜5.5μm。先端部は関節状屈曲も顕著で、やや突出した分生子離脱痕(spore scar)が見られる。分生子は無色、倒棍棒状で0〜10の隔壁がある。大きさ24〜108×3〜9μmであるが普通40〜60×6〜8μmのものが多い。分生子の基部は円く臍状の離脱痕がある。

　病原菌は菌糸が種子または被害植物に付いて越冬する。罹病種子から発芽した幼苗は若干矮化し子葉に病斑を形成、ここに形成された分生子や罹病残渣の病斑上に形成された分生子が若い葉に感染し拡がる。とくに温暖で高湿度の条件下で多量の分生子を形成し急速に拡がる。なおアメリカでは病原菌についてレースの存在が知られているが、わが国ではそのような報告はない。

　防除　健全種子を用いる。また被害茎葉は可能な限り集めて焼却するか深耕して土中深く埋没する。

① 斑点病　② 病斑上に形成される分生子　③ 黄化した罹病葉　④ 莢の病斑（接種）

7.13 黒根腐病 (くろねぐされ) Root necrosis
Calonectria ilicicola Boedijn & Reitsma

アメリカで記録された病害で、わが国では1967年千葉県で記録され、現在北海道を除く各地に発生している。

病徴 最初の病徴は、まず頂葉に黄化が見られる。この病徴は、莢の形成が始まる7月上・中旬になって現われる。多くの葉は葉脈間が濃褐色になり、次第に枯死する。発病株の茎は地上3～4cmが紫黒色を呈し、根は主根、支根共に褐色または黒褐色になり、もろく折れ易くなる。罹病株の茎には、後に地表から2～8cmの上部に橙色～赤色の子のう殻が形成される。

病原 糸状菌の一種で子のう菌類に属す。当初完全世代は *Calonectria crotalariae* とされていたが、既報の *Ca. ilicicola* と同じであるとされ synonym となった。また不完全世代は *Cylindrocladium crotalariae* とされていたが、これについてはラテン記載がなく無効となり、1993年に記載された *Cy. parasiticum* に変更された。

この菌は、子のう胞子、分生子、微小菌核を形成する。罹病茎上に形成されるオレンジ色の子のう殻内には 85～142×12.6～21.5μm の棍棒状の子のうが形成され、中に8個の子のう胞子を生じる。子のう胞子は無色、紡錘形～鎌形で 1～34 隔壁を有し隔壁部は幾分くびれる。大きさ 35.7～58.5×5.7～7.6μm である。分生子柄は菌糸より分岐し、二又または三又状に3回分岐しその先は小柄となる。小柄は先端が球状に膨らんでいてここに分生子を着生する。分生子柄は長さ 380～480μm、分生子は無色、円筒形、両端は半円状でわずかに基部が広く、通常3隔壁を有する。大きさ 53～84×5.5～7.2μm である。微小菌核は長さ 33～311μm、幅 22～133μm で大きさの変異が大きい。この菌は高温性の菌で熱帯・亜熱帯に広く分布し、多くの草本や木本を侵し、立枯病や根腐病を起こす。わが国ではダイズの他ラッカセイやカシ類、エニシダも宿主として挙げられている。またインドネシアではジャガイモを侵すことが知られている。

生態 罹病植物の根に形成される微小菌核が主な伝染源と考えられている。子のう胞子、分生子の役割は十分明らかにされていない。病原菌の菌糸の伸長は、27℃が最も良好で5℃以下35℃以上では全く発育しない。また分生子は20～30℃で形成され、25～27℃で最も多く形成する。土壌条件と発病の関係では、土壌水分が高いと発病がひどくなり、土壌温度15～30℃の範囲で発病する、また、連作によって急速に蔓延する。

防除 連作を避け、圃場の排水をよくする。また高畦栽培によって発病が軽減される。品種によって抵抗性が異なるので抵抗性品種を栽培する。1970年代の成績では、強い品種として三河島、十勝長葉、ハロソイ、北白、アサミドリ、北見白等がある。

① 黒根腐病被害株　② 罹病株黄化した葉の病徴　③ 黒根腐病、根の病徴

ダイズの病害

7.14 株枯病（かぶがれ）　Basal stem rot
Ophionectria sojae Hara

全国的に分布している病気ではないが、関東地方の石岡等では部分的にかなり大きな被害を与えている。また、倉田（1960）は、岩手、長野、兵庫の各県で発生を認めたが、実害はほとんどない程度の発生であったと報告している。

病徴　地際部の茎に発生する。被害株は元気がなく、次第に下葉は黄色になり萎凋することもある。このような株の地際部は黄褐色～赤褐色に変色していてその部分に白色の菌糸を生じることがある。病斑の上部からは気根が出る。病状が進展すると枯れ上がる。このようになると株は抜け易くなり地際部は暗褐色に腐敗しその部分に朱色の子のう殻ができる。この朱色の子のう殻を作るのが本病の特徴で、末期にはこれによって鑑定は容易である。

病原　子のう殻は、単生まれに集合して生じることがある。被害部の表面に形成され、鮮明な朱色～赤褐色で卵形または球形で大きさ 100～200 μm。子のうは棍棒状で 68～88×7～14 μm、中に 8 個の子のう胞子を蔵する。子のうは無色で紡錘形、1 個の隔壁を有し大きさ 30～52×3～5 μm である。

生態　この病害についてはほとんど研究がされていないので伝染の方法や防除法は現在のところ不明であるが、子のう殻によって越冬するのではないかと考えられる。

〔備考〕原色作物病害図説 第 4 版（1970）(78 ページ）では「本病の初期病徴と非常によく似た病徴を示すものに *Fusarium oxysporum* Schlechtendahl および *Fusarium moniliforme* Sheldon によって起こる立枯病がある。立枯病は茎の地際に縦に長い褐変が生じ、後に茎全体が濃褐色に変化して亀裂を生ずる。地上部の病徴は株枯病と全く同じであり病徴が進んで子のう殻を生じるまでは区別は困難である。」と付記している。ここに掲げた写真は 1960.8 当時の茨城県農試石岡試験地のダイズ病害指定試験圃場の見本園に株枯病の標本として保存、発病したものを撮影したものである。病原菌については標本上に認められた子嚢殻を撮影しているが、分類学的な細かいチェックは行っていない。倉田によれば本菌は、原がその著書「実験作物病理学」に記述したのみでラテン記載がなく、病原の学名については検討を要すると述べている。1969 年御園生・深津はダイズの新病害として *Calonectria crotalariae* による黒根腐病を発表している。この病害は本病と病徴および病原菌の有性世代の形態等極めて類似しているが、報告中にダイズから分離された類似菌 *Neocosmospora vasinfecta* との比較はあるが、本病菌 *Ophionectria sojae* との比較は全く行っていない。近年、黒根腐病は東北地方のダイズ栽培地帯でかなり発生しているようなので、*Ophionectria* による株枯病の存在も含めて比較検討が望まれる。

① 株枯病被害株　② 罹病株地際部の初期病徴　③ 被害茎の末期症状　④ 株枯病菌の子のう

7.15 褐紋病（かつもん） Septoria brown spot
Septoria glycines Hemmi

褐紋病は1915年逸見によって北海道で初めて記載された病害である。その後旧満州・朝鮮でも発見されており、古くからアジアのダイズ栽培地域に分布していたようである。現在では、アメリカを始めブラジル、カナダ、ドイツ、イタリア等比較的冷涼なダイズ栽培地帯で発生が認められている。

病徴 茎、莢、種子にも発生するが、基本的には葉に発生する病害である。子葉では赤褐色～黒褐色、3～4mmの不整多角形の特徴ある病斑を作る。初生葉では褐色の斑点が葉の上面・下面の両面に生じる。時に病斑は融合して拡大し、急速に黄変し落葉する。複葉では2～3mmの褐色～赤褐色、不整形の病斑を作る。これは主に中肋や主脈に沿って群生する。ひどく発生すると小斑点は融合して葉全体に及び黄変して落葉する。本病に葉焼病、斑点細菌病、紫斑病と混同され易いが、主として中肋、主脈その他葉脈に沿って病斑が形成されると同時に、病斑部を透かして見ると小さい黒点（柄子殻）があり、区別できる。成熟期には葉柄や茎に不整形、淡褐色～赤褐色の短い条斑を多数生じ、葉は褐色鋳状を呈し早期に落葉する。莢の病斑は小さな褐色の斑点で特徴はなく、他の病害との識別は困難である。

病原 不完全菌類に属する糸状菌で柄子殻を作る。柄子殻は古い病斑の死んだ組織の表皮下に埋もれて形成される。葉では球形、茎では扁球形で褐色を呈し、大きさ60～125μm。柄胞子は糸状で無色、21～53×1.4～2.1μmの大きさで1～4の不明瞭な隔壁がある。この隔壁は発芽時には明瞭になる。

生態 被害植物に付いている柄胞子および菌糸が、土壌中または種子に混在して越冬する。越冬した菌はまず子葉や単葉を侵し、ここに形成された柄胞子が風や雨滴によって上葉に達し、発芽して気孔から侵入して拡がる。本病は15～30℃で発病し、発病の適温は25℃である。発生による被害程度は8～15％と評価されている。

防除 ①被害茎葉は集めて焼却するか、耕作の際深く埋込む。②無病の種子を播種するが、厚播き、密植を避ける。③燐酸およびカリを十分に施すと同時に排水をよくする。

① 褐紋病、発生状況　② 葉の病斑　③ 褐紋病菌柄子殻　④ 褐紋病菌柄胞子

ダイズの病害

7.16 褐色輪紋病　　Target spot
Corynespora cassiicola (Berkeley & M. A. Curtis) C. T. Wei

1945年アメリカで初めて記載された病害である。わが国では1949年鴻巣で発生記載された。

病徴　葉、葉柄、茎、鞘、子実、根と全ての部分を侵す。葉では3〜4mmの円形、時に楕円形の病斑を作る。病斑の内部は黄褐色または濃オリーブ色、外側部は黒褐色で輪紋を生じる。古い病斑では中心部は灰白色に変わり輪紋は不明瞭になる。葉柄、茎、莢等では単に赤褐色の斑点を作る。根にも発病するということはアメリカでは早くから報告されていたが、わが国では1978年北海道で初めて明らかにされた。子葉が展開期に胚軸および主根に赤褐色の円形〜長円形の斑点を生じ、後に側根も侵す。ダイズの生育に伴ってこれらの病斑は拡大し、茎や根全体を取巻き、生育が遅れ開花期前に萎凋あるいは落葉する。この根を侵す菌は根および茎（胚軸）だけを侵し、葉や莢を侵すものと病原性が異なっていて、異なったレースと位置付けられている。

病原　糸状菌で不完全菌類に属す。分生子柄は黄褐色〜黒褐色、細長くほとんど真直、所々にくびれがあり0〜7の隔壁を有する。幅4〜8μm、長さは普通80〜340μmであるが変異に富み400〜600μmに達することがある。分生子は倒棍棒状、円筒形でやや湾曲し、先端は基部よりもやや細い。初め無色透明であるが後に淡オリーブ色を帯びる。隔壁は2〜20（普通7前後）、基部に臍があり、大きさ26〜219×5〜20μm、変異が大きい。

生態　本菌は罹病植物残渣や種子について生存する。また、土壌中で約2年間生存する。葉への感染は湿度80％以上で水滴がある時に起こる。幼苗の茎・根では発芽3日後にはすでに病斑が見られ、土壌温度15〜18℃が感染に最適で、土壌水分が高いと発生がひどくなる。20℃以上になるとほとんど発病しない。

この菌は多犯性で多くの作物を侵す。わが国ではトマト褐色輪紋病、キュウリ、メロン、ハス、アジサイ、セントポーリア等の褐斑病、シソ斑点病等を起こす。

防除　連作を避け、罹病残渣を圃場に残さない。北海道等気温の低い所ではできるだけ作付けを遅くする。

① 褐色輪紋病、発生状況　② 葉の病斑　③ 褐色輪紋病菌分生子　④ 褐色輪紋病菌分生子柄

7.17 茎疫病(くきえき) Phytophthora stem rot
Phytophthora sojae Kaufmann & Gerdemann

1977年に北海道で発生確認されたのが本邦初記録である。現在では北海道の他、本州にも広く発生する。

病徴 ダイズの生育期間全般にわたって発生する。幼苗期では、初め胚軸部に水浸状の病斑が現われる。病斑は進展すると葉が次第に萎凋し、やがて苗立枯れ状を呈し枯死する。生育期では根部や主茎の地際部、時にはそれより上部の主茎および分枝茎に楕円形〜紡錘形、水浸状の褐色病斑を生ずる。その後病斑は拡大して大型となり茎の全周を覆うようになり、根も褐変して根腐れ症状を呈する。この根腐れ症状は本病の大きな特徴である。やがてダイズの生育は停滞し、葉は黄化、下垂して早期に萎凋枯死する。病斑の表面には *Fusarium* 菌、*Alternaria* 菌等が二次的に寄生し、白色粉のかびが生じる。

病原 糸状菌の一種で鞭毛菌類に属する。菌糸は無色で隔壁がなく、中間に球形または偏球形の厚壁胞子を形成する。遊走子のうおよび卵胞子を形成する。遊走子のうは無色、レモン形で大きさは 32.8〜52.4×23.8〜38.1μm。乳頭突起はないか目立たない。遊走子は楕円状で径 8.5〜9.5μm である。造卵器は球形、平滑で1個の卵胞子を内蔵する。卵胞子は球形、壁は平滑で初め無色であるが成熟すると淡黄色となり、大きさ 16.7〜33.4μm である。造精器は無色、倒卵形あるいは楕円形で造卵器に側着まれに底着する。

生態 病原菌の種名はアズキ茎疫病菌と異なるが、伝染経路および発生環境等生態は極めて類似している。病原菌は卵胞子が土壌中で越冬する。越冬した卵胞子は高水分条件の下、発芽して多量の遊走子を形成、これが第一次伝染源となり、ダイズの胚軸や地際の茎に付着、侵入発病する。病原菌の生育適温は 28℃前後で、圃場の多水分条件下で発病が激しくなる。

防除 排水の良好な圃場で栽培する。発病に品種間差が見られるので、発病の少ない抵抗性品種の栽培が有効である。また、茎葉散布剤のダイズ株元への散布も有効である。

(児玉不二雄)

① 茎疫病、被害株 ② 茎疫病、地際部の症状

7.18 落葉病　Brown stem rot
Phialophora gregata（Allington & D. W. Chamberlain）W. Gams

　アメリカでは古くから知られていたが、わが国では1980年に北海道で初めて発見された病害である。

　病徴　北海道（帯広）で9月上旬になると、本病に感染したダイズは、中～下葉に病斑が見られないまま、霜に当たったように萎れ始める。落葉症状はアズキ落葉病のように急激ではないが、かなり急速に萎凋し始め、次第に株全体に拡がり、やがて葉は乾いた状態となり逐次落葉する。病徴の進展が遅い時は、葉の周辺や葉脈間が枯死する。罹病株の茎を切断すると維管束や髄部に褐変が認められる。維管束部の褐変は地下部から地上部へとつながっている。土壌伝染する。

　病原　糸状菌の一種で不完全菌類に属する。本菌は分生子を形成する。分生子柄は無色、短線状あるいは棍棒状で、長さ3.7～9.7μmである。分生子柄の先端に分生子を擬頭状に形成する。分生子は無色、単胞、卵形～楕円形で、大きさは2.5～6.2×1.9～4.3μmである。なお、これらはいずれも素寒天上で形成された分生子の値である。また、菌株によってPDA上で分生子を形成するものと形成しないものがあるという。菌の生育適温は20℃である。

　生態　病原菌は被害組織中で菌糸および分生子で越冬し伝染源になる。ダイズが播種されると発芽後根毛または側根の基部から侵入し、導管を通じ胚軸を経て地上部の茎に達し萎凋し始める。また種子伝染もする。連作頻度の高い圃場で発病が多い他、シストセンチュウの加害によっても発生被害は激化する。

　防除　伝染源の主体は罹病残渣であるから、被害茎葉は焼却処分または完全堆肥化する。また、イネ科作物を組込んだ輪作体系を推進する他、健全種子の使用を励行する。

（児玉不二雄）

7.19 苗立枯病　Damping-off
Pythium ultimum Trow var. *ultimum*, *Pythium spinosum* Sawada,
Pythium myriotylum Drechsler

　本病は1990年代から、北海道、宮城県、茨城県、富山県等全国各地で発生していたと見られるが、病原菌が同定されたのは、2010年になってからである。播種時～生育初期にかけて、14℃以下の低温が継続したら、降雨によ

① 落葉病、発生圃場（児玉）　② 落葉病、罹病茎内部の褐変（児玉）

り加湿（場合によっては冠水）が続くと、著しい発生となる。

病徴 本症状は播種後の種子が出芽不良になったり、発芽前後に土壌中で腐敗・枯死するのが特徴である。とくに後者の比率が高い。茎葉の生育が旺盛な生育中期以降にあっては、ダイズ根面に寄生して、生育を阻害する。

病原 糸状菌の一種で、鞭毛菌類に属する。罹病種子の各部位からの分離菌はほぼ100％に達する。分離される Pythium 菌は3種類に類別される。その一つは、遊走子は未形成．造(蔵)卵器は球形平滑でおおむね頂生、卵胞子は造卵器を満たさず胞子壁は厚いこと等から Pythium ultimum var. ultimum とされる。他の一つは、遊走子は未形成．造卵器の表面に棘状突起を持ち、卵胞子は造卵器内に充満する等の菌学的特徴から Pythium spinosum とされる。もう一種類は hyphal swelling を形成し、有性器官が観察されていない。これらの分離菌は定法によりダイズに土壌接種すると強い病原性を示す。P. ultimum、P. spinosum 共にダイズの他アズキ、インゲンマメ、エンドウに病原性を示す。本病に対する品種の抵抗性に差異が見られる。スズマルはやや強い。なお、新しく病原として Pythium myriotylum が加えられた。これは2009年9月広島県下の水田作ダイズの苗立枯症状を示す個体から分離された菌が、病徴はすでに病原として挙げられている Pythium 属菌と全く区別できないが、比較研究で他の菌と生態、形態が異なっていることが明らかになった。その結果によると、この菌は好高温性、ほうき状付着器と膨状の胞子のう (Lobate Sporangium)を形成、長い逸出管を持ち、雌雄異糸性、造卵器中の卵胞子は充満しない等の特徴があり、トマト、キュウリ、サトイモの根腐病、イチゴのすくみ症状の病原として、またエンドウ、インゲンマメの連作障害に関与する菌として、すでに報告されている P. myriotylum と同定され、新しく病原として加えられた。

伝染 本病は土壌伝染する。病原菌は卵胞子で土中越冬し、翌年、土壌の高水分条件下で発芽し、ダイズの種子内に感染・進入し不発芽・生育不良の症状を起こす。発病は土壌水分に大きく影響され、圃場が多水分となり易い条件下にあっては、急激に発病し、蔓延する。また播種後の低温は、土壌中での発芽を停滞させるので、発病し易くなる。

防除 ダイズ等豆類の連作を避けること、また排水不良条件下で多発するので、排水対策を施す必要がある。心土破砕、流水や浸透水の防止、側溝による排水促進および培土処理等による株元土壌の排水等に努める。抵抗性品種栽培は被害軽減上重要である．播種時にチウラムフロアブル剤、チアメトキサム・フルジオキシル・メタラキシルM剤による種子塗抹の種子塗抹処理は、防除効果が高い。とくに後者はその効果が、ダイズの生育中期にまで持続する。

（児玉不二雄）

③ P. spinosum　④ P. ultimum　⑤ 発病個体；すべて罹病している　⑥ 圃場全景；ダイズ出芽不良
⑦ 苗立枯病に対する薬剤の効果　左から；1. 無接種　2. チアメトキサム・フルジオキソニル・リドミルMフロアブル　3. チウラムフロアブル　4. 接種・薬剤無処理（写真③〜⑦すべて児玉）

7.20 炭疽病　Anthracnose
Colletotrichum truncatum (Schweinitz) Andrus & W. D. Moore,
Colletotrichum trifolii Bain, *Glomerella glycines* (Hori) Lehman & Wolf

世界中で発生する。冷涼な生産地では重要な病害ではないが、気温の高い熱帯・亜熱帯では、かなりの被害を生じる程発生することがある。わが国では、全国的に発生するが、被害はそれ程目立たない。病原は複数で、標記した3種の他にも *Gloeosporium* sp. が挙げられている。これらのうち主要な病原は *C. truncatum* で、他は病原性も弱く重要性も低いので、ここではこの菌について述べる。

病徴　莢の被害が最も大きい。初め赤褐色、不整形の病斑であるが、後拡大、融合して莢全体が灰白色、まれに黒色になる。子実は全く結実せず、莢は乾燥し捻じれ、小黒点（分生子層）が輪紋状に規則正しく配列される。茎では灰白色の、葉では中肋のり面に赤褐色後灰白色の病斑を作る。

病原　*C. truncatum* は不完全菌類に属し、病斑上に黒褐色、針状の剛毛を持った分生子層に分生子を形成する。分生子は無色単胞三日月形、大きさは 16.5～25.5×3.5～4.5μm（平均 22×4μm）である。

生態　病種子および被害植物中の菌糸によって越冬する。種子が播種され発芽すると、越冬した菌は葉、莢等に移り成熟期まで潜伏、好条件になれば急速に分生子層を作って表面に現われる。防除法は紫斑病に準ずる。

7.21 赤かび病　Fusarium pod rot
Fusarium avenaceum (Fries) Saccardo

莢の赤かび病は、原によって1918年に初めて明らかにされた病害である。

病徴　莢に発生、初め淡褐色の病斑ができ、病斑が拡大するに従い周りが淡褐色～褐色、中央の部分は灰白色を呈して多少凹む。後に病斑の表面に淡紅色のかびが見られる。このような莢の種子は白色の菌糸で覆われ、皺を生じ大きくならない。また莢全体が腐敗することもある。

病原　不完全菌類の *Fusarium* 属菌が病原である。当初、原は病原は *Fusarium roseum*（この学名は現在 *F. avenaceum* の異名となっている）でないかと推察したが確定せず保留した。その後、松尾らは *F. oxysporum* が病原であるとしたが、多くの材料について検討の結果、ムギ類赤かび病の病原と同じ *F. roseum* の方が病原として重要であるとした。この菌はムギ類赤かび病菌と同じで、三日月形の分生子と厚壁胞子を形成する。詳しい形態等はムギ類赤かび病の項を参照されたい。なお、今一つの病原として挙げられている *F. oxysporum* は立枯病の病原でもある。これについては株枯病の項に付記した。なお、文献によればダイズの pod rot を起こす菌は、インド、ブラジル等では *Fsarium pallidoroseum* とされ、さらなる研究が必要と考えられる。

生態　発育不全の莢、害虫の食痕等から侵入し発病することが多いとされているが、伝染経路、感染機構の詳細は明らかでない。

① 炭疽病、被害莢　② 被害莢上に形成された炭疽病菌分生子
③ 赤かび病、被害莢　④ 赤かび病、被害莢上に見られる病原菌

7.22 莢枯病　Pod rot
Macrophoma mame Hara

　原によって 1930 年に命名・記録された病害で、当時全国各地で散発、1945 年以降も発生が認められている。この他中国の旧満州で激発した報告がある。本病は日本植物病名目録には収録されてはいるが、ラテン記載がないため Index Fungorum には収録されていない。

　病徴　主に莢にまれに葉、茎に発生。莢では周縁褐色、内部灰褐色～灰白色円形の病斑を作る。病斑上には小黒点（柄子殻）を生じ、病斑の下にある子実は腐敗変質する。

　本病莢の病徴は莢の赤かび病初期～中期の病徴に類似する。しかし本病は赤かび病より病斑がやや小さく、周縁が明瞭である。また赤かび病では中～末期にかけて病斑上に淡褐色の菌糸が見られるが、本病では菌糸は見られず小黒点を生じるので区別できる。

　病原　不完全菌類に属し、柄子殻・柄胞子を作る。柄胞子は無色、単胞、長楕円形、または両端やや鈍頭の紡錘形で、大きさ 12～28×7～9μm である。暗褐色～黒褐色、大きさ 125～180μm の柄子殻内に形成される。

　生態、防除法とも明らかでない。

7.23 炭腐病　Charcoal rot
Macrophomina phaseolina (Tassi) Goidánich

　世界中に分布、とくに熱帯・亜熱帯にかけて被害が大きい。わが国では、局地的であるが多発することがある。

　病徴　茎および根に発生し、その他の部分は侵されない。8月の終わりから9月にかけて葉が急に萎れて黄色になりやがて落葉する。このような株は地際や茎の下部が灰白色を呈し、表皮を剥いで見ると小さい黒点が密生している。古くなると表皮はぼろぼろになり、木炭の粉のような夥しい微粒が露出する。この小黒点は本病菌の菌核である。罹病株は抜け易く根は直根だけで他は腐敗脱落する。早く発病したもの程実入りが悪く、ひどい時には 50％、普通 20％の減収となる。

　病原　本菌は菌核を作る。罹病株の根や茎に見られる木炭粉末のような微小な黒点がそれで、た易く落ちる。菌核は球形または扁球形で表面は滑らかである。成熟したものは炭黒色を呈し大きさ 30～110μm、平均 70μm 前後である。この菌の宿主範囲は極めて広く約 300 種が記録されている。

　生態　この病菌の菌核は土中で 2 年間も生存するので菌核によって伝染するものと思われる。しかし、土壌の多湿条件下では短く、1～2ヵ月で死滅する。28～35℃の高い温度でよく発病し、高温乾燥の条件下で多発する傾向がある。

　防除　連作を避け、少なくとも 3 年以上輪作する。種子は無病健全なものを用いる。播種前に石灰を施し、夏季乾燥時には散水または灌水する。田畑輪換も防除に有効である。

①莢枯病　②莢枯病菌柄胞子　③炭腐病、茎の病徴　④炭腐病末期の病徴（西原）

7.24 黒痘病 (こくとう)　Sphaceloma scab
Sphaceloma glycines Kurata & Kuribayashi

1946年長野県下で発見された病害で、その後発生地域は全国的に拡がり、関東以北とくに東北地方の各県で大きな被害を与えた病害である。しかし最近、発生は少なくなり、局地的に発生を見るに過ぎない。世界的には日本だけに発生し、ダイズの病害としては珍しい病害といえる。

病徴　葉、茎、莢等の若い部分に発生する。葉では普通径が2mm時に5mmの円形、黒褐色、わずかに肥厚し隆起した病斑を作る。病斑は葉脈に沿って形成されることが多いが、しばしば融合して不規則な形を呈する。葉柄、茎、莢では、いわゆる瘡痂状の隆起した黒褐色の病斑を作る。形は楕円形または不整形で融合することが多い。本病に侵された株は生長点が枯れ、葉は下方に巻き立枯れ状になり、品種によっては茎が蔓状になる。また被害株は暗緑色を保ち着果が少なくなる。子実は発育不全になり収量は非常に減少する。

病原　分生子果不完全菌綱に属する糸状菌で、分生子を作る。普通菌糸は隔壁の多い数珠球状をなし、幅は0.5～2.0μm、組織内では集って菌糸塊状になる。若い菌糸は無色であるが、古くなるとやや灰褐色になり菌糸塊状になったものは黒褐色を呈する。分生子は表皮下に生じた子座状菌糸層の分生子柄上に形成され、透明または淡暗色の卵形または楕円形で1～2個の眼点を有し大きさ4.7～13.0×2.1～5.6μmである。

生態　罹病茎、葉、莢の組織中の菌糸が越冬し第一次伝染源になる。種子伝染、土壌伝染はしないようである。越冬した菌は5～6月頃若いダイズを侵し、病斑を作る。本病菌の生育適温は25℃で、5℃以下30℃以上では生育しない。このため真夏の間は病勢はそれ程進まないが9月上旬から10月にかけて急速に進展する。一般に8月下旬から9月上旬にかけて降雨が多いとよく発生する。

防除　農林2号、秋田、陸羽4号、ムツメジロ、ライデン、ミヤギシロメ等抵抗性品種を栽培する。連作を避け伝染源となる罹病株残渣は早く除去する。

〔備考〕　本病原菌の学名は日本植物病名目録では *Elsinoë glycines* とされているが Index Fungorum では *Elsinoë* での記載はなく *Sphaceloma* だけである。本菌が完全世代を形成したという記録はどこにもない。1960年に発行された日本有用植物病名目録1巻の初版では *Elsinoë glycines*（Kuribayashi et Kurata）Jenkins となっており、2版以降は *El. glycines* Jenkins となっている。本菌はわが国だけで発生が記録されており、新しく記載する際に、発見者倉田らはJenkinsに意見を伺ったことが記録されている。このような経過から判断すると、*Elsinoë* としたことは病名目録編集の際の手違いによる可能性が大きいと判断される。したがって、*Elsinoë* とした報告が出ない限り Index Fungorum に従って *Elsinoë* は削除することにした。

① 黒痘病、葉の病斑　② 莢の病斑（西）　③ 茎の病斑（西）

7.25 萎凋病 (いちょう)　Wilt and root rot
Verticillium dahliae Klebahn

1983年群馬県利根村および赤城村のエダマメ栽培地帯で発生が確認された病害で、発生はエダマメ栽培地に限られているようである。

病徴　まず葉脈間に周辺黄色の褐色病斑が現われる。この病斑は拡大、環境条件によって黄変部が目立つこともあるが葉縁部から褐色になって巻込み萎凋した外観を呈する。本病の萎凋は褐色が先行するのが特徴で、単に青枯れ状に萎凋することはない。病気が進展する7月下旬から8月にかけては罹病株の葉はほとんどが褐色になって枯死・落葉し青い茎だけが目立つようになる。罹病株の茎や葉柄の維管束部や根の内部は褐変する。罹病株の葉を折って葉柄の基部を見ると維管束の部分とくに周辺が褐変しているので本病と確認することができる。

病原と生態　病原は糸状菌の一種で不完全菌類に属する。菌糸は無色で隔壁がある。分生子柄は菌糸から直上し細長で無色、少数の隔壁があり上部数ヵ所に分生子形成細胞（フィアライド）を車軸状に輪生し先端に分生子を着生する。分生子は楕円形〜円筒形で無色、単胞（時に2胞のものもある）、大きさ 2.5〜8.0×1.4〜3.2μm である。また、球形〜紡錘形で黒色の微小菌核を作る。

本菌は多犯性で多くの作物を侵す。病原菌は菌核が土壌中で生存を続け、これが伝染源となり作物を侵害する。生育適温は20〜25℃である。ダイズではエダマメの品種「ユキムスメ」でよく発生する。ネグサレセンチュウやダイズシストセンチュウの寄生は本病の発生を助長するといわれている。

防除　連作を避ける。また、罹病残渣は圃場に残さず処分する。

〔備考〕旧版では罹病して葉片、葉柄が垂れ下がる新しい病害として、ねむり病を紹介した。しかし、ねむり病は現在発生が見られず、病徴の写真も入手できないので、掲載は取りやめその概要を備考として紹介する。

ねむり病は1951年熊本県で初めて発生、1954年には熊本阿蘇地方で大発生し大きな被害がでた。1955年に西沢らによって新病害として報告されたもので、病原は新種で *Septogloeum sojae* Yoshii & Nishizawa と命名されている。本病は生育の初期から発生し、茎、葉柄、葉の裏面の葉柄等に赤褐色の細い条斑を作る。病斑は後融合して黒褐色になる。このような病徴は黒痘病に類似するが、本病は病勢が進むと葉片、葉柄は特異的に垂れ下がるのが特徴で、この点が黒痘病と異なる。莢、種子が侵されると奇形になる。病原は不完全菌類に属し、宿主の表皮下に分生子座を生じ、分生子を形成する。分生子は棍棒状、長紡錘形、無色、2〜7の隔壁があり、大きさ 22〜47×3.5〜5μm である。

①萎凋病、被害株　②萎凋病、葉の病斑　③萎凋病による導管部の変色　④萎凋病による落葉

7.26 萎黄病 Yellow dwarf, Soybean cyst nematode
Heterodera glycines Ichinohe

わが国で、本病は古くから発生していたようで1882年にすでに症状の記録がなされているが、正式の発表は1915年に萎黄病（月夜病）という名称で病害として報告された。一方、ダイズのcyst nematodeとしては、日本を始めブラジル、カナダ、アメリカ、コロンビアその他インドネシア、中国、韓国、ロシア等世界各国で発生が報告されており、病原線虫は *Heterodera schachtii* とされていた。しかし1952年一戸の分類、生態に関する詳細な研究報告以来 *H. glycines* に改められた。

病徴 ダイズが本病に罹ると生育が悪くなり、葉色が変化する。被害の程度が軽い場合は葉が多少黄化する程度で養分欠乏か除草剤等の被害と誤認され易い。このような黄化症状は普通播種後2ヵ月前後経過した7月頃から集団となって発生し、畑の中で円形に固まって生ずることが多いため「月夜病」とも呼ばれた。被害の激しい場合は草丈は低く、開花は遅れ、結莢や子実の数が減少し、子実の肥大も十分でなく、早期落葉して収量は著しく低下し60%以上の減収を招くことがある。被害株の根には白色～淡黄色でレモン形をした1mm大の雌の成虫がぶら下がっているのが見られる。

病原 病原は線虫で雌成虫は体長0.6mm内外のレモン形で、白色～淡黄色、頭部を宿主の根に挿入し、他の大部分を根外に露出しており、体内に200～500個の卵を内蔵している。後に雌の体表はキチン質の硬い殻に覆われ死んでシスト（包のう）を形成、色は褐色になって根から脱落する。シストの大きさは0.7×0.5mm前後、雄は普通の線虫形で体長1.2～1.4mmである。

生態 シストの中の卵の中で第2期幼虫の状態で発育を休止して越冬する。春地温が10℃以上になると卵から第2期幼虫が土壌中に出て宿主の根に到達する。この幼虫の遊出には宿主植物から分泌される化学物質が関与するといわれている。宿主の根に到達した幼虫は、脱皮を繰返しながら宿主を加害し続け、第3期および第4期の幼虫になるが、第3期幼虫の初期に雌雄に分化、雌虫は第4回の脱皮後も肥大を続けてレモン形の成虫になる。一方雄は第4回の脱皮後糸状になり、雌と交尾する。雌の成虫は通常200～500卵を形成し、体内に内蔵する。発育適温は23～25℃である。シスト化した卵は乾燥状態で9年間、-40℃で7ヵ月生存した記録がある。

防除 抵抗性品種を組入れた長期輪作を行う。抵抗性品種はそれぞれの地域で特長のある品種が育成されており、これらを有効に使用しトウモロコシ、野菜類等非宿主作物との4～5年の輪作体系を組む。有効な殺線虫剤も開発されているが、ダイズでは経済的な点で問題があるとされている。なお、線虫は種苗、農機具、風、流水等によっても伝播されるので注意する必要がある。

〔備考〕 ダイズでは線虫による病害としてこの他根腐線虫病（キタネグサレセンチュウ等）、根こぶ線虫病（キタネコブセンチュウ他）等が記録されている。

① 萎黄病、発生圃場　② 萎黄病、地上部の病徴　③ 萎黄病の根瘤

第 8 章　インゲンマメの病害

インゲンマメの病害

8.1 モザイク病　Mosaic
Bean common mosaic virus, Bean yellow mosaic virus, Cucumber mosaic virus, Peanut stunt virus

　他のマメ科作物同様インゲンマメにも多くのウイルスによる病害が発生する。病徴が比較的特異的で固有の病名が付けられているもの以外は、モザイク病の病名が付されているが、これらは病徴による区別が困難なものが多い。

　病徴・病原　病名目録には5種類のウイルスがモザイク病の病原として記載されている。これらの中で以前は Bean yellow mosaic virus-N 系統と呼ばれたものはクローバ葉脈黄化ウイルス *Clover yellow vein virus*（ClYVV）と同じであることが明らかになり、蔓枯病の病名が付けられているので、ここではモザイク病の病原から除外して別途記述する。

　ClYVV を除いた他の病原は、インゲンマメモザイクウイルス *Bean common mosaic virus*（BCMV）、インゲンマメ黄斑モザイクウイルス *Bean yellow mosaic virus*（BYMV）、キュウリモザイクウイルス *Cucumber mosaic virus*（CMV）、およびラッカセイ矮化ウイルス *Peanut stunt virus*（PSV）である。これらウイルスによる病徴の区別は難しく容易ではないが、強いて挙げれば次のようである。

　BCMV の病株は葉に濃淡緑色のモザイク、葉脈緑帯を生じ、葉縁は巻込む傾向がある。このウイルスは種子伝染するが、種子伝染株は初生葉に軽い斑紋やモザイクが現われる。BYMV では葉に退緑斑点やモザイクが現われ、株はやや萎縮する。CMV は葉の葉脈透化、葉脈緑帯、濃淡緑色の斑紋を生じ、モザイク症状となり株はやや萎縮する。PSV 罹病株は発病初期に葉脈透化が現われ、後明瞭なモザイク症状となる。葉は縮れ、株は萎縮する。

　BCMV は *Potyvirus* 属に属し、ウイルス粒子は紐状で約 750×13 nm、感染植物の細胞質間に小集団をなして存在し、管状封入体を形成する。粗汁液中の不活化温度はおおむね 60℃ である。BCMV の宿主範囲はマメ科植物に限られるが、系統によって宿主範囲が若干異なる。伝染方法にも差がある。インゲンマメの本来の系統（普通系）は種子伝染する。種子伝染率はインゲンマメでは 30% 以下であり、感染時期が遅い程伝染率は低い。汁液によって容易に伝染する。土壌伝染はしない。全国的に発生が見られる。

　BYMV も *Potyvirus* 属でウイルス粒子等は BCMV と同じであるが宿主範囲は若干異なり、主としてマメ科であるがアヤメ科、ナス科植物にも寄生性があり、インゲンマメ、ソラマメ、エンドウ、アカクローバ、グラジオラス、フリ

①モザイク病、BCMV による　②モザイク病、CMV による

ージア等に自然発生している。寄生性の異なる系統が知られており、普通系、ソラマメモザイク系、エンドウモザイク系がある。従来知られていた壊疽系は現在クローバ葉脈黄化ウイルス（ClYVV）として別種になっているが、血清学的には BCMV と類縁関係にある。CMV は *Cucumovirus* 属に属し宿主範囲は広い（詳細は第 10 章 アズキの項参照）。インゲンマメにはマメ科系統以外は感染しない。PSV も *Cucumovirus* 属でラッカセイ萎縮病の病原である（詳細は 13.1 ラッカセイ萎縮病の項参照）。

生態　BCMV は種子伝染株が伝染源になるが、他のウイルスは種子伝染しないので、それぞれ周辺の感染植物が感染源となりアブラムシによって非永続的に媒介される。このため圃場周辺に伝染源となる作物や雑草が多い所では、媒介虫のアブラムシの密度によって発生が変化する。

防除　種子伝染が認められるので、まず無病の健全種子を使用するのが第一の条件である。しかし、これは種子業者の段階で決まるので、農家段階ではそれぞれのウイルスの発生地で伝染源となる罹病作物や雑草を除去すると共に、アブラムシの発生状況に注意しながら、薬剤散布等により的確な防除を行う。

(本田要八郎)

8.2　黄化病（おうか）　Yellows　*Soybean dwarf virus*

北海道で広く発生しており、圃場では 7 月下旬頃から発病する。本来は宿主植物ではないインゲンマメに、保毒ジャガイモヒゲナガアブラムシが一時的に飛来することによって伝搬される。

病徴　罹病株は初め新葉がやや退緑黄化し、次第に株全体が黄化する。時に上葉のみが黄化し、下葉は緑色のまま保持される場合もある。罹病葉は硬化する。病勢が進行すると著しい黄化症状となり、葉は褐変し二次的に腐生性菌類が着生することがある。本ウイルスに感染すると着莢が少なく種子の粒数が著しく減少し、感受性品種の収量に及ぼす影響は極めて大きい。

病原　病原は *Luteovirus* 属のダイズ矮化ウイルス *Soybean dwarf virus*（SbDV）の黄化系統で、径約 25 nm の球状粒子で、病植物の篩部に局在する。本ウイルスの詳細については 7.2 ダイズ矮化病の項参照。

生態　宿主範囲はマメ科植物に限られ、自然発生植物はシロクローバ、ダイズ、インゲンマメ、エンドウで、インゲンマメの主な伝染源は、罹病したシロクローバで、ジャ

③ モザイク病、PSV による　④ 黄化病（SbDV）、罹病株の退緑黄化が顕著

インゲンマメの病害

ガイモヒゲナガアブラムシによって永続的に伝搬される。ジャガイモヒゲナガアブラムシはインゲンマメでは増殖できないため、圃場内での無翅虫による二次感染はほとんど起きない。種子伝染しない。

防除 アブラムシの増殖場所であり、かつ伝染源となるシロクローバ等の草地から離れた圃場にインゲンマメを栽培する。雑草地のシロクローバを除去する。牧草地の栽培クローバには殺虫剤を散布できないため、アブラムシの飛来時期に合わせてインゲンマメ圃場に殺虫剤を散布する。

（本田要八郎）

8.3 蔓枯病　Tsurugare-byo　*Clover yellow vein virus*

病徴 葉脈、葉柄、茎に壊疽が現われ、罹病株は先端から枯上り、株全体が萎凋枯死する。他のウイルスによる病害と異なりモザイク症状は目立たず、葉脈、葉柄に壊疽が見られる。葉柄と蔓の内部が黒変していれば蔓枯病と診断できる。

病原 病原はクローバ葉脈黄化ウイルス *Clover yellow vein virus*（ClYVV）で *Potyvirus* 属に属する。ウイルス粒子は紐状で大きさ約 750×13 nm、感染植物の細胞質間に層板状、風車状の封入体を形成する。本ウイルスは従来インゲンマメ黄斑モザイクウイルスの壊疽系とされていたが、血清学的性質や RNA 塩基配列が異なることから、別種の ClYVV とされた。宿主範囲は比較的広くマメ科、アカザ科、ナス科植物である。

生態 伝染源は感染したマメ科植物とくにシロクローバでアブラムシにより非永続的に伝搬される。種子伝染、土壌伝染はしない。関東以北の各地に発生する。

防除 伝染源となる圃場周辺のクローバ類を除去し、アブラムシの飛来を防止し、アブラムシの発生が認められたら速やかに防除する。

⑤ 蔓枯病（ClYVV）　⑥ 蔓枯病、葉脈に壊疽を生ずる

8.4 葉焼病（はやけ）　Bacterial blight
Xanthomonas axonopodis pv. *phaseoli*（Smith 1897）Vauterin, Hoste, Kersters & Swings 1995

病徴　子葉、本葉、茎、莢、種子に発生する。子葉ではあめ色の大きな病斑ができ、後融合して枯死することが多い。本葉では初め水浸状の病斑ができ、後に拡大して1 cm前後の大きさに達する、病斑の色は褐色で周囲に黄色の暈（ハロー）を生じ、古い病斑はもろくなって破れる。若い葉では病斑の部分の発育が止まるので奇形葉になる。莢、茎では初め葉と同じような水浸状の病斑が現われ、その中央表面に黄色の粘液を溢出する。後に中央部は赤褐色の多少凹入した病斑になる。莢の病斑の下にある種子は表面が黄色になる。葉焼病の病徴とくに葉や莢の病斑は、暈枯病の病斑とよく似ているので診断には注意が必要である。湿度の高い時に見られる病斑上の細菌滲出液が葉焼病の場合には黄色、暈枯病では乳白色と異なっているので診断の目安になる。また分離すれば、葉焼病菌のコロニーは黄色、暈枯病では乳白色であるので容易に識別できる。

病原　病原は細菌で培地上で黄色のコロニーを作る。グラム陰性、好気性の桿状細菌で、大きさ約 0.7〜1.6×0.4〜0.5 μm、鞭毛は1本、1極から出ている。寒天培地上で黄色円形、中高で湿光を帯びた粘稠性の集落を作り、非水溶性黄色色素を産生する。多数の pathovar があり、pv. *phaseoli* はインゲンマメの他アズキ、ササゲを侵す。

生態　主に種子について越冬するが、被害葉や茎について土壌中でも越冬し、翌年の伝染源になる。種子について越冬した菌は種子が播かれると子葉に発生、病原細菌は植物体表面で増殖、風雨によって飛散し、傷口や気孔等から侵入する。高温（菌の発育最適温度30℃）多湿で発生し易く、とくに暴風雨の後によく蔓延する。

防除　①種子は無病のものを用い、念のために種子消毒をして播種する。②畑は排水をよくし、密植を避ける。③発病のひどい所では連作を避ける。④発病を認めたら薬剤を散布して防除する。

〔備考〕　原色作物病害図説第4版（1970）では「各地に分布するが、北海道では殊に発生が多い」と吉井ら作物病害図説（1957）を参考にして記述したが、成田（1979）によれば「1920年代北海道に発生していた細菌病が *Bacterium phaseoli* E.F.Smith とされていた。この学名は1950年頃 *Xanthomonas phaseoli*（E.F.Smith）Dowson に改められ病名も自動的に葉焼病と改められた。しかし、多くの北海道関係者の調査により、1920年頃発生していた細菌病は *Pseudomonas phaseoli* による暈枯病と確認されており、葉焼病の発生は北海道では明らかでなくその存在については検討の要がある」と報告している。なお、葉焼病の病原名は長い間 *X. campestris* pv. *phaseoli*（Smith）Dye が用いられていたが、日本植物病名目録第2版（2012）では標記のように改められた。

①葉焼病　②葉焼病による葉の黄化　③葉焼病、莢の病徴（中田）

インゲンマメの病害

8.5 暈枯病（かさがれ）　Halo blight
Pseudomonas savastanoi pv. *phaseolicola*（Burkholder 1926）Gardan, Bollet, Abu Ghorrah, Grimont & Grimont 1992

　広く世界的に分布する細菌病である。わが国では，1960年代北海道で激発したが，無病種子の採種体系が確立され，以後急速に減少，近年発生は非常に少なくなっている。

　病徴　全生育期間を通じて発生する。種子伝染するため，初め発芽直後の子葉に円形～不規則な形の水浸状の病斑を形成する。発病株は生長点の生長が停止し，展開した初生葉はモザイク症状を呈し，株全体が黄化萎縮して立枯れになる。初生葉・本葉では，初め微小な黄褐色の小点を生じ，次第に拡大して角張った水浸状の病斑になる。病斑の周囲は顕著な淡黄緑色のハロー（暈）を生じる。このハローが本病の一つの特徴で，黄斑性細菌病，黄斑病と称されたこともある。とくに低温時には顕著になる。また葉脈や葉柄，茎には赤褐色の条斑を生じる。病勢が進むと病斑は拡大して褐色不整多角形の病斑になり，葉は裏側に湾曲して伸長が止り，株全体が黄変し枯死する。莢では初め水浸状の小斑点を生じ，後に拡大して周囲は赤褐色でやや陥没した大型の病斑になり，低温多湿の条件では病斑部に白色～乳白色の細菌液を漏出する。

　病原　病原は桿状細菌で 1～数本の単極性鞭毛を有し 1.2～2.2×0.4～0.6 μm。グラム陰性，好気性で水溶性の緑色蛍光色素を産生する。また病原細菌は phaseolotoxin を産生すること，自然界では病原性の変異が大きいことが知られている。病原細菌の発育温度10～30℃，最適温度は 20～25℃である。なお，現在は本細菌は抗血清を用いた寒天ゲル内二重拡散法によって確実に診断できる。

　生態　病原細菌は種子で越冬し第一次伝染源になる。種子伝染して発病すると菌は植物体上で増殖，風雨によって飛散し，また農作業や昆虫等の接触によって伝搬するが，蔓延の主体は風雨で風下に急速に蔓延する。このため低温で多雨の時に発生が多い。また，土壌水分が多い所で発生が多い傾向がある。

　防除　①本病の防除の基本はまず無病種子を用いることである。なお常発地では種子消毒剤を粉衣して播種する。②品種による抵抗性の差が明瞭であるから，発生の多い地域では罹病性の金時系品種および虎豆系品種の栽培を避け，手芒系品種を栽培する。③発病株を認めたら直ちに抜取り，薬剤を散布する。

　〔**備考**〕　成田によれば本病が北海道で確認されたのは1965年であるが，1920年に札幌で採集の標本は本病であることが明らかにされており，古くから発生していたが葉焼病と誤って同定され報告されていたようである。なお，病原細菌名は最近標記のように改められ，従来用いられていた *Ps. syringae* pv. *phaseolicola* はこの異名になっている。

① 暈枯病　② 暈枯病，葉裏葉脈の病斑

8.6 角斑病 (かくはん)　Angular leaf spot
Phaeoisariopsis griseola (Saccardo) Ferraris

　わが国では各地に分布し6、7月頃から秋にかけて発生、秋に被害が大きい。北海道では年によって多発生の記録がある。しかし、本病は本来熱帯・亜熱帯におけるインゲンマメの主要病害とされていて、全生育期間を通じて発生し、とくに温暖で湿度の高い地域で被害が大きい。

　病徴　葉、莢、茎に発生する。葉では初め灰色～褐色の不規則な斑点で周縁退緑のハローを生ずる。病斑は次第に黄褐色～褐色になり、葉脈に限られた多角形の斑点になる。この斑点は後黒褐色に変じ、時に拡大して不規則な病斑になる。発生のひどい葉は乾枯落葉する。莢、茎では赤褐色の多少凹んだ不規則な病斑を作るが、莢の病徴は細菌による葉焼病、暈枯病の病徴と似ていて区別が容易でない。とくに宿主の生育が進むと区別が困難であるので注意を要する。1～2日間高い湿度状態が続くと病斑とくに莢、茎および葉柄の病斑上にオリーブ色のかび（分生子）が多量に形成される。

　病原　糸状菌の一種で不完全菌類のモニリア目に属し、分生子を作る。分生子柄は40～50本が束になって生じ、特徴のある形態を示し、肉眼でも見ることができる。大きさ200～300×7～7.5 μmで暗色を帯び、数個の隔壁がある。分生子は淡灰色または淡緑褐色、円筒状またはやや湾曲し、大きさ30～70×4～8 μmで1～6の隔壁がある。分生子形成温度は16～26℃である。宿主範囲はかなり広く、インゲンマメの他ライマビーン、エンドウ、ササゲ、アズキ等を侵すが、病原性の分化があり、世界的には14のpathotypeが記載されている。

　生態　この菌は菌糸または分生子が種子や被害部、前年使用した支柱等について越冬し翌年の発生源になる。インゲンマメの栽培中は病斑上に形成された分生子が風、雨滴等によって運ばれて伝染する。分生子は葉上で発芽し、菌糸が気孔を通じて組織内に侵入、9日後には病斑を形成し、12日後には多湿の時胞子形成を始める。感染は16～28℃で起こり最適温度は24℃である。圃場では開花後間もなく発生が見られるようになり、成熟が進むにつれて発病が多くなる。

　防除　①種子は無病のものを選び、種子消毒剤で処理した後播種する。②排水のよい所を選んで栽培する。③輪作をし、厚播きしない。④発病を認めたら薬剤を散布する。

①角斑病、葉の病斑　②角斑病、莢の病斑　③角斑病菌分生子　④角斑病菌分生子柄

インゲンマメの病害

8.7 炭疽病(たんそ) Anthracnose
Colletotrichum lindemuthianum (Saccardo & Magnus) Briosi & Cavara

世界各地に分布し、熱帯より温帯、亜熱帯で被害が大きい。わが国でも各地に発生、雨季に甚だしい被害を与える。

病徴 葉、茎、莢等地上部全体に発生する。葉には多角形暗褐色の斑点を生じ、葉脈は黒色または暗褐色になる。茎および莢には赤褐色～黒褐色の凹んだ円形の病斑ができ、湿気を得ると淡桃色の粘質物(分生子)を生じる。発病がひどい時には植物は萎縮し、葉は破れ、莢は萎凋乾枯する。また子葉にも発生し黒色円形の病斑を作る。角斑病によく似ているが炭疽病では病斑の色が黒色に近く、莢の病斑は丸く凹陥が顕著である。また淡桃色の分生子を形成するので容易に区別できる。

病原 外国ではまれに完全世代が観察され *Glomerella lindemuthiana* Shear の学名が付されているが、わが国では未だ完全世代は発見・記録された報告はなく、不完全世代の記載に止まっている。病斑上に大きさ 50～100 μm の分生子層を生じ、その上に多数の分生子が形成される。分生子層には主として外側に黒褐色、針状の剛毛がある。剛毛には 1～3 の隔壁があり、大きさ 30～90×3～5 μm。分生子は無色、単胞、楕円形で、大きさは 13～22×3～5 μm である。

生態 種子や被害植物残渣に潜伏した菌糸で越冬、種子が播種されると子葉を侵し、この病斑上に形成された分生子によって広く伝染する。風や雨滴と共に飛ばされた分生子は、植物の表面に到達して適当な条件下では 6～9 時間内に 1～4 本の発芽管を出し、付着器を形成、宿主のクチクラ層を貫通して組織内に侵入、数日後に水浸状の病斑を形成して発病し、典型的な炭疽病の病斑を形成する。感染の温度範囲は 13～26℃、最適温度は 17℃である。本病は雨が多い時に発生がとくにひどい。

防除 ①健全な種子を使用し、発生が多い地帯では薬剤を種子粉衣して播種する。②輪作する。③発病の恐れがある時、または発病を見たら、直ちに薬剤の茎葉散布を実施する。④欧州種、矮性種は弱いので抵抗性の強い満州種、朝鮮種、蔓性種を栽培する。

①炭疽病、葉の病斑　②炭疽病、子葉の病斑　③炭疽病、莢の発生状況　④炭疽病、莢の病斑
⑤炭疽病菌分生子

8.8 銹病 Rust
Uromyces phaseoli（Rebentisch）G.Winter var. *phaseoli*

日本全国に広く分布し、インゲンマメの栽培全期を通じて発生する。

病徴　主に葉に発生する。葉の表面には黄色の斑点ができ、所々に赤褐色の盛り上がった斑点（夏胞子堆）を形成する。葉の裏面には一面に赤褐色の夏胞子堆を形成し、赤褐色の粉（夏胞子）を撒き散らす。罹病葉は萎縮し、早期落葉する。また、発生が多い時には、莢や茎にも葉と同様膨れた銹斑ができ、後表皮が破れて赤褐色の粉末を撒き散らす。

病原　夏胞子は単胞で球形〜卵形、黄褐色を呈し大きさ20〜30×10〜27 μm、表面に細かい突起がある。冬胞子は単胞で球形に近く赤褐色、頂端に乳頭突起がある。大きさ24〜41×19〜30 μm、まれに精子、銹胞子を形成するが、いずれもインゲンマメの上に生じ他の銹病のようにこの世代に宿主を変えることがない。いわゆる同種寄生である。この菌は、インゲンマメおよびベニバナインゲンに寄生する。この他アズキ類、ササゲにも極めてよく似た銹病が発生する。古くは寄生性が異なり形態的にも大きさ等多少異なるため、それぞれ別種とされていたが、近年は同一の種とし、それぞれを var. としている。すなわちアズキ、ツルアズキ、ヤブツルアズキ、コバノツルアズキに寄生するものは *U. phaseoli* var. *azukicola*、ササゲ、ハタササゲ、フジササゲ、フジマメに寄生するものは *U. phaseoli* var. *vignae* としている。

生態　この菌は秋にインゲンマメの葉上に冬胞子を形成し、冬胞子によって越冬する。春越冬した冬胞子が発芽して小生子を生じ、小生子はやはりインゲンマメの上で発芽して、精子さらに銹胞子を形成する。この銹胞子が宿主に侵入し、後に夏胞子を形成し拡がる。しかし銹胞子世代が発見されるのは非常にまれであるので、夏胞子によって越冬する場合が多いと考えられている。

防除　①被害植物を集めて焼却する。②輪作する。③発病を認めたら薬剤散布する。

①銹病、葉表の病斑　②銹病夏胞子堆　③銹病菌夏胞子

インゲンマメの病害

8.9 輪紋病　Ascochyta leaf spot
Ascochyta phaseolorum Saccardo

古くは斑紋病と呼ばれた病害である。分布も広く全世界で発生するが、冷涼、湿潤の国々では経済的にも重要な病気である。

病徴　葉に発生する。初め淡褐色〜暗褐色の円形の病斑で、後に黒褐色の明瞭な同心輪紋のある大きな病斑になる。病斑には黒色の小粒点（柄子殻）を生ずる。病斑の大きさは湿度が高いと急速に拡大し、直径 2 cm にも達するが、乾燥状態では病斑は拡大せず、病斑上の小粒点も不明瞭になる。古くなった病斑は破れ、病葉は早く枯上る。

病原　糸状菌で不完全菌に属し柄子殻を作る。柄子殻は褐色球形で 100〜200 μm、表皮下に生じ、柄胞子は無色 2 胞、楕円形で 8〜12×3〜4 μm である。インゲンマメの他アズキで発生が多いことが知られていたが、最近多犯性でダイズ、トマト、ナス、ゴボウ等も侵すことが明らかにされた。この菌はオランダでは *Phoma exigua* var. *exigua* の synonym であるとし、アメリカでもこれに同調した報文もある。これは本菌と *P. exigua* の純粋培養が全く区別できないこと、胞子形成の過程が同じで寄生する植物もほとんど同じであることがその理由として挙げられている。*Phoma* は単胞、*Ascochyta* は 2 胞であることに関しては、胞子形成に際し無関係に起こるので、この分類とは直接関係がないとしている。しかし *Phoma*、*Phyllosticta* を含め類似の属の分類を考える時、胞子の細胞数など重要な分類の要素であると思われるので、今後の検討には考慮する必要があろう。

生態　病斑上に形成される柄子殻によって越冬、翌年これから柄胞子を放出して伝染する。湿度が高いと病徴の進展は急速である。

防除　①種子消毒剤を粉衣した種子を播く。②被害の大きい時は薬剤を散布する。③被害葉を集めて焼却する。

8.10 褐紋病　Brown leaf spot
Phyllosticta phaseolina Saccardo

日本だけでなく温暖な世界各国で発生が記録されているが、大発生し大きな被害を出したという報告はない。

病徴　地上部に発生するが、主に葉に発生する。病斑は初め小さく角ばっていて水浸状を呈するが、後に拡大するにつれて円形になり、中心部は淡褐色〜褐色、周辺は暗褐色、径 7〜10 mm 大の病斑になる。病斑に薄い同心輪紋が見られるが輪紋病のように明瞭でない。病斑上には小さい黒色の柄子殻を生じる。病斑は古くなると中心部は破れて抜落ちる。葉柄、莢にも 1 mm 程度の周辺赤褐色、中心部暗褐色の小さい病斑を生じる。

病原　糸状菌の一種で不完全菌に属する。柄子殻を作る。柄子殻はほぼ倒卵形で直径 70〜90 μm。柄胞子（分生子）は無色で卵形〜楕円形、単胞で大きさ 4〜6×2〜3 μm である。

生態　病原は前年の被害植物や種子で越冬し、翌年の伝染源になる。発病条件についての詳細なデータは見られないが、多雨、多湿の条件下で発生が多くなる。

防除　①被害植物は畑に放置せずに、焼却等をして処分する。②発生が甚だしい所では輪作する。

① 輪紋病　② 輪紋病の病斑は大きくなり輪紋が目立つ、小さい病斑は褐斑病　③ 褐紋病、病斑に輪紋は見られない

8.11 葉腐病 Rhizoctonia rot, Web blight
Thanatephorus cucumeris（A.B.Frank）Donk

　高温、多湿の気象状況が続くと発生する。このため熱帯・亜熱帯の高湿度の国々では発生が多く、時に被害による損失が100％に達する時もあるという。

　病徴　主に葉に発生。初め3～5mmの小さい不整形で水浸状暗緑色の病斑ができる。葉肉は軟腐症状を呈する。病斑は急速に拡大して不定形の大形病斑になり、葉の1/3を占めることがある。病斑上に時に白色の菌糸が見られ、水浸状の病斑は葉脈に沿って長く褐変することがある。病斑は乾燥すると茶褐色～黒褐色となり、もろくなり接触すると脱落する。

　病原　糸状菌の一種で担子菌類に属し、菌核と担子胞子を形成する。詳細はイネ紋枯病菌を参照のこと。なお、本菌の不完全世代 *Rhizoctonia solani* では、多くの菌糸融合群が知られており、第1群（AG-1）は発芽後の若いインゲンマメに強い病原性を有し根腐病を起こすことが知られている。

　生態　菌核あるいは被害株上で菌糸で越冬し伝染する。北海道等では7～8月高温・多湿の条件が続くと発生が多くなる。

8.12 灰色かび病 Gray mold
Botrytis cinerea Persoon

　野菜類、花類に普遍的に発生する。

　病徴　花、葉、莢に発生するが、インゲンマメで目立つのは莢に発生した場合である。莢では先端に付着している枯死した花弁に発病して灰褐色の特徴のあるかびが密生する。病原は次第に莢に侵入して拡がり、莢は水浸状、淡褐色になり全体が腐敗し、灰褐色のかびを密生する。葉に発生する場合は、葉に付着した花弁で菌が増殖し、後に葉全体を侵す。いずれも病患部には後に暗褐色の菌核が形成される。

　病原　糸状菌の一種で、分生子と菌核を作る。分生子柄は淡褐色～褐色で長く数個の隔壁があり、先端部は樹枝状に分岐し多数の分生子を房状に着生する。分生子は無色～淡黄褐色、単胞、表面平滑で楕円形～倒卵形、大きさにはかなりの幅があり、6～18×4～11μmである。菌核は濃褐色～黒色、不整形で径2～4mmである。この菌は完全世代を形成し、子のう菌で *Botryotinia fuckeliana* と呼ばれているが、普通完全世代はほとんど形成されない。*B. cinerea* は、わが国では163種の作物に寄生して、灰色かび病を起こすことが知られているが、完全世代はヤマノイモ、イチョウでまれに形成されることが認められているに過ぎない。

　生態　病原は菌核または被害植物上で菌糸または分生子の形で越冬し、翌年これに生じた分生子が飛散し伝染する。菌の生育適温は15～25℃、胞子形成の最適温度は23℃前後である。この菌が寄生し発病する植物は、160種にも及ぶ。とくに花弁で発病し豊富な分生子を形成する。したがって病原は常に空気中に浮遊していると考えてよく、これがインゲンマメを侵すので、常に圃場での発生に注意し、多発の傾向が認められる時には直ちに防除を行う。

① 葉腐病　② 灰色かび病

8.13 菌核病　Stem rot, Watery soft rot
Sclerotinia sclerotiorum（Libert）de Bary

マメ類を始めとし、ジャガイモ、トマト、キュウリ、ナタネ等多数の作物を含む360種以上の植物を侵す。とくに北海道のマメ類では時に大発生して大きな被害を蒙ることがある。

病徴　発病はインゲンマメが十分生育し冠相を形成、開花し始める頃から始まる。伝染源となる子のう胞子の病原性は弱いので、老化した花弁でまず発病、これが健全葉に接触して発病が始まる。発生は地上部全体に及ぶが葉の病斑が最も目立つ。葉では、初め水浸状で不定形の病斑を生じ、拡大して軟腐症状を呈し、後に湿度が高いと白色綿毛状のかびが見られる。乾燥するとこの病斑は淡褐色～灰白色を呈し乾燥状態になる。病斑は葉柄、茎さらには莢まで拡大し被害が大きくなる。いずれも初め水浸状で、次第に淡褐色～灰白色の大型病斑になり、表面に白色の菌糸を生ずる。白色の菌糸は菌糸塊となり、色も褐色～黒色に変化し菌核となる。

病原　糸状菌の一種で子のう菌類に属し、菌核と子のう、子のう胞子を形成する。菌核はネズミの糞状で大きさ2～10 mm程度。子のう盤は菌核より1～数本生じる。子のう盤には長さ1 cm前後の柄があり淡褐色、ロート状～カップ状で頭部は皿状、直径4～8 mmである。この中に子のう、子のう胞子を形成する。菌の形態とくに大きさについては、本菌が多くの作物を侵し、広く分布することから調査した材料や測定者によりかなり大きな差異が認められる。本菌のインゲンマメでの発生を、わが国で初めて記載した鋳方によれば、子のうは無色、棍棒状、大きさ100～160×6～11 μm、8個の子のう胞子を内蔵、子のう胞子は無色、楕円形で1～2個の油球を有し、大きさ9～14×4～6 μmである。

生態　菌核は土壌中で5年もしくはそれ以上生存可能である。越冬した菌核から春、子のう盤ができ、中に形成された子のう胞子が空中に飛散し発生源になる。子のう盤は14～20℃でよく形成される。子のう胞子の病原性は弱く、健全な無傷の組織には侵入できず、傷口、老化した組織とくに老化した花弁で発病し、これから健全葉等接触している部分に菌糸で侵入し拡がることが多い。このため日照が少なく多湿な条件で発生が多く、密植や窒素肥料の過用により過繁茂した圃場での発病が多い。5～30℃の範囲で発病、適温は20～25℃である。

防除　①連作は極力避ける。②種子等に付着または混在した菌核が発生源となることがあるので、健全な種子を使用する。③密植や多肥栽培は避ける。とくに窒素肥料は過用しない。④発病を認めたら、直ちに有効で安全な薬剤が登録されているので、これを散布する。

① 菌核病、葉の初期病斑　② 菌核病、葉の病斑　③ 菌核病、被害株　④ 菌核病、巻きひげなどの被害

第 9 章　ササゲの病害

9.1 モザイク病　Mosaic
Bean common mosaic virus, Cucumber mosaic virus, Broad bean wilt virus

モザイク病は海外や国内のササゲに広く発生している。BCMV、CMV、BBWV の単独感染あるいは重複感染によって発病するが、国内では BCMV に起因するものが主体である。

病徴　各ウイルスによる病株は葉にモザイクを生じ、区別するのは容易ではない。BCMV 感染株は主に葉脈に沿って黄色を帯びた淡緑色部を生じ、また葉脈緑帯が現われ濃緑色部はやや隆起する。葉全体が濃緑色となり、淡緑色部が交錯することもある。葉縁は下方に曲がり、葉は小型化する。BCMV は種子伝染するので播種後の初生葉に葉脈黄化やモザイクを生じた場合は、病原は BCMV と確定できる。CMV と BBWV 感染株は葉にモザイクと退緑斑点を現わし、株は若干萎縮するが両者の病徴は似ていて区別できない。

病原　病原はインゲンマメモザイクウイルス *Bean common mosaic virus*（BCMV）、キュウリモザイクウイルス *Cucumber mosaic virus*（CMV）、ソラマメウィルトウイルス Broad bean wilt virus（BBWV）の3種類が記録されている。BCMV は *Potyvirus* 属に属し、約 750×13 nm の紐状の粒子で、全国各地に広く発生しているだけでなく世界中に分布している。宿主範囲はほぼマメ科植物に限定され、インゲンマメ、ササゲ、アズキ、ソラマメに全身感染する。CMV は径約 30 nm の球状粒子で *Cucumovirus* 属に属し、宿主範囲も広く、よく知られたウイルスで系統も多い。ササゲに自然感染している系統はマメ科系統と考えられる。発生は少なく関東・中国・九州地方で少発生している程度である。BBWV は *Fabavirus* 属、径約 25 nm の球状粒子で、ササゲでは関東地方で少発生しているが被害は少ない。宿主範囲が広いため、各種作物や野草類で全国的に発生しており、とくにソラマメでは広く発生している。現在までのところ、国内で分離されている BBWV のほとんどは *Fabavirus* 属の *Broad bean wilt virus 2* に属しており、ササゲから分離された本ウイルスも同種である可能性が高い。

生態　BCMV はササゲの種子伝染株が伝染源となる。種子伝染率は品種によって異なるが 0.5～20 %に達する。アズキでは種子伝染しない。圃場内ではアブラムシによって非永続的に伝搬されるが、土壌伝染はしない。CMV のマメ科系統はササゲでは種子伝染しないため、他の罹病植物が伝染源と考えられ、アブラムシによって非永続的に媒介される。BBWV はアブラムシにより非永続的に伝搬され、種子伝染や土壌伝染しない。

防除　BCMV の防除対策としては、種子伝染株が主な伝染源となるため、健全株から採種した種子を使用する。3種類のウイルス共アブラムシによって非永続的に容易に伝搬されるため、圃場を丹念に回り、できる限り早い時期に発病株を見つけ次第抜取り処分する。また、殺虫剤を散布してアブラムシを駆除する。　　　　　（本田要八郎）

① 激発したモザイク病（BCMV）　② モザイク病（BCMV）　③ モザイク病（CMV）

9.2 煤かび病　Leaf spot, Sooty blotch
Pseudocercospora cruenta (Saccardo) Deighton

病徴　5月頃から発生するが、7～8月より収穫期にひどく発生する。葉に初め小さい紫褐色の斑点ができ、後に拡大して1～2cmの病斑になる。病斑は葉の表側では不整円形、裏側は葉脈に限られたやや角ばった病斑になる。病斑上とくに裏面には暗灰緑色のかびが形成され、煤を塗ったような状態になる。ひどく侵されると早く落葉し、頂葉を残して茎だけになることがある。茎、葉柄、莢にも不整形の紫褐色に変色した病斑ができ、煤状のかびを形成する。

病原　糸状菌の一種で子のう菌類に属し、完全世代の学名は *Mycosphaerella cruenta* Latham とされているが、完全世代はわが国では未確認で分生子世代だけが認められている。分生子柄は気孔より1～25本、通常10本位が叢生し、暗緑色、大きさ15～53×2.5～6μm、1～4個の隔壁がある。分生子は淡褐色、鞭状で27～127×2.5～6.2μm、1～12個の隔壁を有する。

病原菌は古くは *Cercospora cruenta* によるものを煤紋病、*Cercospora dolichi* によるものを煤かび病とし別々の病害として記録されていたが、山本・前田（1960）や香月（1965）はこの両者は同一種であるとの見解を報告。この意見に従い1975年以降 *Cercospora cruenta* が病原の学名として採用され、その後属名は *Pseudocercospora* に変更された。

この菌はササゲの他アズキ、インゲンマメも侵す。インゲンマメではササゲ、アズキ程発生は多くない。病名としては煤紋病が付けられているが、ササゲ、アズキに準じて煤かび病とすべきであろう。

生態　病葉に付いている菌糸塊、とくに分生子柄の基部によって越冬し、第一次伝染源になると思われる。また、種子に付いても越冬することがあるので注意する必要がある。

防除　①健全な種子を使用する。②被害植物は抜取って焼く等アズキ褐斑病、インゲン輪紋病に準じて防除する。

①煤かび病　②煤かび病、葉裏面の病徴　③煤かび病菌分生子　④煤かび病菌分生子柄

9.3 銹病(さび)　Rust
Uromyces phaseoli（Rebentisch）G.Winter var. *vignae*（Barclay）Arthur

　北海道から九州まで日本全国至る所で、栽培全期を通じて発生する。

　病徴　葉、葉柄、茎に発生するが、主に発生するのは葉である。インゲンマメやアズキの銹病と同様に、初め円形〜楕円形の小さな盛り上がった膿胞状の斑点ができる。この斑点は夏胞子堆で、後に破れて赤褐色の粉（夏胞子）を播き散らす。この斑点は葉の表面より裏面に多く目立つ。病勢が進むと黒褐色の斑点が見られるようになる。これは冬胞子堆で夏胞子堆よりも大きく5mm前後で、時に二重のものが見られる。発生がひどい時は早期に落葉し、生育が阻害され被害が大きい。

　病原　糸状菌の一種で担子菌類に属す。当初は*Uromyces vignae*の学名でササゲ、ハクササゲ、フジササゲ、フジマメに寄生する単独の種として取扱われていたが、近年インゲンマメやアズキ等のマメ類に寄生する種と同一の種とし、寄生性が異なるvar.として取扱われるようになった。夏胞子、冬胞子を形成する。インゲンマメ、アズキ等の銹病と同じように、異なった世代（精子、銹胞子、夏胞子、冬胞子）を同一の宿主上に形成する同種寄生性と考えられているが、ササゲの銹病菌の場合、精子および銹胞子はまだ確認されておらず、夏胞子と冬胞子だけが認められている。夏胞子は単胞、球形、短楕円形から卵形で黄褐色を呈し、大きさ19〜36×12〜35μmで表面に細い突起を有する。冬胞子は単胞で円形〜短楕円形で頂端に乳頭突起を有し、大きさ24〜40×24〜34μmと記録されている。

　生態　本病について生態を詳しく調査、研究した報告は見当たらないが、インゲンマメ、アズキ銹病と同じような生態と推定される。精子、銹胞子の世代が未発見のこともあり、夏胞子によって越冬し、生存を続け、宿主から宿主へと伝染していると考えられる。

　防除　①収穫時、被害株は集めて焼却する。②発病を認め発生がひどくなりそうな時は、アズキ、インゲンマメ銹病に準じて薬剤を散布する。

①銹病被害葉　②銹病夏胞子堆　③銹病冬胞子堆　④銹病菌夏胞子　⑤銹病菌冬胞子

9.4 褐紋病　Leaf spot
Phyllosticta phaseolina Saccardo

病徴　5〜6葉の時から収穫期まで引続き発生する。葉を侵し円形で赤褐色〜黒褐色の病斑を作る。病斑の中心部は後に淡褐色となり、小さい黒点が散生し不鮮明な輪紋を生じる。古くなった病斑は破れることがある。本病は病斑に輪紋が見られる点で輪紋病に類似するが、病斑は輪紋病のように大きくならない。また輪紋がやや不鮮明である。輪紋病との最も大きな違いは、褐紋病の病斑上には小さい黒粒点（病原菌の柄子殻）を生じることである。

病原　不完全菌類に属し、柄胞子だけを作る。柄子殻は褐色、球形で直径100〜200 μm、中に多数の柄胞子を形成する。柄胞子は無色で楕円形、大きさ8〜12×3〜4 μmである。なお、この菌はアズキ、インゲンマメも侵す。

生態　種子または病葉についた柄子殻によって冬を越し、これが翌年の第一次伝染源となる。

防除　①種子は無病株から採る。②栽培は排水のよい土地を選び連作を避け、薄播にする。

9.5 輪紋病　Frog-eye spot
Corynespora vignicola (E. Kawamura) Goto

病徴　葉、茎、莢に発生する。葉では初め表面に濃紫褐色の小さな斑点ができる。この病斑は次第に拡大して淡褐色の5 mm程の病斑になる。病斑には明瞭な輪紋ができる。この明瞭な輪紋が本病の特徴である。病斑はさらに拡大して1 cmの大きさになり、発生が激しく多数の病斑ができると早期に落葉する。茎には赤褐色不整形の条斑ができる。莢には初め赤紫色の小さい病斑ができ後拡大して輪紋が現われる。発生が激しいと多数の病斑を生じ莢全体が赤褐色になることがある。

病原　不完全菌に属し分生子だけを作る。分生子柄は叢生時に孤立し、暗褐色線状で分岐しない。大きさ55〜228×6〜9 μm。分生子は淡褐色、倒棍棒状で大きさ80〜252×10〜22 μmで2〜21の隔壁がある。

生態　分生子柄の基部が被害植物上で越冬し、翌年これに分生子を生じて伝染すると考えられているが、詳細は不明である。

防除　①自家採種の場合、種子は無病の畑で採種する。②発生が多かった畑では、被害植物は集めて焼却する。

①褐紋病　②褐紋病菌柄胞子　③褐紋病菌柄胞子の放出　④褐紋病菌柄子殻　⑤輪紋病

ササゲの病害

9.6 白絹病(しらきぬ) Southern blight
Sclerotium rolfsii Saccardo

病徴 茎とくに地際部の茎が侵され、白色の絹糸状の菌糸がまつわり付いている。被害株の葉は萎凋、黄化し、次第に暗褐色に変わり早期に落葉し、枯死する。被害株の茎には栗粒大の球形で赤褐色〜褐色の菌核が見られる。夏期高温の時に発病が多く、時に暖地で大きな被害を与えることがある。

病原 担子菌に属し、菌核を作る。菌核は球形で赤褐色〜褐色、大きさ0.5〜2.0 mmである。学名については長い間 *Corticium rolfsii* と完全世代が用いられてきたが、現在では *Sclerotium rolfsii* と不完全世代の学名が用いられている。この経緯等については、13.7 ラッカセイ白絹病の項を参照されたい。

生態・防除 この菌は非常に多犯性である。詳細については病原名同様ラッカセイの白絹病の項を参照。

9.7 菌核病(きんかく) Sclrotinia rot
Sclerotinia sclerotiorum (Libert) de Bary

360種以上の多数の植物に発生する。マメ類でもインゲンマメを始めとしササゲでも発生が記録されている。

病徴 関東ではササゲよりインゲンマメで発生が多いように見受けられる。このため病徴等インゲンマメの項で説明したが、前出の白絹病と病徴がよく似ていて混同されることがあるように思われるので、あえてここで相違点について述べることにした。

茎の地際部に白い菌糸が見られ、被害部に菌核を形成し、地上部が枯死する点は両病害とも同じである。しかし菌核病は茎よりも葉での発生が目立つ。地際部の茎に見られる白色の菌糸は、菌核病では綿毛状で密であるのに対し、白絹病では絹糸状で粗である。病斑上に形成される菌核は、菌核病ではネズミの糞状で色は白色から黒色に変わる。これに対し白絹病では栗粒大の球形で赤褐色である等異なる点があるので、注意して観察すれば判定は可能である。

生態 生態面でも大きな違いがある。病原菌の生育適温が菌核病では20〜25℃であるのに対し白絹病では30〜35℃とされていて、10℃の差がある。このため菌核病は北海道で発生が多く、関東等ではインゲンマメで春から初夏にかけて発生。白絹病はラッカセイ等で夏の頃に発生が多いようである。

① 白絹病による立枯れ ② 白絹病、地際部の病徴 ③ 菌核病(インゲンマメ)

第 10 章　アズキの病害

10.1 モザイク病　Mosaic

Bean common mosaic virus , Cucumber mosaic virus , Alfalfa mosaic virus , Bean yellow mosaic virus

広く発生しアズキの中で、被害も大きく最も重要な病害である。しかし、他のマメ類と同様に関与する病原の種類が単純でなく、病徴による区別が困難である。さらに近年は病原ウイルスに関する研究の進化によって病原が細分され、あるいはまた再分類される等の変化もあって複雑になっている。

病徴　4種類のウイルスがモザイク病の病原として報告されている。ウイルスの種類によって特徴的な症状が見られる場合もあるが、同じ種類のウイルスでも系統によって病徴が異なる場合や重複感染によって症状がひどくなることもあり、病徴だけでの識別は困難である。

全国的に発生し被害が大きいのはBCMVである。BCMVには異なった系統があり病徴が若干異なり同時に生態も異なる。代表的のものは旧名アズキモザイクウイルス（Azuki bean mosaic virus）と称された系統である。この系統は種子伝染し、罹病種子による発病株は初生葉に軽い斑紋あるいはモザイクを生じる。発病初期には葉脈透化を生じ、若葉や花が脱落することがある。最大の特徴は、後期になると葉脈緑帯が現われ、しばしば葉縁が巻き変形する。したがって発芽直後の初生葉に斑紋を生じ、後期に葉脈緑帯が見られた場合、BCMVのアズキで種子伝染する系統によると判定できる。またCMVと重複感染すると激しい縮葉となり萎縮する。この系統は国内各地で発生し被害も大きい。

BCMVにはアズキで種子伝染しない系統がある。この系統は従来ササゲモザイクウイルス（Blackeye cowpea mosaic virus）と呼ばれた系統で、発病初期に葉脈透化を生じ、後期にはモザイク症状が現われ、葉は小型化して萎縮する。自然発生植物はアズキとササゲで関東以西で広く発生している。この他に北海道、東北のアズキから前記2系統と異なったBCMVの系統も発生している。この系統はアズキでは葉にごく軽い斑紋を生じることがあるが、無病徴株が多く被害はほとんど見られない。アズキで種子伝染しないが、インゲンマメでは種子伝染するいわゆる標準的なインゲンマメモザイク病の病原系統で、アズキに発生することはマメ類のモザイク病の生態面で重要な意義を持つ。

BCMVの他にCMVもアズキに発生する。発病初期に退緑斑点や葉脈透化を生じ、後期にはモザイク症状を示すが、前にも述べたようにBCMVと重複感染すると激しい縮葉

① モザイク病、BCMVによる　② モザイク病激発圃場

となり萎縮する。全国的に広く発生する。

AMVもアズキを侵し、葉に黄色の斑紋を、時に葉脈に壊疽を生じ縮葉・萎縮する。全国的に散発する程度で被害は少ない。BYMVもアズキを侵し、葉に退緑斑点や斑紋を生じやや変形する場合があるが、他のウイルスによる病徴と区別するのは難しい。

病原 病原はインゲンマメモザイクウイルス Bean common mosaic virus（BCMV），キュウリモザイクウイルス Cucumber mosaic virus（CMV），アルファルファモザイクウイルス Alfalfa mosaic virus（AMV），およびインゲンマメ黄斑モザイクウイルス Bean yellow mosaic virus（BYMV）の4種である。BCMVは Potyvirus 属でウイルスの形状等についてはインゲンマメモザイクの項を参照。宿主範囲は系統によって異なる。アズキで種子伝染する系統（仮称 BCMV‐A 系）で、従来アズキモザイクウイルスと呼ばれていたものは、アズキ、ダイズに感染、発病する。ササゲモザイクウイルスと呼ばれていた系統（仮称BCMV‐C系）は、ササゲでは品種で異なり0.5～20％程度種子伝染するが、アズキでは種子伝染しない。今一つの系統で標準的なインゲンマメの系統（仮称 BCMV‐B 系）ではアズキでは種子伝染せず、インゲンマメでは種子伝染する等系統によって違いがある。これらの系統は形態はもちろん、血清学的にも区別できないことから BCMV に統一されたものである。

BYMVも Potyvirus 属に属し、形態的には BCMV と区別できないが、宿主範囲が若干広く、系統によってアカザ科、ナス科、アヤメ科にも寄生性があり、自然発生植物はクローバ、インゲンマメ、ソラマメ、エンドウ、グラジオラス等である。

Cucumovirus 属のCMV，Alfamovirus 属のAMVの詳細については、それぞれ7.1 ダイズ萎縮病、および7.3 ダイズモザイク病の項参照。

生態 各病原ウイルスともアブラムシによって非永続的に媒介され、汁液伝染するが土壌伝染はしない。アズキで種子伝染するのは BCMV‐A 系だけである。種子伝染率は品種によって異なり5～20％であるが、開花期以降に感染した場合は種子伝染しない。このため BCMV‐A 系では罹病種子が重要な伝染源であるが、他のウイルスの場合伝染源となる作物や雑草が多い地域、場所で発生が多く、その推移は圃場および周辺での媒介アブラムシの増加の度合によって左右される。

防除 BCMV‐A 系では種子伝染するので、種子は無病の健全種子を用いる。もし初生葉に病徴が見られた場合は、早い時期に圃場を廻り発病株を抜き取り処分する。発病が多い所では抵抗性品種を栽培する。モザイク病全体では圃場周辺の伝染源となる作物、雑草を除去し、媒介者となるアブラムシの発生動向に注意し、殺虫剤を散布して駆除するのが防除の基本である。

（本田要八郎）

③モザイク病、CMVによる　④モザイク病発生圃場

アズキの病害

10.2 茎腐細菌病 (くきぐされさいきん) Bacterial stem rot
Pseudomonas sp.

1971年に北海道富良野市において初めて発見された。その後、道央部を中心に分布が確認されたが、一部常発地を除き、終息した。しかし、2000年代の中頃から、道東の十勝地方を除く、多くのアズキ栽培地域で再び発生が認められるようになった。多発した場合の被害は甚大で、着莢数や百粒重の減少、屑粒率の増加により子実重が減少する。とくに、開花前に茎に発病すると著しく減収する。

病徴 生育初期～開花期頃までは、葉に褐色～赤褐色～暗褐色水浸状の斑点あるいは葉脈に沿った条状の病斑を形成する。時に不明瞭な暈（ハロー）を伴う場合がある。また、夏季の高温乾燥期を除き、葉の裏面は濃緑色で明瞭な水浸状となる。罹病葉は葉枕（葉の付根にある肥厚した部分）が罹病し、開閉運動が阻害される場合がある。植物体の生育に伴い、上位展開葉に病斑形成する。生育後期になると、斑点や条斑が目立たなくなり、代わって、葉の周縁から楔形に切れ込むような大型の壊死斑を形成するようになり、その後、枯死するか、早期に落葉する。発病は葉から葉柄を介し、節部に達し、初め濃緑色水浸状、次第に褐色～暗褐色を呈した病斑を形成し、その後、腐敗を伴って上位に進展し、立ち枯れるか、病斑部が腐敗によって軟弱となり、風等によって折損する。未熟莢にも円形～不整形で暗緑色水浸状の病斑を形成する。

病原 グラム陰性の桿菌で好気性であり、King's B培地上で蛍光性色素を産生する。レバン産生およびタバコ過敏感反応は陽性であるが、オキシダーゼ活性およびジャガイモ塊茎腐敗能、アルギニンジヒドロラーゼ活性は陰性である。アズキの他、人工接種によりインゲンマメ（金時類）およびフジマメ、ササゲに病原性が認められる。各種細菌学的性質および 16SrDNA 遺伝子等の塩基配列の相同性から *Pseudomonas syringae* 群と推察され、さらに、*hrpZ* 遺伝子は Inoue and Takikawa（2006）のIA群であるが、ERIC‐PCRで得られたバンドパターンは既報の *P. syringae* 病原型と異なる。種名および病原型については検討中である。

伝染 本病の第一次伝染源は、汚染種子および罹病残渣であると推察される。また、本病が発生した圃場跡に生じる野良生えアズキの中には、2ヵ年経て発病した事例がある。圃場内の蔓延は、主に風雨が関与するが、罹病株への接触および圃場管理作業中の人・農業機械の接触によって伝播することも予想される。

防除 健全種子を用いる。発生圃場跡のアズキ栽培を避ける。殺菌剤の種子粉衣および発生初期からの茎葉散布は被害軽減に有効である。

（東岱孝司）

① 茎腐細菌病、葉の初期病徴（東岱） ② 生育後期の葉の大型壊死斑（東岱） ③ 茎の病斑（東岱）
④ 莢の水浸状病斑（東岱）

10.3 銹病　Rust
Uromyces phaseoli (Rebentisch) G.Winter var. *azukikola* (Hirata) Hiratsuka

アズキの栽培地帯に広く分布していて、アズキの全生育期間を通じて発生する。

病徴　主に葉に発生するが、茎にも発病する。初め蒼白色の斑点を生じ、後に膨れて胞子堆ができ赤褐色の粉末（夏胞子）が出て来る。葉の表面は黄白色の斑点となって胞子堆の形成は比較的少ないが、葉の裏面には多くの胞子堆ができる。発生が多いと葉の裏全体が茶褐色を呈する。夏の終わりから秋になると黒褐色の冬胞子堆が形成され、多発すると生育が阻害され、早期に落葉して被害が大きくなる。

病原　糸状菌の一種で担子菌の銹菌類に属する。古くはインゲンマメ銹病（*Uromyces appendiculatus*）と同じ菌とされていたが、寄生性が異なることから一時別種とされた。しかし形態的な差はなく、単に寄生性が異なるだけとの理由から、現在はそれぞれ variety として取扱われている。この菌はインゲンマメやササゲと同じように、同一宿主上で全生活史を送る同種寄生の銹菌である。

北海道では6月上～中旬に銹胞子堆、6月下旬～8月下旬に夏胞子堆、8月中旬～9月中旬に冬胞子堆が形成されるが、最も目立つのは夏胞子堆である。夏胞子は単胞、短楕円形～卵形で大きさ 18～34×14～26 μm で、表面に細い突起を有し淡黄色を呈する。冬胞子は単胞で円形～短楕円形、先端に乳頭突起があり、茶褐色で大きさ 20～39×10～32 μm、胞子とほぼ同じ長さで無色の柄を有する。

生態　北海道での観察結果では、罹病組織で越冬した冬胞子が翌年の第一次伝染源になる。アズキが播種されて発芽する頃、冬胞子は水分を得て発芽し、小生子を生ずる。この小生子が発芽間もないアズキを侵して発病、形成された夏胞子が飛散し発病が拡がる。九州等の暖地では、罹病植物に着生している夏胞子が生存していて翌年の伝染源になる可能性が高い。

防除　①被害植物は集めて焼却する。　②連作を避け輪作する。③発病し始めたら薬剤を散布する。

①銹病、葉表の病徴　②銹病、葉裏の夏胞子堆　③アズキ銹病菌夏胞子

10.4 うどんこ病　Powdery mildew
Erysiphe pisi de Candolle,　*Sphaerotheca phaseoli*（Z.Y.Zhao）U.Braun

古くから発生が記録されているが、近年発生が少なくなったといわれている。

病徴　普通葉に発生するが茎、莢にも発生することがある。うどん粉を振掛けたように葉の表面に灰白色のかびができる。このかびは後に葉の全面を覆うようになり、このため葉は早く落葉する。

病原　糸状菌で子のう菌に属する二種のうどんこ病菌が記録されている。*Erysiphe pisi* の分生子は無色、楕円形、単胞で大きさ 25～35×13～16 μm、分生子柄上に単生まれに連生する。閉子のう殻内に数個の子のうを生じ、中に 2～8 個の子のう胞子が形成される。子のう胞子は無色、楕円形、単胞、大きさ 19～25×12～22 μm である。

Sphaerotheca phaseoli の分生子は無色、長楕円形、単胞で分生子柄上に多数連生、大きさ 22～37×12～22 μm、閉子のう殻は褐色で球形大きさ 80～130 μm、子のうは *Eryshiphe* とは異なり1個だけ生じ、無色、楕円形、中に 6～8 個の子のう胞子が形成される。子のう胞子は無色、楕円形、単胞、大きさ 14～22×12～17 μm である。

病原は当初 *Sphaerotheca fuliginea* だけの一種で、キュウリうどんこ病菌と同じであると説明したが、1975 年には *Erysiphe pisi* が病原として加えられ、さらに 2000 年には *S. fuliginea* は *S. phaseoli* に変更される等変遷が大きく分類学的にもやや混沌としていて、どの種が優勢種かも不明である。

生態　病斑上に形成された子のう殻の中にできる子のう胞子によって越冬し、翌年これが第一次伝染源となって発病する。また、本病は高温時に発生が多いといわれているが、発生条件等の詳細は明らかにされていない。

防除　①被害植物は圃場に残さずに集めて焼却する。②通風をよくする。日陰や風通しのよくない所での栽培を避ける。③発病の多い時には薬剤を散布する。

10.5 褐紋病（かつもん）　Leaf spot
Phyllosticta phaseolina Saccardo

5 月頃より発生し始め、収穫期まで続いて発生し、まれに大発生することがある。またアズキの他インゲンマメにも発生する。

病徴　葉に発生する。初め褐色の小さい斑点ができ、後に拡大して 4～10 mm の円形の病斑となる。病斑の中心部は褐色から淡褐色さらに灰白色に変わり、後に病斑上に小さい黒点（柄子殻）ができる。また病斑は雨や露にあった時は破れ易くなり乾燥するともろくなる。本病はインゲンマメ、ササゲでも発生する。また、類似した病害に *Ascochyta phaseolorum* による輪紋病があるが、本病の病斑は輪紋病の病斑よりやや小さく、輪紋は不鮮明である。

病原　糸状菌の一種で不完全菌類に属し、柄胞子だけを作る。柄子殻は褐色で球形、大きさは著者により若干相違するが、吉井によれば 100～150 μm である。この中に多数の柄胞子を作る。柄胞子は無色単胞、楕円形で大きさ 5～6×2.5～3.0 μm である。

生態　種子または被害葉についている柄子殻によって越冬、翌年これから柄胞子を出して伝染する。

防除　①被害葉は集めて焼却する。②発病のひどい所は連作を避け他の作物を栽培し輪作する。③発生がひどい時には薬剤を散布する。

① うどんこ病の病徴　② 褐紋病の病徴　③ うどんこ病菌 *Sphaerotheca phaseoli* の分生子　④ 褐紋病菌柄子殻

10.6 褐斑病 (かっぱん)　　Leaf spot
Cercospora canescens Ellis & G.Martin

　旧版では角斑病とした病害で、8月上旬頃より発生し始め、成熟期に最も多く発生する。

　病徴　主に葉に発生する。初め表面に5mm前後の黄褐色、多角形の病斑を作り、これは色が次第に濃くなり、黒褐色になる。後には病斑が融合して10～20mmの大きな病斑となることがある。ツルアズキでは病斑の中心部が灰白色になることがある。病勢が進むと病斑は下葉から上葉に及ぶ、また茎や莢にも褐色、楕円形の病斑を生じ、古くなると黒色になる。

　病原　糸状菌の一種で不完全菌類に属し、分生子を作る。分生子柄は10数本が叢生し、1～5の隔壁があり、暗褐色で多少屈曲する。大きさ20～175×3～6.5μm。分生子は無色で細長く鞭状、5～11の隔壁があり大きさは30～300×2.5～5μmである。

　生態　菌糸塊（分生子柄の基部）が種子または被害植物について越冬し、翌年これに分生子を形成し、これによって伝染する。分生子は風や雨によって新しい植物に達し、そこで発芽して侵入し病斑を作り、分生子柄、分生子を作って拡がる。

　防除　①密植を避け通風をよくする。②被害植物は抜取って焼く。③種子消毒剤を粉衣して播種し、発病がひどい時には、薬剤を散布する。

10.7 ツルアズキ煤かび病 (すす)　　Sooty blotch, Leaf spot
Pseudocercospora cruenta（Saccardo）Deighton

　ツルアズキはアズキの変種 *Phaseolus radiatus* var. *flexuosus* Matsumura（アズキは *P. radiatus* var. *aurea*）として、時には別の種 *Vigna umbellate* Ohwi et Ohashi（アズキは *Vigna angularis* Ohwi et Ohashi）として取扱われ、カニノメ、バカアズキ等の名で呼ばれたこともあるが、古くからアズキの一品種として取扱われてきた。インド原産でアズキと共に東アジアで広く作られている。日本には中国から伝わり各地の田の畦畔等で作られ、九州の山間地ではアズキ同様に栽培されていたが、現在では栽培は少ない。発生する病害もアズキとほとんど同様で、とくに煤かび病の発生が多かった。

　病徴　主に葉に発生する。5月頃から発生し始め、7～8月から収穫期にかけて発生がひどくなる。初め葉に小さい紫褐色の斑点ができ、後拡大して0.5～1cmの病斑になる。ササゲの煤かび病、インゲンマメ煤紋病と類似するが、ツルアズキでは病斑はやや小さく、明瞭で中心部に小さく灰白色の部分ができる。病斑の裏面に暗灰緑色のかびが形成される。

　病原および生態　9.2 ササゲ煤かび病に同じ。その項を参照のこと。

①褐斑病（アズキ）の病斑　②褐斑病（ツルアズキ）の病斑　③煤かび病（ツルアズキ）の病徴
④褐斑病菌分生子　⑤褐斑病菌分生子柄

アズキの病害

10.8 輪紋病　Ascochyta leaf spot
Ascochyta phaseolorum Saccardo

病徴　病原菌は多犯性で、年によりアズキに大きな被害を与える。7月中旬頃から葉に褐色〜暗褐色の病斑を生じ、かつ黒褐色の同心輪紋を生ずる。中心部に黒色の小粒点が密生する。乾燥下では病斑中央部が裂ける。

病原　糸状菌の一種で、不完全菌類に属する。柄子殻は球形、淡褐色〜黄褐色、大きさ100〜200 μm。分生子(柄胞子)は無色、長楕円形〜円筒形、未熟のものは単胞、一般に1隔壁であるがまれに2隔壁のものもある。2室胞子は7.5〜12.5×2.5〜5.0 μm、1室胞子は5.0〜7.0×3.8 μm。成田ら(1973)によれば、本菌はアズキの他、インゲンマメ、ダイズ、トマト等を侵すが、アズキが最も発病し易く、接種後に株を高湿に保つと2週間後に急に病斑が拡大し、柄子殻を顕著に生成する。乾燥状態では病斑は拡大せず柄子殻も不明瞭であるが、この病葉を湿室に置くと柄子殻を生成するという。なおアズキ褐紋病菌 *Phyllosticta phaseolina* は本病菌の未熟時代ではないかと思われる。再検討が望まれる。

伝染　病斑に形成された柄子殻で越冬し、翌年これから柄胞子を生じ、第一次伝染源となる。

防除　連作を避ける。被害茎葉を処分する。茎葉散布剤の散布も有効である。

(児玉不二雄)

10.9 炭疽病　Anthracnose
Colletotrichum phaseolorum S.Takimoto

7月下旬頃から発生する。年により、突発的に多発することがある。

病徴　葉、茎、莢に発生する。初め葉の裏側に黄緑色の小斑点を生じ、後拡大し円形または多角形病斑となる。病斑の縁は次第に濃褐色〜赤褐色に変わり明瞭となる。病斑の中央部は灰褐色〜灰白色となり乾燥すると破れ易くなる。葉の裏面は葉脈や細脈に沿って赤褐色の網目状の壊疽を生ずる。アズキの他ササゲに発生、接種をすればインゲンマメにも発生する。

病原　糸状菌の一種で、不完全菌類に属する。分生胞子は病斑内に点々と生ずる分生胞子層上に生じ、多くは三日月形、まれに円筒形または紡錘形で無色、単胞大きさ17〜22×3.5〜4.0 μm、分生胞子の間に少数の剛毛を介在する。発育限界温度9〜36℃、発育最適温度は30℃である。

伝染　罹病茎葉で越冬し、翌年の第一次伝染源となる。また種子伝染する。

防除　健全種子を使用する。茎葉散布剤の散布は有効である。罹病茎葉は処分する。

(児玉不二雄)

①輪紋病、葉の病斑(堀田)　②炭疽病、葉の病斑(青田)　③炭疽病、莢の病斑(谷井)

10.10 茎疫病 Phytophthora stem rot
Phytophthora vignae Purss f.sp. *adzukicola* S.Tsuchiya, Yanagawa et Ogoshi

1967年に北海道で初めて発見された病害である。その後道内で局部的に発生していたが、1977年に至り道内各地の水田転作畑を中心に、再び広い地域で発生が認められるようになった。被害は早期発病株程激しく、7月中旬以前に発生すると病株の大半が枯死して収穫皆無となる。

病徴 幼苗期には地上、地下部の胚軸が侵され、条状の水浸病徴が現われる。やがて病斑部は萎縮、陥没してくびれ、苗立枯れ症状を呈する。生育の進んだものでは、主茎の地際部あるいは下位の分枝節を中心に、初め円形〜紡錘形あるいは条状の濃緑色水浸状の病斑が生じる。病斑はさらに進展、拡大して大型となり、茎表皮に白色粉状のかびが着生する。病斑部の表皮を顕微鏡観察すると病原菌の菌糸、造卵器、造精器を見ることができる。湿潤状態では病斑の進展が急速であるが、乾燥条件下では緩慢で、病斑の周縁はわずかに赤褐色または赤紫色に変色することがある。病斑上のかびの色はやがて淡紅色から灰褐色に変わることが多い。これは二次寄生した *Fusarium, Alternaria, Cladosporium* 等の菌のためである。

病原 糸状菌の一種で、鞭毛菌類に属する。遊走子のうは遊走子柄の先端に単生、時に連生する。亜球形〜卵形で乳頭突起は目立たない。大きさは菌株によってかなり変異があるが、土屋ら（1978）によれば 21.4〜42.8×19.0〜33.3 μm、造卵器は球形、平滑、大きさ 23.8〜38.1 μm。卵胞子を内蔵する。造精器は底着、球形〜楕円形、大きさ 10.5〜22.8×13.3〜16.7 μm で同株性。卵胞子は淡黄色、球形、平滑、大きさ 21.6〜28.8 μm である。

生態 本病は土壌伝染する。病原菌は卵胞子で土中で越冬し、翌年土壌の高水分条件下で発芽し、多量の遊走子のう、遊走子を形成する。遊走子はアズキの胚軸や地際の茎部に付着、侵入して感染し、本病の第一次伝染源となる。種子伝染の可能性はほとんどない。本病発生は土壌水分に大きく影響され、圃場が多水分となり易い条件下で発病が激しくなる。病原菌の生育適温は28℃前後であり、菌の生育好適条件下では急速に発病蔓延する。本病の病原菌には現在3種類のレースが知られている。

防除 アズキの連作を避けること。また排水不良条件下で多発するので、排水対策を施す必要がある。心土破砕、流水や浸透水の防止、側溝による排水促進および培土処理等による株元土壌の排水等に努める。抵抗性品種栽培は被害軽減上重要である。発病初期から茎葉散布剤による株元を中心とした散布が有効である。　　　　（児玉不二雄）

① 茎疫病、発生圃場（児玉）　② 茎疫病、被害株は枯上がる（清水）

アズキの病害

10.11 落葉病　Brown stem rot
Phialophora gregata (Allington & D.W.Chamberlain) W.Gams

　1970年、北海道十勝地方を中心に大発生した。激発圃場では子実収量が70%以上減収することも少なくない。

　病徴　北海道では普通8月中、下旬頃から下葉1〜2枚が萎凋し始め、次第に上葉に及ぶ。萎れた葉の表面には病斑を生じない。葉柄の維管束組織が褐色条状に変色する。組織が褐変収縮し凹むこともある。葉柄基部の維管束部は褐変し、鳥の目状を呈しているのが特徴である。茎および葉柄の褐変部を顕微鏡で見ると、導管およびその周辺細胞内に菌糸が迷走している。病原菌が茎の上部へ伸展するにつれて、葉は下位から上位へと萎れ、やがて全葉が萎凋する。これに伴い、葉面の脈間が灰褐色〜灰白色に変わり、乾いた状態となり、順次落葉する。このためアズキは坊主状となり、やがて株全体が枯死する。

　病原　糸状菌の一種で不完全菌類に属し、形態的にはダイズ落葉病菌と区別できない。ただし病原性は異なりアズキ菌はダイズに病原性を示さないと報告されている。分生子の形成は内生出芽・フィアロ型で素寒天上で多く形成される。分生子柄は無色、棍棒状で隔壁を有し長さ5〜25 μm、単一または分岐し、先端に胞子が帽頭状に集合、あるいは盛んに分岐して密集した短棍棒状子柄に胞子を生じ全体として胞子の大集塊となる。分生子は無色、単胞、卵〜楕円形で大きさ3.8〜6.2×2.0〜3.2 μmである。宿主では導管内に棍棒状子柄を形成、少数の分生子を頂生、大きさは培地上のものより大きく5.0〜8.8×2.5〜4.0 μmである。

　生態　病原菌は被害組織中で菌糸および分生子の状態で越冬し、翌春の伝染源となる。アズキの発芽後、病原菌は根毛あるいは側根の基部から侵入する。菌の侵入、感染時期はおよそ6月中旬頃と考えられている。根から侵入した病原菌は導管を通じて胚軸、さらには地上部の茎に達する。また、種子伝染する。連作頻度の高い圃場で発病が多い。その原因として罹病残渣の量的増加の他、土壌中で越冬した分生子の密度が増加するためと考えられる。アズキ維管束部の褐変時期および褐変速度は、低温年には出現が早く、その伸展上昇も速やかとなる。ダイズシストセンチュウの加害によっても発生被害は激化する。本病に対する抵抗性品種（「きたのおとめ」等）を侵すレース2の存在が確認されているが、現在のところ抵抗性品種で被害を受けた事例はない。

　防除　伝染源の主体はアズキの罹病残渣なので、被害茎葉を焼却処分するか完全堆肥化する。輪作体系の中にイネ科作物・牧草を積極的に取入れる。健全種子を用い種子伝染を防止する。ダイズシストセンチュウ発生圃場での作付けは控える。抵抗性品種を栽培する。　　　（児玉不二雄）

①落葉病、激発圃場（児玉）　②（参考）ダイズ落葉病、被害茎地際部の病徴（児玉）

10.12 萎凋病　Fusarium wilt
Fusarium oxysporum Schlechtendahl f.sp. *adzukicola* Kitazawa & K.Yanagita

　1983年頃から北海道石狩、空知支庁管内の水田転作のアズキ畑を中心に発生している。激発地では畑の全面が枯死株になる。古く栃木県で発生が報告された立枯病は、本病と同一と考えられる。

　病徴　北海道ではアズキが播種されてから、ほぼ1ヵ月を経た6月下旬から発病し始める。水浸状の褐色の病斑が初期病徴である。さらに縮葉や葉脈壊疽も生じる。このため単なる葉の病害とみなされる恐れがあるが、地際部から根の部分を切り開いてみると、中心部（髄）が根から茎にかけて赤褐色に変色している。病勢が進むにつれて、下方の葉が萎れ落葉する。6月下旬から7月中旬に発病した株では、収穫皆無となる他、8月以降の発病株でも大幅に収量が低下する。

　萎凋病は落葉病に極めて似ているが、次の二点が判別のポイントになる。第一は発病時期が6月下旬〜7月上旬で、落葉病の8月上〜中旬に比べて早いこと。第二に内部病徴として、落葉病は主に茎の外層部（維管束）が紫褐色となるのに対し、萎凋病は髄部がレンガ色に赤褐変する。

　病原　糸状菌の一種で不完全菌類に属する。小型分生子は隔壁を欠き無色、卵形〜長楕円形。短いフィアライド上に擬頭状に形成される。大型分生子は1〜4隔壁、無色、鎌形である。厚壁胞子は球形〜楕円形で無色〜暗色、平滑、頂生または連鎖して菌糸または分生子に形成される。本菌はアズキとアズキの変種ヤブツルアズキのみを侵す。3種類のレースが知られている。

　生態　病原菌は土壌中に生存して伝染源となる。罹病したアズキが枯死すると茎や根の組織内に病原菌の厚壁胞子が多数形成され、この罹病残渣が伝染源になる。厚壁胞子は発病土壌中では、乾土1g当たり数十個と推定される。感染はアズキの発芽後間もなく根毛で起こる。連作は発病を助長する。病原菌の生存年数は5年以上にわたる。水田化による病原菌の死滅は単年では効果が低く、2〜3年を要する。高温・乾燥年には発病が顕著である。すでに述べたように、本菌には3種類のレースが存在するが、同じ畑の中にレースが混じり合って存在する。このうちレース3の病原性が最も強く、多数の品種を侵すことができる。なお、品種「きたのおとめ」はどのレースにも侵されない。

　防除　連作を避ける。水田転換畑の発病圃場では、2年以上水田化した後輪作をしてアズキの作付けをする。抵抗性品種を栽培する。

（児玉不二雄）

① 萎凋病激発圃場、被害株は枯死し裸地になっている（児玉）　② 萎凋病被害株、左側は健全株（児玉）
③ 萎凋病による維管束の褐変（児玉）

アズキの病害

10.13 灰色かび病　　Gray mold
Botrytis cinerea Persoon

　アズキの主要病害の一つである。菌核病と同じ時期に同じ条件下で発生する。

　病徴　発芽時に立枯れを起こし、枯死する場合がある。花では一部分が淡褐色で水浸状に腐敗し、間もなく花全体に灰色のかびを生じる。莢では老衰花弁の付着している先端部から感染発病し、同様に灰色のかびを生じる。隣接した健全な莢、茎葉に接触感染もする。また、散った花弁が葉に付着した場合、花弁で繁殖した菌が葉に侵入し、多くの場合輪紋状の褐色病斑を生ずる。

　病原　糸状菌の一種で不完全菌に属する。分生子柄は無色〜やや暗色で長く、数個の隔壁があり先端部で樹枝状に分枝し、多数の分生子を塊状に着生する。分生子は無色、単胞、表面平滑、短楕円形〜卵形で大きさは 9.6〜12.0×6.0〜8.4 µm。菌核は濃褐色〜黒色、不整形〜球形で大きさは 2 mm 前後。生育適温は 20〜25 ℃である。

　生態　被害組織内で菌糸、菌核で越年する。翌年、条件が良くなると分生子を形成し、それが飛散して開花後の老衰花弁に感染し、そこから莢、茎葉に拡がる。開花期以降、降雨の多い低温湿潤の天候が続くと多量の分生子を形成、飛散するため多発する。また、風通しの悪い過繁茂状態で発生し易い。この病原菌は宿主範囲が広く、マメ類の他ジャガイモ等多くの作物を侵す。

　防除　被害茎葉は処分し、圃場の排水を促進し、過繁茂を避けるため施肥量に注意する。発病好適条件下では、開花 1 週間後に 1 回目の薬剤の茎葉散布を行い、その後 7〜10 日おきに計 3 回薬剤を散布する。なお、大部分の地域でジカルボキシイミド剤耐性菌が、また一部地域ではチオファネートメチル剤とフルアジナム剤の耐性菌の出現が確認されているため体系防除を行う。　（児玉不二雄）

10.14 菌核病　　Stem rot, Sclerotinia rot
Sclerotinia sclerotiorum (Libert) de Bary

　本病の発生はインゲンマメ菌核病に比べ少ないが、アズキ作付地帯では普遍的に見られる病害である。

　病徴　本病は多くの作物に発生する。作物の種類により発生時期は異なるが、病徴には大差がない。アズキでは 8 月上旬頃から発生する。初め莢の先端や花の一部に白色綿状の菌糸が生じ、水浸状の病斑が伸展、拡大する。病勢が進むと大型の白色斑紋となり、やがて黒色のネズミの糞状の菌核を生じる。

　病原および生態　病原は糸状菌の一種で子のう菌類に属し、菌核と子のう胞子を形成。インゲンマメ菌核病菌と形態および生態は同じである。詳細については 8.13 インゲンマメ菌核病の項を参照。

　防除　アズキの連作をしない。多肥栽培を避ける。開花 7〜10 日後から薬剤散布を行う。灰色かび病との同時防除を行うため、薬剤の選定に注意し、ローテーション防除を行うことが望ましい。　（児玉不二雄）

①灰色かび病、葉の病徴（児玉）　②灰色かび病、莢の病徴（児玉）　③菌核病、被害莢（児玉）

10.付 瘡痂病（リョクトウ）　Scab of mung bean
Elsinoë iwatae Kajiwara & Mukelar

リョクトウ（緑豆）はヤエナリとも呼ばれるが、最近は英名のマングビーンが一般的になっている。学名は *Vigna radiatus* Wilez または *Phaseolus radiatus* L. var. *typicus* Prain でアズキの変種とも考えられている。インド原産で熱帯アジアに古くから分布しており、日本にいつ渡来したか不明であるが、1600 年代の末期には多数の農家で栽培された記録がある。戸苅によれば 1950 年前後には、千葉、香川、高知、茨城、埼玉、鹿児島、大分等で 200 ha 程豆もやしとしての利用を目的として栽培されていたというが、近年はほとんど栽培されていない。しかし、インドネシア、タイ等東南アジアでは重要な作物として栽培されていて、病害の発生もアズキに似たところがある。筆者は 1973〜1975 年技術協力のためインドネシア・ボゴールに滞在したが、その時マングビーン（リョクトウ）が病害によってほとんど収穫皆無に近い状態の畑をしばしば観察した。その病害について調査したところ、それまでに記録されていない新しい病害であることが明らかになった。

わが国には未発生であるが、今後東南アジアで農業の技術協力に参画する技術者の参考になる可能性もあると考え、あえてアズキの病害の項の中で記述することにした。

病徴　葉、葉柄、茎、莢に発生する。葉の病斑は初め円形で小さく 1〜2 mm、褐色〜赤褐色を呈し、病斑の周縁は黄変する。病斑は次第に拡大し 3〜5 mm 大となり若干角ばってくる。古い病斑の中心部は灰色〜灰白色になり、終わりは脱落して穴があく。葉の病斑は葉脈や中肋に沿って多く見られ、淡黄色の潰瘍または瘡痂（そうか）状を呈することが多い。この症状は下葉より上葉程激しい。幼苗の時に感染したものは、葉は巻込み奇形を呈し、発生がひどい時には植物は矮化する。

茎では病斑は赤褐色で円形〜楕円形を呈し径 3〜5 mm、中心部は灰色〜灰白色を呈する。これらの病斑は往々融合して 1 cm 以上の病斑になることがあり、若干隆起して淡黄褐色〜灰白色に変化し、典型的な潰瘍または瘡痂状の病斑になる。莢の病徴は最も顕著である。若い緑色の莢では病斑は角ばった楕円形で若干凹んでいて径 5〜8 mm、色は茎等と同じように周囲が暗褐色〜赤褐色、中心部は灰色を呈する。病斑は莢の成長に伴い隆起し、全体が灰色〜灰白色を呈するようになる。

全体的に、病徴は *Colletotrichum* による炭疽病に類似するが、本病は炭疽病と異なり罹病により奇形が顕著に現われる

① 瘡痂病、新葉の病徴　② 茎の病斑　③ 莢の病斑

アズキの病害

こと、莢等の病斑上に桃色の分生子塊が生じない点である。

病原 病原は糸状菌で子のう菌類に属す。この菌はリョクトウで分生子と子のう両世代を作る。分生子層は皿状または盤状で病斑上に生じ、子座上の組織に見分けが困難な短い分生子柄を作り、その上に積み重ねるように多数の分生子を形成する。分生子は無色で単胞、楕円〜長楕円形で大きさ 5〜6.5×2〜3 μm である。分生子は若い病斑上に多数形成されるが、古くなった病斑にはほとんど形成されない。完全世代の子のうは、宿主組織の表皮下に生じる子のう子座に単独または複数が壁を接して形成され、子のう殻は形成されない。子のうは無色、卵形〜球形または長楕円形で25〜27.5×17.5〜22.5 μmで8個の子のうを内蔵する。子のうは楕円形〜長楕円形で2〜3の隔壁があり大きさ 11〜14×5〜7.5 μm である。

この菌はリョクトウには強い病原性を示す。接種をすればアズキ、フジマメに接種4日後に小さな病斑を作るが、大きくなることはない。また、ダイズ、インゲンマメには病原性は示さない。このような結果からこの菌は新種と同定され記載された。

生態 詳細な生態は明らかでないが、圃場に残された被害残渣が伝染源になって発病すると思われる。菌の生育の適温は20℃前後である。分生子を噴霧接種すると5日後に病徴が現われ、7〜9日後に典型的な病徴になる。

防除 ①被害残渣を処分して圃場を清潔に保つことがまず必要である。②連作を避ける。③本病を同定した1974年当時の防除試験では、トップジンM水和剤（1,000倍）、バビスチン水和剤（2,000倍）、ベンレート水和剤（1,600倍）の4回散布が極めて高い防除効果を示した。

〔備考〕 原著は Kajiwara,T. and A. Mukelar：Mung bean scab caused by *Elsinoe* in Indonesia: Contributions Central Research Institute for Agriculture Bogor, Indonesia: No 23:1〜12, 1976

④瘡痂病、激発株　⑤激発圃場　⑥病組織中に形成された病原菌子嚢

第 11 章　エンドウの病害

エンドウの病害

11.1 モザイク病　　Mosaic
Bean yellow mosaic virus, Broad bean wilt virus, *Clover yellow vein virus*,
Cucumber mosaic virus, *Lettuce mosaic virus*, *Peanut mottle virus*,
Peanut stunt virus, *Pea seed-borne mosaic virus*,
Watermelon mosaic virus, *White clover mosaic virus*

　エンドウのウイルスによるモザイク病は、1937年北大の福士貞吉教授によって最初に記載されたが、当時はまだウイルスの種類の同定まで至らなかった。その後ウイルス本体についての研究が進む一方、主要な生産地である和歌山、千葉県等での精力的な調査によって、現在ではマメ類の中でも最も多い10種類のウイルスがモザイク病の病原として記載されている。

　病徴　病原として、インゲンマメ黄斑モザイクウイルス *Bean yellow mosaic virus*（BYMV）、ソラマメウィルトウイルス Broad bean wilt virus（BBWV）、クローバ葉脈黄化ウイルス *Clover yellow vein virus*（ClYVV）、キュウリモザイクウイルス *Cucumber mosaic virus*（CMV）、レタスモザイクウイルス *Lettuce mosaic virus*（LMV）、ラッカセイ斑紋ウイルス *Peanut mottle virus*（PeMoV）、ラッカセイ矮化ウイルス *Peanut stunt virus*（PSV）、エンドウ種子伝染モザイクウイルス *Pea seed-borne mosaic virus*（PSbMV）、スイカモザイクウイルス *Watermelon mosaic virus*（WMV）、シロクローバモザイクウイルス *White clover mosaic virus*（WClMV）の10種類のウイルスがモザイク病の病原として記載されているが、病原ウイルスと病徴との対比は必ずしも明確でなく、病徴だけによる正確な識別は困難である。これまでに記載されている各ウイルスの病徴について要点を記載すれば次の通りである。

　BYMVは全国的に発生が報告されている。病徴は系統によって差があり、軽いモザイク、鮮明な黄斑モザイクを現わす。1963年に日本で記載されたこのウイルスの壊疽系は、その後クローバ葉脈黄化ウイルス（ClYVV）に統合された。ClYVVは葉脈、茎、茎頂部に壊疽を生じ、発生が激しいと株は萎縮して枯死し、多発すると被害が大きくなる。全国的に発生が見られる。BBWVも感染発病すると、葉にモザイクを生じ変形する。茎に短い壊疽条斑を生じ、多発することがある。

　CMVは一般的には葉に軽いモザイク症状や葉脈緑帯を生じ、萎縮しやや変形する。しかし、系統によって黄化や激しい壊疽が見られることもある。LMVの病徴は軽く葉脈透化や退緑斑点が見られる。PeMoVは葉脈透化や退緑斑を生じ、軽いモザイク症状を現わす。PSVも葉にモザイクを生じ、葉は小型になり株は萎縮する。PSbMVは葉色が淡くなり、葉は軽く捻れて巻く。モザイクを伴うこともあり、莢は変形し株はやや萎縮する。WMVは葉脈緑帯

①BBWVによるモザイク病　②BYMWによるモザイク病の初期の病徴　③CMVによるモザイク病

や葉脈透化を示して葉が軽いモザイク症状を呈する。下葉は退色し易く、時には株全体が黄化し萎縮することがある。WClMV罹病株の葉は軽い葉脈透化とモザイクを示し、一部の茎葉に壊疽を生じる。

病原・生態　病原10種類のうち *Potyvirus* 属に属すものが最も多くBYMV, ClYVV, LMV, PeMoV, WMVと6種類に及ぶ。*Poytvirus* 属のウイルスは750×13 nmの紐状粒子で感染植物の細胞質内に小集団をなして存在する。これらのウイルスは基本的にはアブラムシによって非永続的に伝搬される。接触伝染、土壌伝染はしない。種子伝染は特定のウイルスの系統と特定の宿主の間で起こる。例えば、PSbMVはエンドウで品種によってかなり高率で種子伝染する。また、PeMoVの場合はラッカセイで種子伝染する。*Potyvirus* 属の中で全国的に発生し重要なウイルスはBYMVとClYVVである。BYMVの詳細については8.1 インゲンマメモザイクの項参照。

ClYVVは世界各地で発生が認められているウイルスで、日本ではかつてBYMV-N（壊疽系）として記載されていたが、別種のウイルスとして取扱われるようになった。LMVとPSbMVはエンドウでは発生は少なく、和歌山県だけで発生が認められている。WMVは世界中に分布しウリ類を中心に発生が多い重要なウイルスで、従来はカボチャモザイクウイルス（WMV2）と呼ばれていたが、最近スイカモザイクウイルスに統一された。わが国のエンドウでは西日本各地で発生が認められている。

CMVとPSVは *Cucumovirus* 属でCMVは世界的にも広く分布し、野菜類の重要な病原ウイルスである。わが国のエンドウにも全国的に発生する。ウイルスの性状等はダイズ萎縮病の項を参照。PSVはラッカセイの他広くマメ科、ナス科の植物を侵すが、エンドウでは北海道だけで発生が認められた。

WClMVは *Potexvirus* 属のウイルスで480×13 nmの紐状の粒子である。宿主植物はマメ科植物だけに限られ、伝染も接触伝染によるだけで、アブラムシでは伝染しない。エンドウでは千葉県館山市だけで発生が認められた。BBWVはソラマメウィルトウイルスとも呼ばれ *Fabavirus* 属の径25 nmの球状ウイルスである。宿主範囲はマメ科、ナス科、アカザ科等極めて広く現在国際的にはBroad bean wilt virus 1および2に分けられている。エンドウに発生するものについては、抗血清を用いたELISA検定の結果BBWV-2であることが報告されている。

防除　基本的にはダイズ、インゲンマメ、アズキ等他のマメ科作物のモザイク病と同じである。PSbMVのようにエンドウで種子伝染するものについては、無病の種子を用いることが最も重要な条件である。他のウイルスについては伝染源の除去、とくに圃場周辺は清掃を徹底する。発病の多いBYMV, ClYVVも感染したマメ科、アヤメ科の作物、雑草化したクローバ等が伝染源と考えられるので、これらを抜取る。またウイルスはアブラムシとくにマメアブラムシによって伝搬されるので、アブラムシの発生に注意し、薬剤散布等により的確な防除を行う。

④ ClYVVによるモザイク病、茎等の壊疽が目立つ　⑤ ClYVVモザイク病、被害株
⑥ PeMoVによるモザイク病、葉脈透化が顕著

エンドウの病害

11.2 萎黄病 Yellow dwarf *Milk vetch dwarf virus*
黄化病 Yellows *Clover yellows virus*

わが国のエンドウ、ソラマメに広く発生し、被害が大きなウイルス病である。

病徴 2種の病原ウイルスによる黄化、萎縮等を現わすウイルス病が知られているが、病徴との対応は必ずしも明らかではなく、病徴だけによる識別は困難である。いずれも葉が全体に黄化し、粗剛となる。株が萎縮して叢生状になる場合も多いが、葉色が悪く単なる生育不良と見えるものもある。いずれのウイルスも幼苗期に感染すると激しい萎縮を起こして結莢不良となるが、生育後期に感染した場合は軽い黄化症状に止まることが多い。

病原 それぞれ病原は、レンゲ萎縮ウイルス *Milk vetch dwarf virus*（MDV）とクローバ萎黄ウイルス *Clover yellows virus*（ClYV）。いずれも、主にマメ科植物に感染するが、MDV はナス科、アカザ科等にも感染する。*Nanovirus* 属ウイルスで、ウイルス粒子は直径約 25〜26 nm の小球形、ClYV は *Closterovirus* 属に属する長さ約 1,700 nm の紐状ウイルスである。いずれも感染植物の篩部細胞内に局在し、細胞質内の小胞と篩部壊死が観察される。

伝染 汁液伝染は困難。MDV はマメアブラムシ等のアブラムシにより永続的に、ClYV は半永続的に伝搬される。種子伝染、土壌伝染はしない。

防除 病株は抜取って処分する。必要に応じて、殺虫剤を散布してアブラムシを防除する。クローバ等のマメ科植物が伝染源と考えられる。

〔備考〕エンドウに発生するウイルス病には他に、茎頂部から黄化萎縮し、茎の維管束に壊疽を生じて変色が起こるエンドウ茎壊疽ウイルス *Pea stem necrosis virus*（PSNV）による茎壊疽病 stem necrosis、葉や茎に赤褐色の壊疽斑点や壊疽輪紋、壊疽条斑を現わすソラマメ壊疽モザイクウイルス *Broad bean necrosis virus*（BBNV）による壊疽モザイク病 necrotic mosaic がある。　　　　　　　　　　　　　　　　（大木　理）

① 萎黄病、被害株　② 黄化病、葉が全体に黄化

11.3 蔓腐細菌病　　Bacterial stem rot
Xanthomonas pisi（ex Goto & Okabe 1958）Vauterin, Hoste, Kersters & Swings 1995
Pectobacterium carotovorum（Jones 1901）Waldee 1945 emend. Garden, Gouy, Christen & Samson 2003
Pseudomonas marginalis pv. *marginalis*（Brown 1918）Stevens 1925
Pseudomonas viridiflava（Burkholder 1930）Dowson 1939

　エンドウ蔓枯細菌病とよく似た病徴の細菌による病害で、条件によって4種類の細菌が関与するが、被害は比較的限られているようである。

　病徴　地上部全体に発生する。托葉では基部に暗緑色、水浸状の病斑ができる。病斑は葉脈に沿って拡大し暗褐色に変化し、後全体が羊皮紙状になり枯死する。また托葉基部の病斑は茎に進展し、暗緑色水浸状の病斑を形成、この病斑は、初め茎の片側を線状に伸びるが、やがて茎全体に拡がる。降雨が続き湿度が高い状態が続くと、病斑の進展は早くなり、全体が軟化腐敗する。これらの病徴は蔓枯細菌病に酷似し、正確な診断は病原細菌の分離同定が必要である。

　病原・生態　以前から3種類の細菌が関与するとされていたが、近年になり *Ps. viridiflava* も関与することが明らかにされ、一層複雑になった。4種の細菌中最も重要なものは *X. pisi* とされている。グラム陰性の桿菌で大きさ 0.7〜1.6×0.4〜0.7 μm で1本の極毛を有し、芽胞は持たない。コロニーの色は黄色で多数の pv. が存在する。生育の適温は 30〜32℃ といわれており、暖地やエンドウの成育後期ではこの菌が主要な役割を演じていると考えられる。*Pect. carotovorum* は短桿菌で周毛大きさ 1〜3×0.5〜1 μm、グラム陰性、通性嫌気性である。生育適温 27〜30℃、土壌伝染性で周知のように野菜類の多くに寄生し軟腐を起こす。作物が軟弱に生育したり傷ついたり、または他の病害の侵害を受け衰弱しているような時に被害を及ぼす。この菌も生育温度が比較的高いので、*X. pisi* と共に暖地および生育後期の発生に大きな役割を果たしていると考えられる。*Ps. marginalis* はグラム陰性の桿菌で無芽胞、多数の極毛を有し蛍光色素を産生する。4℃で生育し、40℃では生育しない低温菌で病原性は弱く、作物が寒害によって被害を蒙った低温時に発生、春腐病、腐敗病等の病名が付されている。キュウリやキャベツではこの菌と同じように低温菌で病原性もあまり強くない *Ps. viridiflava* が共存し、病徴も区別できないとされている。エンドウでは 2004

① 蔓腐細菌病、初期の症状　② 蔓腐細菌病による萎凋腐敗症状

エンドウの病害

年3月に福島県下のエンドウで初めて発生、報告された。関与する病原菌が4種類で複雑であるが、低温時寒害を受けたような時に発生した場合は、*Ps. marginalis* と *Ps. viridiflava* の寄生で、生育末期比較的温度の高い時に発生した場合は *X. pisi* と *Pect. carotovorum* によると推定し、最終的には病原菌を分離した上で同定する。

防除 土壌伝染するので連作を避け、排水をよくする。また、被害茎葉は集めて焼却する。 寒地で *Pseudomonas* 系の発生が多い所では、風の強い所は防風ネットで保護し、低温にさらされることを防ぐ。また、比較的温暖で発生が多い所では、肥培管理に注意し、軟弱で徒長しないよう心掛ける。

11.4 蔓枯細菌病　Bacterial blight
Pseudomonas syringae pv. *pisi*（Sackett 1916）Young, Dye & Wilkie 1978

1915年アメリカで記載され、その後ウルグアイ、日本、オーストラリア、ニュージーランド、フランス、ドイツ、南アフリカ等ほとんど全世界に分布が拡がった細菌による病害である。

病徴 初め地際部の茎に水浸状の小斑点を作り、それが褐色〜暗緑色の条斑となって進展する。病斑はさらに托葉、葉柄、小葉に及ぶ。托葉では不整形の病斑で、しばしば大形の病斑になり茶褐色〜暗緑色、水浸状になり軟化腐敗する。病斑が拡大すると、茎葉は萎凋する。このような症状は多湿条件で速やかに進展するが、乾燥状態では褐色の病斑に止まることが多い。

莢にも容易に感染し、縫合部に沿った水浸状暗褐色〜暗緑色の病斑になる。また、種子にも感染するが、外観は健全に見える。

なお、蔓腐細菌病の病徴も極めて類似しており、病徴から診断区別は困難で、正確な診断には病原細菌の分離同定が必要である。

病原 寒天上で白色円形のコロニーを作る短桿状の細菌で、その一方の端に1〜3本の鞭毛がある。大きさは1.2〜1.7×0.7〜0.8 μmである。

生態 種子によって伝染、発病するらしい。

防除 ①無病の種子を用いる。②軟弱に育ったものに発病が多いから施肥に注意し、丈夫に育てる。

③蔓枯細菌病、初期の症状　④蔓枯細菌病、末期の症状

11.5 褐紋病　Mycosphaerella blight
Mycosphaerella pinodes (Berkely & A.Bloxam) Vestergren

黒斑病とも呼ばれ、エンドウの最も重要な病害である。早播きのもの、水田裏作等の湿地に栽培したもので被害が大きい。

病徴　葉、茎、莢、種子が侵される。葉では初め黒褐色の小さい斑点ができ、後拡大して黄褐色と褐色の輪紋のある病斑になる（この病斑は炭疽病の病斑と非常によく似ている）。病斑は往々融合して不定形、大きな病斑になり、葉全体が枯れる。茎では黒褐色の病斑ができ拡大して茎を取巻くと、その上部は萎凋枯死する。発生が甚だしい時は上部の葉は枯上がって全体が麦藁状を呈する。莢では初め黒褐色の小さい斑点を生じるが、後拡大し互いに融合してやや隆起した不定形の瘡痂状の病斑になる。種子には不規則な斑紋ができる。感染種子が播種された時、あるいは幼苗の時に感染すると幼植物は枯死することが多い。

病原　糸状菌の一種で子のう菌類に属し、子のう胞子、柄胞子を作る。柄胞子すなわち分生子の世代は、褐斑病と同じ属の *Ascochyta* 属である。柄子殻は円形で黒褐色、組織の表皮下に生じ孔口がある。大きさ約 100 µm。この中に形成された柄胞子は無色、長楕円形で1隔壁があり大きさ 8～16×3～6.5 µm である。完全世代は *Mycosphaerella* 属で、子のう殻は黒色で球形、径 100×140 µm、この中に子のうおよび子のう胞子を形成する。子のうは無色、長円筒形、大きさ 50～80×10～15 µm、8個の子のう胞子を内蔵する。子のう胞子は無色、紡錘形で1個の隔壁があり、両端は尖り隔壁の部分はくびれる。平均の大きさは 17.2×7.9 µm で油球がある。

生態　種子および被害組織内で菌糸または柄子殻、子のう殻で生存する。種子についたものは種子が播かれ発芽すると幼植物を侵し、重症のものは、発芽して間もなく枯死する。柄胞子は風雨で伝搬し、3～7日の潜伏期間を経て発病する。菌の発育適温は 25℃である。

防除　①種子は無病株から採種し、さらに種子消毒したものを用いる。②連作を避け、排水良好な土地に栽培する。③早播きしないこと。④発病を見たら薬剤を散布して蔓延を防ぐ。薬剤はチオファネートメチル剤（トップジンM水和剤、粉剤）の登録がある。

① 褐紋病、発生状況　② 褐紋病、葉の病斑　③ 褐紋病、被害莢（中田覚五郎）　④ 褐紋病菌柄子殻
⑤ 褐紋病菌柄胞子

エンドウの病害

11.6 褐斑病　Leaf spot, Ascochyta blight
Ascochyta pisi Libert

早春から収穫期にかけて、各地に発生するエンドウの最も普通の病害である。褐紋病と混じって発生することも多く、病徴、病原菌等よく似ているので混同されることが多い。

病徴　葉、茎、莢に発生する。初め淡褐色円形の病斑ができ、後に周縁赤褐色、内部は淡褐色～灰白色の 2～3 mm の病斑になる。病斑と健全部の境は明瞭で病斑部は若干凹み、灰白色の部分に小黒点（柄子殻）を形成する。病斑は褐紋病のようにあまり融合せず、また褐紋病、炭疽病のように輪紋は生じない。茎および莢では凹んで葉と同じような病斑を作る。

病原　不完全菌に属する糸状菌の一種で、病斑上に柄胞子だけを作る。柄子殻は褐色～黒褐色で球形に近く大きさ 150 μm 前後で、この中に柄胞子が形成される。柄胞子は無色、楕円形または卵円形で大きさ 10～16×3～5 μm で一つの隔壁があり、隔壁部分でわずかにくびれる。胞子内には明瞭な油球がある。

本菌は褐紋病の不完全世代と形態がよく似ているので区別は非常に困難であるが、本菌の柄胞子は褐紋病菌の柄胞子より若干細長い。完全世代のあるなしによって区別するのが最も確実な方法であるが、完全世代はなかなか見つからないので、病徴のわずかな違いによって推定する他はない。しかしこの両者は同じ方法で防除できるから、防除の面からは強いて区別する必要はないように思われる。

生態　被害茎葉や種子についた菌糸および胞子によって生存し伝染源となる。エンドウの生育期間中は病斑上に形成された柄胞子が雨滴等によって運ばれ伝染する。発病は春と秋の長雨の時期および梅雨の時期が好適である。ハウス栽培での発生は少ない。

防除　褐紋病に準じて行う。

① 褐斑病、葉の病徴　② 褐斑病、茎の病斑　③ 褐斑病、莢の病斑　④ 褐斑病菌柄子殻
⑤ 褐斑病菌柄胞子

11.7 うどんこ病　Powdery mildew
Erysiphe pici de Candolle

露地、ハウスいずれの栽培にも発生し、エンドウの生育が進み収穫期に入ると急増する。

病徴　主に葉に発生するが、茎、莢にも発生する。初め汚白色の小斑点であるが、菌叢は次第に大きくなり、発生が多いと、うどん粉を振掛けたように表面に白い粉状の斑点ができる。後にこの上に黒色の子のう殻を形成。莢では褐色のしみ状の斑点を生じ、商品価値を減じる。

病原　子のう菌類に属する純寄生菌で、分生子と子のう胞子を作る。分生子柄は無色円柱状、分生子は無色、単胞、楕円形で大きさ 23〜46×14〜23 μm、子のう殻は暗褐色、扁球形、大きさ 81〜176 μm で表面に 2〜3 回分岐した多数の糸状の付属糸がある。子のう胞子は子のう殻の中に形成され無色、単胞、楕円形で 19〜37×9〜18 μm である。

生態　病斑上に形成された子のう殻によって越年し、翌年これによって第一次伝染する。その後は病斑上に形成された分生子によって伝染する。暖地や温室では分生子や菌糸によっても越年する。発生には 25 ℃前後が適温である。

防除　①通風が悪いと発病が多くなるので密植を避ける。②カリ肥料を十分に与える。③発病の兆しがある時は薬剤を散布する。④海外では抵抗性の遺伝子を利用した品種がかなり利用されているので、可能であれば抵抗性品種を栽培する。

11.8 銹病（さび）　Rust
Uromyces viciae-fabae (Persoon) J.Schröter var. *viciae-fabae*,　*Uromyces hidakaensis* Murayama & Takeuchi

病徴　主として葉に発生するが、茎、莢にも発生する。葉では表裏両面に灰褐色〜黄褐色、直径 0.5 mm 前後の銹病特有の盛り上がった病斑を散生する。葉柄では長さ 1〜2 mm のやや隆起した灰褐色の斑点を生ずる。発生は比較的少ないが、発生すれば銹病特有の黄褐色の胞子堆が見られるので診断は容易である。

病原　糸状菌で担子菌に属する銹菌の一種である。病原 *Uromyces viciae-fabae* は、ソラマメ、エンドウの両者に寄生性を有し同じとされている。この菌は同種寄生性の代表的なもので、宿主を変えることなくエンドウで銹胞子、夏胞子、冬胞子の異なった世代を経過する。各世代胞子堆および胞子とも色が異なり、銹胞子は橙黄色、類円形で大きさ 19〜25×16〜22 μm、夏胞子は淡褐色、類円形で大きさ 21〜30×17〜24 μm、冬胞子は暗褐色、類円形で柄を有し大きさ 24〜36×17〜25 μm である。

エンドウではさらに 1950 年に北海道日高地方で発生したもので病徴は変わりないが、冬胞子の大きさが 20〜30×17〜22 μm で小さく、とくに柄が *U. viciae-fabae* の 100 μm 前後に比べると非常に短いということで別の種 *U. hidakaensis* として記録されたものである。この種が現在どのように分布し発生するかは明らかでない。

生態・防除　12.7 ソラマメ銹病の項参照。

①うどんこ病　②銹病発生葉　③銹病銹胞子堆

エンドウの病害

11.9 灰色かび病　Gray mold, Botrytis pod-rot
Botrytis cinerea Persoon

　世界的に野菜類、花類に普遍的に発生する病害で、エンドウでは主にハウス栽培で冬〜春に発生。被害は小さくない。露地栽培でも開花時に雨が多いと発生が多い。

　病徴　葉、茎、莢、花等地上部の全てに発生する。葉には淡褐色の円形病斑ができる。最も目立つのは莢で周辺は紫褐色、中央部淡褐色〜灰褐色やや凹んだ円形〜不整形の比較的大きな病斑ができる。このため商品にならない。湿度が高い時には病斑上に灰色のかび（分生子）を生じ、後腐敗する。茎の病斑は托葉がまず侵され、これから進展して淡褐色〜赤褐色の病斑となり、拡大すると茎枯れを起こす。発病には花が関与することが多く、枯死した花弁から葉や莢等に感染している場合が多い。多湿の時にはどの病斑にも灰色のかびが観察される。

　病原と生態　糸状菌の一種。多犯性で多くの野菜、花類を侵す。病原ならびに生態については 8.8 インゲンマメ灰色かび病の項参照。

11.10 炭疽病　Anthracnose
Colletotrichum gloeosporioides (Penzig) Penzig & Saccardo

　1891 年にエクアドルで初めて記載され、その後カナダ、ヨーロッパに発生、日本では 1921 年以来発生している。アメリカでも大発生した記録があるが、全体的に発生は少なく、被害もそれほど大きくない。

　病徴　葉には褐色〜赤褐色の輪紋のある病斑を作り、褐紋病初期の病徴によく似た病徴を示す。茎では地際に発生すると赤褐色〜黒褐色、楕円形の病斑を生じ、病斑が茎を取巻くと立枯れになる。莢では円形の中央部がやや凹んだ周縁赤褐色、中央部淡紅色の病斑になる。褐紋病との違いは病斑上に柄子殻を作らないこと、および病斑が褐紋病のように融合して大きくなることが少ない等である。

　病原　糸状菌の一種で不完全菌類に属し、分生子を形成する。本病原の学名は長い間 *Colletotrichum pisi* とされていて原記載によれば、剛毛のある胞子層上に無色、単胞、やや湾曲した分生子を作る。分生子の長さ 15〜18 µm である。本菌について山本は *C. gloeosporioides* の異名とすべきであると提唱し (1960)、病名目録もこの学名を採用している。しかし、アメリカではなお *C. pisi* を用いており統合するか否かまだ検討の余地がある。

　生態　種子または被害茎葉に付いている菌糸および胞子が伝染源になる。病原菌の胞子は葉、莢では表皮を通して侵入するが、病原性はそれほど強くなく、茎では傷や他の菌が侵入した後から侵入する。

　防除　褐紋病に準ずる。

①灰色かび病　②灰色かび病、莢先端の発病　③炭疽病、被害葉　④炭疽病病斑

11.11 立枯病　Root rot
Fusarium arthrosporioides Sherbakoff
Fusarium avenaceum (Fries) Saccardo, *Fusarium sporotrichioides* Sherbakoff

病徴および病原　茎および根、とくに地際部に黒褐色の病斑ができる。被害株は生育不良になり、株は黄変し枯死する。秋播きのエンドウでは春になって症状が現われ枯れる。

病原には標記のように3種類の *Fusarium* が記録されている。ここに掲載した病徴写真については、千葉県下で撮影し、被害株を採集、病斑部より *Fusarium* の胞子を確認したが、種の決定までは至らなかった。

エンドウでは本病に類似した立枯性の病害が2,3ある。すなわち、苗立枯病 (*Pythium debaryanum* および *Rhizoctonia solani*)、根腐病 (*Fusarium solani* f.sp. *pisi*)、茎腐病 (*Thanatephorus cucumeris*)、アファノミセス根腐病 (*Aphanomyces euteiches*) 等である。いずれも立枯性で葉が黄変、茎とくに地際部に病斑が認められる等共通した面はあるが、注意して観察するとそれぞれ病原の種によって特徴があり、病徴によって判定可能である。しかし、*Fusarium* によるものは採集標本に見られる病原を精査し、場合によっては病原を分離培養して比較検討する必要がある。*Fusarium solani* f.sp. *pisi* による根腐病の場合、病原菌は分生子と厚壁胞子を形成する。分生子には小型分生子と大型分生子を生じ、小型分生子は単胞、楕円形で長柄の分生子柄上に多数が固まって形成され特徴のある形態を示す。大型分生子は鎌形で主に3隔壁を有し、大きさ 27〜40×4.5〜5 μmである。培地上では多数の厚壁胞子を形成する。この菌による根腐病は北海道で確認されている。

これに対して、ここに掲げた3種の菌による立枯病は1926年富樫によって報告されているが、その後これらの菌による立枯病の報告はない。*F. arthrosporioides* と *F. avenaceum* は Snyder & Hansen の分類体系では、いずれも *F. roseum* に属し、小型分生子を形成しないので、先に述べた *F. solani* との区別は容易である。また、*F. arthrosporioides* および *F. sporotrichioides* については、他の作物等も含めて発生の記録は極めて少ないが、*F. avenaceum* はイネ立枯病、イネ種籾腐敗病、アワ苗立枯病、コムギ赤かび病、トウモロコシ苗立枯病、ダイズ赤かび病、ソラマメ立枯病、チモシー赤かび病の病原として記載されており、広く分布している。したがってそれぞれがエンドウに対しての病原性が確認されていないが、エンドウを侵害する可能性は高いと考えられる。いずれにせよ今後エンドウで立枯病が発生した時には根腐病も含めて十分検討する必要がある。なおアメリカ等では *Fusarium oxysporum* f.sp. *pisi* による萎凋性の病害が重要な病害とされているが、わが国では発生の報告はない。

〔備考〕　下図②に示したように、立枯症状は細菌による病害、蔓腐細菌病、蔓枯細菌病の末期でも見られる。ただ、糸状菌による立枯病は、初めは下葉から黄色になって順次枯れるのに対し、細菌病による立枯れは全葉が一斉に萎凋して後立枯れ症状を呈するので注意して観察すれば誤認することはない。

① 立枯病　② 蔓枯細菌病、末期の症状

第 12 章　ソラマメの病害

12.1 モザイク病　　Mosaic
Bean yellow mosaic virus, Broad bean wilt virus, *Clover yellow vein virus*,
Pea seed-borne mosaic virus, *Watermelon mosaic virus*

わが国のソラマメに広く発生し、被害が大きな重要ウイルス病である。

病徴　5種の病原ウイルスによるモザイク病が知られているが、病徴との対応は必ずしも明らかでない。BYMVには幾つかの系統があり、軽いモザイク、鮮明な黄斑モザイク等を示す。BBWVは葉に鮮明なモザイク、茎に壊疽条斑を生じる。ClYVVは葉脈、茎、茎頂部に壊疽を生じ、株は萎縮して枯死する。PSbMVによる感染では、葉の幅が狭くなって裏側に巻き、葉脈緑帯を基調とする明瞭なモザイクを現わす。WMVは葉に不明瞭なモザイクと壊疽症状を現わす。いずれのウイルスも幼苗期に感染すると激しい萎縮を起こして結莢不良となるが、生育後期に感染した場合は軽いモザイク症状に止まることが多い。

病原　インゲンマメ黄斑モザイクウイルス *Bean yellow mosaic virus*（BYMV）、ソラマメウィルトウイルス Broad bean wilt virus（BBWV）、クローバ葉脈黄化ウイルス *Clover yellow vein virus*（ClYVV）、エンドウ種子伝染モザイクウイルス *Pea seed-borne mosaic virus*（PSbMV）、カボチャモザイクウイルス *Watermelon mosaic virus*（WMV）の5種によって起こる。BBWVの宿主範囲は広く、BYMV、ClYVV、PSbMVは主にマメ科植物に、WMVは主にウリ科植物に感染する。BYMV、ClYVV、PSbMV、WMVはいずれも*Potyvirus*属ウイルスで、ウイルス粒子は長さ約750 nmの紐状、感染細胞内に風車状の細胞質封入体が観察される。また、ClYVVの感染細胞には明瞭な菱形の封入体が観察される。BBWVは一時*Fabavirus*属とされたが、現在属への所属が未確定でICTV7次報告のリストにはないが、井上らによればウイルス粒子は直径約25nmの小球形で、感染細胞内には結晶状のウイルス集塊や網状のvesicular bodyが観察される。

生態　汁液伝染は容易。いずれもマメアブラムシ等のアブラムシにより非永続的に伝搬される。土壌伝染はしない。PSbMVはエンドウ等での種子伝染が知られている。

防除　病株は抜取って処分する。必要に応じて、殺虫剤を散布してアブラムシを防除する。　　　　（大木　理）

① BYMVによるモザイク病　② BBWVにより葉に濃淡が現われたモザイク病
③ ClYVV葉脈などにひどい壊疽が生じたモザイク病

12.2 萎黄病　Yellow dwarf　*Milk vetch dwarf virus*
　　　黄化病　Yellows　*Clover yellows virus*

わが国のソラマメに広く発生し、被害が大きなウイルス病である。

病徴　黄化、萎縮等を現わすウイルス病として2種の病原ウイルスが記載されているが、病徴との対応は必ずしも明確でなく、病徴だけによる識別は困難である。いずれも葉が全体に黄化し、粗剛となる。株が萎縮して叢生状になる場合が多いが、葉色が優れず単なる生育不良と見えるものもある。いずれのウイルスも幼苗期に感染すると激しい萎縮を起こして結莢不良となるが、生育後期に感染した場合は軽い黄化症状に止まることが多い。

病原　それぞれの病原は、レンゲ萎縮ウイルス *Milk vetch dwarf virus*（MDV）、クローバ萎黄ウイルス *Clover yellows virus*（ClYV）である。いずれも主にマメ科植物に感染するが、MDV は *Nanovirus* 属ウイルス、ウイルス粒子は直径 25～26 nm の小球形、ClYV は *Closterovirus* 属に属する直径約 12 nm、長さ約 1,700 nm の紐状ウイルスである。いずれも感染植物の篩管内に局在し、細胞質内の小胞と篩部壊死が観察される。

生態　どのウイルスも汁液伝染は困難。MDV はマメアブラムシ等のアブラムシにより永続的に、ClYV は半永続的に伝搬される。種子伝染、土壌伝染はしない。

防除　病株は抜取って処分する。必要に応じて、殺虫剤を散布してアブラムシを防除する。クローバ等のマメ科植物が伝染源になると考えられるので、周辺のマメ科植物の発病状態に注意する。

（大木　理）

12.3 壊疽モザイク病　Necrotic mosaic
Broad bean necrosis virus

病徴　2月頃から発生し始める。初め葉面に赤褐色または褐色の壊死斑が葉脈の間に条斑となって現われる。ひどく発生すると、葉全面が赤褐色～灰褐色になり乾枯して落葉する。茎には赤褐色の長い壊疽条斑を生じ、頂芽や腋芽の若い葉には退色斑点が見られる。茎の伸長は不良で結実するものは少ない。

病原・生態　ソラマメ壊疽モザイクウイルス *Broad bean necrosis virus*（BBNV）によって起こる。ウイルス粒子は桿状で大きさ 150×25 nm と 250×25 nm の2種の粒子で構成されている。不活化温度は 50～60℃ 10分、宿主範囲は狭く、ソラマメ、エンドウ等少数のマメ科植物に全身感染する。土壌および汁液によって伝染する。媒介者は菌類と考えられているが種類は不明である。古くは九州の一部、愛媛、千葉等発生は限られていたが、最近は日本各地で発生するとの記載もある。

防除　①早播きすると被害が大きくなるのでなるべく遅く播種する。②発病のひどい所では 3～4 年輪作する。③必要に応じて土壌消毒をする。

①萎黄病　②黄化病　④壊疽モザイク病

ソラマメの病害

12.4 赤色斑点病(せきしょくはんてん)　Chocolate spot, Red spot
Botrytis fabae Sardiña

ソラマメで最も普通に発生し、全国至る処で見られる病害で、チョコレート斑点病とも呼ばれる。

病徴　主に葉に発生し、茎、莢にも発生する。葉では大小二つの型の病斑を作る。小型病斑は本病の典型的な病斑で、円形 1〜3 mm の赤褐色の病斑が無数にできる。内部は後に褐色〜灰褐色を呈する。多数の病斑ができると、葉は乾枯して早期に落葉する。大型病斑は湿度が高い時等に形成され葉先または葉縁から黒褐色になって枯れる。茎では葉の小型病斑と同じような病徴を示すが、拡大して条斑になることもある。莢にも赤褐色の小斑点を生じるが拡大はしない。

病原　糸状菌の一種で不完全菌類に属し、分生子と菌核を作る。分生子柄は淡褐色で先端は分岐する。大きさ 100×6〜16 μm、分岐した小柄の上に単胞、倒卵形でやや暗色を帯びた大きさ 11〜25×5〜23 μm の分生子を形成する。菌核は宿主が枯死した後、主に茎に生じ、黒色、楕円形または舟形で大きさ 0.5〜1.5×0.2〜0.7×0.1〜0.2 mm である。

生態　本病菌は宿主のソラマメが作付けされていない夏の間は、菌核で生存を続ける。ソラマメが作付けされる晩秋以降は、好条件の時に菌核上に分生子を形成し、ソラマメの葉や茎に達して発芽し表皮を破って侵入、第一次の発病をする。その後は病斑上に形成される分生子が飛散し伝染を繰返す。1〜2 月の厳冬期は病斑も少なく、それ程拡大しないが、3〜4 月になると急速に蔓延し多数の典型的な病斑を作る。とくに雨天が長く続くと大型病斑になり多くの分生子を形成し拡がる。菌の生育は湿度 90 %で、温度 15〜22 ℃が好適で、分生子の形成適温は 15〜20 ℃である。

防除　①被害植物は集めて焼き捨てるか、堆肥として完全に腐熟させる。②密植を避け、カリ肥料を十分に施す。③排水・通風をよくする。④発病初期から薬剤を散布する。

〔備考〕　塚本・大久保（1997）は *Botrytis cinerea* および *Botrytis elliptica* もソラマメの葉に *B. fabae* による赤色斑点病と区別できない病斑を形成することを報告。これを基に日本植物病名目録ではこの 2 種を病原として記載している。しかしながら、この 2 種がソラマメに寄生し発病することはまれなようであり、病原として記載するのではなく、条件によって両菌もソラマメに寄生し赤色斑点病と区別のつかない病斑を形成することがあるという備考に止めたい。なお、*B. cinerea* は他の作物と同様にソラマメでも灰色かび病の病原としても記録・記載されている。

① 赤色斑点病、小型病斑　② 赤色斑点病、大型病斑　③ 赤色斑点病による新梢の枯死

12.5 銹病(さび)　Rust
Uromyces viciae-fabae (Persoon) J.Schröter var. *viciae-fabae*

ソラマメの病害中最も古くから知られており、4～6月にかけて全国至る処に発生する。とくに早く発生した年は結実前に落葉し大きな被害を与える。

病徴　葉、茎、莢に発生する。初め黄白色の小さい隆起した斑点ができる。この斑点は後に銹病特有の胞子堆となり、表皮が破れると赤褐色の粉(夏胞子)を飛散する。発病が進むとこれら赤褐色の夏胞子堆に混じって暗黒色、楕円形の冬胞子堆ができ、黒褐色の粉(冬胞子)がでる。冬胞子は葉よりも葉柄、茎等によく形成されるようである。

病原　糸状菌の一種で担子菌類に属しソラマメとエンドウに寄生する。普通ソラマメの上で夏胞子と冬胞子を作る。夏胞子は球形または卵形で淡褐色、大きさ 18～30×16～25 μm、表面に細かい突起がある。冬胞子は暗褐色、球形～卵形、100 μm 前後の柄を有し表面平滑で壁は厚い。大きさ 20～40×17～28 μm。この菌には、ソラマメ、エンドウを侵すもの(*viciae-fabae*)、エンドウだけを侵すもの(*pici-sativae*)、ハマエンドウを侵すもの(*lathyri-maritimi*)の3生態種(分化型と呼ばれ f.sp. として取扱われたこともあるが現在は var. とされている)がある。

生態　ソラマメ銹病菌は全生活史を同一の宿主で過ごす同種寄生性の代表的なものとされている。したがって病勢が進んで形成された冬胞子は宿主に付いて越夏、越冬し春先に発芽して小生子を作る。小生子はソラマメの上で発芽し、ここに精子と銹胞子を作り、さらに夏胞子を形成、この夏胞子によって広く伝染するという生活環を送るはずである。ところが、わが国では、ソラマメ上に精子、銹胞子を作ることは非常にまれである。したがって、夏胞子によって越夏、越冬し発病、伝染するのが主であると考えられる。夏胞子の発芽適温は 16～22℃で、感染発病の適温は 15～24℃である。4～5月の気温が高いと早くから発生し、発生量も多くなる。

防除　①晩生種に発病が多いのでなるべく早生種を栽培する。②被害植物は堆肥として十分腐熟させる。また、被害の甚だしい株は集めて焼却する。③発病を認めたら、早めにジネブ剤またはマンゼブ剤等の薬剤を散布する。

①銹病被害株　②銹病夏胞子堆　③銹病冬胞子堆　④ソラマメ銹病菌夏胞子　⑤ソラマメ銹病菌冬胞子

12.6 火ぶくれ病　Warty scab
Olpidium viciae Kusano

古くから千葉県南部に発生し、被害はかなり大きい所があったが、近年発生は少なくなったといわれている。

病徴　葉、茎、莢の若い部分に発生する。初め1〜3 mm大のこぶが火ぶくれのように多数できる。病斑は古くなると褐色に変わる。被害の甚だしい葉は巻込み、幼植物では萎縮する。発病株は生育不良となり、激しく侵されたものは茎が枯れる。

病原および生態　病原は糸状菌の一種で鞭毛菌類に属する。非常に原始的な菌で菌糸は作らず胞子のう、遊走子、休眠胞子を作る。胞子のうは宿主の細胞の中に無数に形成され円形、楕円形または多角形で壁は薄い。成熟すると1〜7の管ができて、これから遊走子を放出する。遊走子には1本の鞭毛があり卵形で4〜7 µm、宿主が栽培されている間は遊走子によって伝染する。休眠胞子は球形で壁が厚く、乾燥状態では非常に長い間生きており、宿主が栽培されていない間被害植物や土中にあって生存を続ける。

この菌の発育最適温度は15℃前後、秋ソラマメが播種された後、降雨等により水を得て遊走子を形成、ソラマメの幼芽等若い組織の表皮細胞に侵入し発病するが、老化した表皮細胞からは侵入しない。休眠胞子は水があれば遊走子を放出する。このため、水田状態では菌は生存し続けられず、ソラマメを水田裏作として栽培すると発病しない。

防除　①被害株は集めて焼却し、連作はせず、少なくとも3年以上の輪作とする。②水田地帯では、水田裏作としてソラマメを栽培する。③発病のひどい所では土壌消毒を行う。

12.7 褐斑病　Brown spot
Ascochyta fabae Spegazzini

各地に分布するが、水田裏作で連作する地域では発生が多い。とくに早期に発生する時は被害が大きい。

病徴　葉、茎、莢に発生する。初め赤褐色の小斑点を生じ、後拡大して3〜5 mmの不整形で周縁暗褐色、内部は灰褐色の不明瞭な輪紋のある病斑になる。莢の病斑は凹んでいて輪紋は見られない。病斑の上には黒色の小粒（柄子殻）を生ずるが、とくに莢の病斑上には多数形成される。被害莢の中の種子にも褐色の斑点ができる。葉に輪紋のある病斑を生ずる病害には、本病の他に輪紋病があるが、輪紋病の病斑は大きく輪紋も明瞭である。

① 火ぶくれ病初期〜中期の病斑　② 火ぶくれ病後期の病斑　③ 褐斑病莢の病斑

病原 糸状菌の一種で、不完全菌類に属し、柄子殻を形成して中に柄胞子を生ずる。柄子殻はほぼ球形で 100〜150 μm、柄胞子は普通 2 胞であるが 3 胞のものもある。無色、円筒形で隔壁の部分がくびれて細くなっている。大きさ 13〜31×4〜6 μm。

生態 主に被害種子の種皮や子葉の中に菌糸で、また被害莢や葉で柄子殻または菌糸で潜伏している。種子が播かれ発芽すると幼根、茎、子葉に発病、ここに形成された柄胞子によって拡がる。3〜5 月に雨が多い年には発生が多く、排水不良の畑や水田裏作では多発し易い。

防除 ①無病の種子、また莢等の破片の混入していない種子を用いる。②畑の排水をよくする。③赤色斑点病、銹病、輪紋病の防除を兼ねて銅水和剤、ジネブ剤、マンゼブ剤等の薬剤を散布する。

12.8 輪紋病 Zonate leaf spot
Cercospora zonata G.Winter

古くから広く各地に発生している病害である。

病徴 全生育期間を通じて主に葉に発生し、明瞭な輪紋のある 5〜15 mm の大きな円形、紫褐色の病斑を作る。発病の甚だしい時には葉は早く枯れて落葉する。大形の輪紋のある病斑を作るのが本病の特徴である。葉に輪紋のある病斑を作る病害には、この他褐斑病があるが、褐斑病の病斑は輪紋病より小さくほぼ 1/3 程度の大きさであり、輪紋は不明瞭であるので区別は容易である。

病原 不完全菌類に属する糸状菌で分生子を作る。病組織内を菌糸が迷走し表皮下に小型の子座を形成、子座は表皮を破って表面に露出して分生子柄を形成する。分生子柄は数本から 10 数本が束状または叢生して、しばしば短い小枝を又状に分枝、1〜2 の隔壁があり、大きさは 40〜84×6〜7.5 μm である。この上に形成される分生子は無色〜淡褐色、鞭状で 6〜12 の隔壁があり、大きさ 90〜180×4〜6 μm である。

生態 種子または被害葉に付いている菌糸塊(分生子柄の基部)が伝染源となる。病原菌の生育温度は 5〜31 ℃、生育最適温度は 25 ℃ である。

防除 ①種子は無病の畑で採種したものを用い、常発地産の種子は必ず種子消毒をして播種する。②病葉は早く除去し、焼却する。③密植を避け、通風をよくする。④常発地や発病の恐れがある時は、春先にジネブ、マンゼブ水和剤を散布する。

④褐斑病葉の病斑　⑤輪紋病葉の病斑　⑥褐斑病菌柄胞子　⑦輪紋病菌分生子

12.9 立枯病　Stem wilt, Root rot
Fusarium avenaceum (Fries) Saccardo,
Fusarium oxysporum Schlechtendahl f.sp *fabae* T.F.Yu & C.T.Fang

　本邦各地で開花期頃から発生し、被害の多い所では40％以上の発病を見ることがあり、大きな被害を与える。

　病徴　開花期頃から地上部が生気を失い萎凋する。後には葉は黒色になり枯死する。このような株の根は細根が腐って消失し、地際部は黒色を呈し、導管は褐色に変色している。

　病原　病原としては不完全菌類に属する2種のFusarium 菌が認められているが、古くから知られているのは F. avenaceum である。この菌は小型分生子と大型分生子を作り、厚壁胞子は作らない。小型分生子は無色で長楕円形または卵形、単胞または2胞で大きさ 10～68×3～4 μm、大型分生子は三日月形で無色、2～6個の隔壁があり、大きさ 30～70×3～4.5 μm である。この菌はイネ科植物の赤かび病や苗立枯病を起こす菌 F. roseum の一部に当たるとされているが、F. roseum 菌自体の幅が広く、完全世代を形成するものもあり、また分化型も多岐にわたっているため、個々を区別するのは容易でなく、さらなる広汎で深化した研究が必要である。

　いま一つの病原は F. oxysporum で病原性の分化が明瞭で f. sp. fabae とされている。この菌も小型分生子と大型分生子を作る。小型分生子は単胞、無色で楕円形～卵形、大きさ 5～16×2.0～4.5 μm、菌糸から側方にできる短いフィアライド上に擬頭状に形成されることが多いのが特徴である。大型分生子は三日月形で無色、1～5 隔壁を有し大きさ 9～72×2.0～5.5 μm で、円形～楕円形、淡褐色で大きさ 6～12 μm の厚壁胞子を形成する。F. avenaceum より小型分生子が小さく、厚壁胞子を形成する点で区別できる。

　生態　菌糸または分生子が被害植物について土の中に残り、これによって翌年ソラマメが播種されると発病する。また種子に付いた菌糸、分生子も翌年の発生源になる。

　防除　①種子は無病株から採ったものを播種する。②連作を避け排水をよくし、堆肥、石灰を施用する等管理に注意する。③発生のひどい畑では土壌消毒を実施する。

① 立枯病被害株　② 立枯病罹病茎導管部の褐変　③ 立枯病末期の症状

第 13 章　ラッカセイの病害

ラッカセイの病害

13.1 萎縮病　　Stunt　*Peanut stunt virus*
　　壊疽萎縮病　Necrotic stunt　*Peanut mottle virus*
　　輪紋モザイク病　Ring spot　*Turnip mosaic virus*

3病害とも、わが国のラッカセイに発生するウイルス病で、広い発生はないとみられる。

病徴　萎縮病および壊疽萎縮病の感染株は著しく萎縮し、生育が抑制される。壊疽萎縮病ではさらに、かすり状の黄斑が現われ、後にその部分が褐変して壊死する。輪紋モザイク病では葉に黄緑色の比較的鮮明な斑点または輪紋が現われ、株全体は萎縮しない。斑紋病、斑葉病も含めて病徴だけによる判定は困難である。

病原　萎縮病は *Cucumovirus* 属のラッカセイ矮化ウイルス *Peanut stunt virus*（PSV）、壊疽萎縮病は *Potyvirus* 属のラッカセイ斑紋ウイルス *Peanut mottle virus*（PeMoV）の1系統、輪紋モザイク病は *Potyvirus* 属のカブモザイクウイルス *Turnip mosaic virus*（TuMV）によって起こる。いずれも世界各地に分布するウイルスで、萎縮病は関東地方で、輪紋モザイク病は中国地方と関東地方で発生が認められている。PSVのウイルス粒子は直径約30 nmの小球形、PeMoVとTuMVは長さ約750 nmの紐状である。PeMoVとTuMVの感染細胞内には、風車状の細胞質封入体が観察される。PSVの宿主範囲は広く、マメ科、ナス科等に全身感染し *Chenopodium amaranticolor* やゴマ、ツルナに局部感染する。壊疽萎縮病を起こすPeMoVは激しい萎縮を起こす点が、別記の一般的な斑紋病の病原PeMoVとは異なる。TuMVはアブラナ科等に広く発生する、病原ウイルスを区別するためには、抗血清あるいは核酸情報による判別が必要である。

生態　汁液伝染は容易。いずれも、マメアブラムシ等のアブラムシにより、非永続的に伝搬される。PSVは1％以下の低率でラッカセイとダイズで種子伝染する、土壌伝染はしない。

防除　病株は抜取って処分する。必要に応じて殺虫剤を散布してアブラムシを防除する。　　　　　　（大木　理）

① 萎縮病　② 壊疽萎縮病

13.2 斑紋病　Mottle　*Peanut mottle virus*
　　　斑葉病　Stripe　*Bean common mosaic virus*

わが国のラッカセイに広く発生するモザイク様のウイルス病である。

病徴　葉に緑色の濃淡による軽いモザイク症状を生じる。発生時期や株により、緑色の濃淡は不鮮明になることも多い。盛夏期を過ぎるとモザイク症状は消えることがある。植物体は萎縮しないが、葉縁が波打つことがある。二つの病害の病徴はよく似ているので、病徴だけでは区別できない。

病原　ラッカセイ斑紋ウイルス *Peanut mottle virus*（PeMoV）ならびにインゲンマメモザイクウイルス *Bean common mosaic virus*（BCMV）は、いずれも *Potyvirus* 属ウイルスで、世界中に分布するとみられる。わが国各地のラッカセイ種子の中には、BCMV を 10〜20％程度保毒しているものもあった。千葉県での調査では BCMV の方が発生が多く、圃場によっては 60％以上の株で発生が認められた。ウイルス粒子は長さ約 750 nm の紐状で、不活化温度 55〜60℃、希釈限度 10^{-4}〜10^{-5}、保存限度 2〜7日、感染細胞内には紐状ウイルス粒子と共に風車状の細胞質封入体が観察される。PeMoV の宿主範囲は主にマメ科で、ラッカセイ、エンドウ、ソラマメ、ダイズ、アズキ、レンゲ、クリムソンクローバ等に全身感染し、インゲンマメ（Top Crop）、エビスグサ、ツルナ等に局部感染する。

BCMV の宿主範囲はやや広く、マメ科、ナス科の他アカザ科に感染し、*Chenopodium amaranticolor* には接種葉に退緑斑点を生じる。2種の病原ウイルスを区別するためには、抗血清あるいは核酸情報による判別が必要である。

生態　汁液伝染は容易。PeMoV、BCMV とも、マメアブラムシ等のアブラムシにより非永続的に伝搬される。PeMoV は数％以下の低率で、BCMV は 30〜40％という高率でラッカセイで種子伝染し、これが第一次伝染源になると考えられる。土壌伝染はしない。

防除　健全株から採種した種子を用いて栽培する。病株は抜取って処分する。必要に応じて殺虫剤を散布してアブラムシを防除する。

（大木　理）

① 斑紋病　② 斑葉病

13.3 青枯病(あおがれ) Bacterial wilt
Ralstonia solanacearum（Smith 1896）Yabuuchi, Kosako, Yano, Hotta & Nishiuchi 1996

多くの作物に発生する青枯病は、19世紀末にジャガイモ、タバコ、トマトですでに知られており、その病原が細菌で *Bacillus solanacearum* であると Smith が報告したのは1896年である。ラッカセイでは1905にインドネシアで最初に報告された。わが国ではラッカセイでの発生が少なく1949年に初めて発生が記録されたが、その後も散発程度で推移し、最近ほとんど発生は見なくなった。しかし、中国その他アジア地域ではラッカセイでも多発し、大きな被害を与えている。

病徴 本病に罹ると若い個体では茎葉が緑色を保ったまま突然萎凋し、後枯れる。古い個体では急激に萎凋することなく葉の黄化が起こる場合もある。罹病植物の外観は萎凋のみで他に標徴は認められないが、罹病株の茎を割ってみると、維管束、木質部等が暗褐色に変色している。また、罹病株を切って水にさしておくと白色の病原細菌が湧出するのが見られる。

病原 病原は細菌でグラム陰性、1〜3本の極鞭毛を有し大きさ1.5〜2.5×0.5〜0.7μmで蛍光色素は産生しない。発育最適温度32〜37℃、継代培養によって容易に病原性を喪失する。多犯性でナス科を含む100種以上の植物に感染し病原性や生理的性質等変異に富む。古くから病原性を中心にレースに類別されている。現在レースは1〜5まで分けられ、1. 2. 4は主として熱帯に分布して作物別に特化している。レース3が発育適温は27℃で熱帯高地、亜熱帯、温帯等全世界に分布し、ジャガイモ、トマト、ナス、トウガラシその他ナス科植物を中心に発生するが、ラッカセイも重要な宿主に挙げられている。

この細菌の学名は最初 *Bacillus solanacearum*。その後 *Pseudomonas solanacearum* に変更され、1992年に rRNAの配列を主体にした新しい分類体系の *Burkholderia* 属に取込まれ、1995年に *Ralstonia* 属が創設されて *Ralstonia solanacearum* となった。

生態・防除 本病原細菌は土壌中で3〜4年以上生存して土壌伝染する。また種子によっても伝染し第一次伝染源になる。

防除は無病の種子を用いる。また、輪作も完全ではないが有効で、非宿主作物を取入れた4〜5年の輪作を行う。ラッカセイでは外国では高度の抵抗性を持つ品種が知られている（Schwarz 21）ので、抵抗性の品種を栽培する。また、圃場の排水を良好にすることも有効である。

① 青枯病発生状況　② 青枯病に罹病し萎凋した個体

13.4 白絹病(しらきぬ)　Southern blight、Stem rot
Sclerotium rolfsii Saccardo

古くからよく知られている病害で、世界中のラッカセイ栽培地で発生する。わが国では、関東地方を初めとし全国各地で発生、夏期高温の時に発病が多く、とくに暖地では大きな被害を与えることがある。

病徴 茎が侵される。地際部の茎に白色の絹糸状の菌糸がまつわり付いている。このような被害茎の葉は黄化し、萎凋し、次第に暗褐色に変色し早期に落葉する。被害茎やその付近の土の上には粟粒大の白色～赤褐色の菌核が形成される。さらに、子房柄や莢も侵される。罹病した莢は腐敗する。病勢が進むと被害株は時として不定根を生じる。

病原 担子菌に属し、菌核を作る。菌核はよく成熟したものは茶褐色で表面平滑、球形で大きさ0.5～2.0 mm、内部は白色である。この他酷暑の候にまれに担子柄上に担子胞子を作る。担子柄は棍棒状で頂点に2～4個の小柄ができ、その上に無色、洋梨形で、大きさ6～12×1.0～1.7 μmの担子胞子を形成する。

本病原の学名は長い間 *Corticium rolfsii* が用いられてきたが、分類学的研究が進んだ結果、*Corticium* 属すなわちコウヤクタケ属の特性が不明確となり、多くの種が他の属に移され、この属は消滅の方向にある。このような状況の下、病名目録では最初に付された学名 *Sclerotium rolfsii* にとりあえず戻した。しかし最近は担子胞子世代に付せられた学名 *Athelia rolfsii* (Curzi) Tu & Kimbrough が用いられつつある。

生態 この菌は非常に多くの作物を侵す。ラッカセイの他トマト、スイカ、キュウリ、カボチャ、ジャガイモ等、わが国では250余種の作物を侵すことが知られている。菌の生育最適温度は30～35℃。菌核は室内で10年間、野外でも5～6年生存し抵抗力が非常に強く、土壌中で越冬する。越冬した菌核は翌年これから菌糸を出し伝染する。とくに軽くて通気性がよく適当な湿度のある砂地や火山灰土壌で多く発生する。また、酸性土壌で多発するといわれている。

防除 ①発病後の防除は非常に困難であるから輪作その他、栽培法に注意し、未然に発生を防ぐよう心掛ける。②発病地は3～4年イネ科作物を栽培する。③水田に栽培する。菌核は3～4ヵ月の湛水によって死滅するため発生が少ないからである。④植付け前に石灰を10a当たり50～200 kg施用する。⑤被害株は抜取って焼却し、土は客土する。⑥常発地では作付け前に土壌消毒する。

① 白絹病による萎凋　② 白絹病、地際部の菌糸と菌核　③ 白絹病、地際部の症状

13.5 黒渋病 (くろしぶ) Leaf spot
Mycosphaerella berkeleyi W.A.Jenkins

褐斑病と共に世界中に分布し、ラッカセイを栽培すれば必ず発生する病気である。わが国ではすでに明治の末期に発生が記録報告されていて、日本中至る所に分布している。

病徴 葉、葉柄、茎に発生する。葉では初め暗褐色、円形の1〜5mm大の小さな病斑を作る。病斑は後黒褐色になり、裏面に小さい黒点が同心円状に形成される。発生の多い時は融合して不正形の病斑になり枯死、落葉する。収穫期頃になると下葉はほとんど落葉して頂葉だけを残すようになる。葉の病斑とくに初期の病斑は、褐斑病に似ていて混同されることが多いが、区別の方法は褐斑病の項を参照されたい。

病原 子のう菌の一種で、分生子と子のう胞子を作る。分生子柄は葉の裏面にでき数10本固まって分生子柄束をなしている。これは肉眼でも見ることができる。分生子は円筒状または倒棍棒状でオリーブ色、1〜7の隔壁があり大きさ20〜70×4〜10μmである。分生子の世代は従来 *Cercospora personata* という学名が用いられていたが、分生子柄および分生子に顕著な臍状の離脱痕があることで *Cercosporidium* 属と呼ばれるようになった。*Cercospora* による褐斑病との比較では、本菌の分生子は葉の裏面に形成され、分生子柄が褐斑病よりはるかに多くが固まって大きな分生子柄束を形成するので容易に区別できる。完全世代は *Mycosphaerella* 属で子のう殻は卵形〜球形、頂部はやや乳頭状で中に円筒形、大きさ30〜40×4〜6μmの子のうを作り、中に無色、紡錘形で2胞の子のう胞子8個を蔵する。越冬した落葉の病組織中に形成されるといわれているが、アメリカでもまれにしか観察されないという。わが国ではまだ発見された記録はない。

生態 土壌中その他残存する被害組織中で菌糸の形で越冬し、翌年初夏に被害組織上に分生子を形成、これが第一次伝染源となる。分生子は飛散して葉上に達し発芽して気孔の開口部または表皮細胞を貫いて直接侵入する。侵入した菌糸は細胞間隙でブドウの房状の吸器を形成して生育、25〜31℃で10〜14日前後で発病する。温度条件等から8月頃から発病が多くなる。多湿で夜間冷涼な年に多発し、台風の後等に急激に発病が増加し落葉する。

防除 ①連作を避ける。②収穫後の茎葉は集めて堆肥にするか焼却あるいは土中に深く鋤込む。③薬剤を散布する。登録薬剤にチオファネートメチル剤、イプロジオン剤等がある。

①黒渋病、葉の病斑　②黒渋病、托葉および葉柄の病斑　③黒渋病菌分生子　④黒渋病菌分生子柄

13.6 褐斑病　Brown leaf spot
Mycosphaerella arachidis Deighton

　黒渋病同様世界中どこでも発生する普遍的な病害で、わが国では古くから発生が知られている。

　病徴　黒渋病よりやや早くから発生する。葉、葉柄、茎まれに子房柄に発生する。葉では、初め円形、淡褐色の小さい病斑を生じ、後に 3〜10 mm の大きさになり表面は赤褐色〜暗褐色、裏面は黄褐色〜褐色になり、病斑の周囲に淡黄色の暈(ハロー)ができる。黒渋病同様ひどくなると枯死落葉する。一般に黒渋病と非常によく似た病徴でその区別は容易でない。この両者の病徴は、①病斑の色が黒渋病は黒褐色、褐斑病は赤褐色。②褐斑病では病斑が黒渋病よりやや大きく、周囲に黄色の暈ができる。これが褐斑病の顕著な特徴である。また、褐斑病は葉裏の色は表面より淡色でややぼんやりした感がある。③黒渋病では病斑の裏面に小黒点があるが、褐斑病にはない等の違いがある。これは褐斑病の分生子は葉の表面に形成されるためである。葉柄や茎の病斑は長楕円形、暗褐色で黒渋病に似ており区別し難い。

　病原　子のう菌の一種で、分生子および子のう殻を作る。分生子柄は病葉の表面に形成され、大きさ 15〜45×3〜5 μm で数本叢生するがその数は黒渋病よりはるかに少ない。分生子は黒渋病菌より細長く、無色〜オリーブ色 4〜14 の隔壁があり、大きさ 35〜120×3〜5 μm である。分生子世代の学名は *Cercospara arachidicola* である。有性世代の子のう殻はまだわが国では発見されていないが、記録によれば子のう殻は卵形〜偏球形、黒色で大きさ 47〜84×44〜74 μm である。子のうは湾曲した円筒形で 27〜28×7〜8 μm で 8 個の子のう胞子を蔵する。子のう胞子は無色で 2 胞、7〜15×3〜4 μm である。

　生態　病原菌は被害植物残渣中で菌糸によって越冬する。越冬した菌糸は病斑上に分生子を形成し、これによって伝染する。飛散し宿主の葉上に達した分生子は、発芽して気孔の開口部または表皮細胞を貫いて侵入する。この経過は黒渋病と同様であるが、宿主の組織に進展した菌糸は黒渋病のように吸器は形成せず葉肉細胞を侵す。菌の生育温度は 10〜35℃、最適温度は 25〜28℃ である。

　防除　黒渋病に準ずる。

① 褐斑病、発生状況　② 褐斑病の病斑　③ 褐斑病と黒渋病(右側上)の病斑
④ 褐斑病菌分生子　⑤ 褐斑病菌分生子柄

ラッカセイの病害

13.7 根腐病(ねぐされ) Root rot
Cylindrocladium floridanum Sobers & C.P. Seymour

千葉県で1960年代から発生していたと思われる病害で、1968年に生越・石井により初めて明らかにされた土壌病害である。

病徴 初め茎葉が黄化して生育が不良となる。このような株を抜取ってみると、根や地際部の茎のかなりの部分が褐色〜黒褐色に変色している。このような褐色〜黒褐色の病斑は子房柄や莢にも認められる。病勢が進むと根はほとんどが黒変して腐敗する。発病の軽い場合は根に褐色〜黒褐色の病斑を生じるだけで、地上部には病徴はほとんど認められない。

病原 不完全菌の一種で分生子を形成する。分生子柄は長さ360〜430 μm、二又まれに三又状に4〜5回分岐して側生状にその先端に分生子を形成する。分生子は無色、円筒形、両端は丸く成熟したものは2胞で多くの顆粒を含む。大きさ33.3〜53.8×3.3〜5.1 μmである。なお、分生子柄の主軸は長く伸び先端は洋梨形の特徴のある膨状細胞(swelling cell または vesicle)となる。また菌糸の間には肥大して径20 μmにも達する厚壁胞子が形成される。培地上ではこのような厚壁胞子が集って微小菌核を多数形成する。完全世代はこれまでまだ見出されていない。菌の生育温度は5〜33℃、生育適温は28〜30℃である。宿主植物はラッカセイの他エンドウ、ルーピン等がある。なお病原は当初 *Cylindrocladium scoparium* とされていたが、後 *Cyl. floridanum* に訂正された。

生態および防除 病原菌は土壌中で罹病植物の残渣で生存しており翌年の伝染源となる。圃場での発病は、関東では開花が始まる7月中旬以降である。品種の抵抗性等についての調査成績はなく不明である。土壌伝染するので罹病植物は集めて焼却する。

13.8 黒根腐病(くろねぐされ) Cylindrocladium black rot
Calonectria ilicicola Boedijn & Reitsma

アメリカでは Cylindrocladium black rot と称し、1965年に明らかにされた病害で、わが国では千葉県においてダイズの黒根腐病の研究過程で明らかにされた。病徴は基本的にはダイズ黒根腐病と同じであるが、ラッカセイでは前記根腐病と非常によく似ており、菌を分離しなければその差を見出すことは困難であるとされている。すなわち、黒根腐病では発病株上で少数ではあるが、オレンジ色〜赤色の子のう殻が形成されていること、および病原菌を検鏡すれば形成されている分生子は隔壁が3個あり4細胞からなり、大きさも根腐病の2倍ほどあることが決定的な違いである。

〔備考〕 御園生 1973年の報告によれば、ラッカセイでの黒根腐病の病徴はダイズ同様7月上・中旬頃から現われる。初期は生育が遅れ、株全体が黄化する程度で枯死することはほとんどない。しかし、株を掘上げてみると莢の形成は極めて少なく、根は褐色から黒色の病斑を生じて枯死し、地際部付近に形成される多数の不定根によって枯死を免れている。8月中旬を過ぎて十分生育した株では、乾燥時に突然葉が色あせて枯死することがある。このような株は早くから発病した株とは異なり地際の不定根の形成はほとんどなく、根が枯死している。また周囲の外観健全と見られる株でも、根や莢に発病が見られる。病斑上にはオレンジ色から赤色の子のう殻が少数ではあるが形成されている。掘上げ時の子のう殻の形成は、ラッカセイ上ではダイズの場合に比べかなり少ない。

① 根腐病主根の病斑　② 根腐病子房柄および莢の病斑

13.9 茎腐病(くきぐされ)　Stem rot
Lasiodiplodia theobromae (Patouillard) Griffon & Maublanc

1947年明日山・山中が千葉県八街で初めて採集し、命名した病害で、主に関東地方に発生し千葉県、神奈川県では30～40％の発病率を示すほど大発生する場合がある。

病徴　発芽初期から収穫間際まで発病するが、6月下旬～7月および9～10月にかけて多く発生する。本病に侵されると地上部が急に萎凋する。すなわち頂葉は萎れ、成葉は葉柄の付根から下に垂れ、複葉は巻込む。このような株の地際部や根は褐色に変色している。病勢が進むと茎は褐色～黒褐色に乾固し茎の表面に黒色の小さい点（柄子殻）が地際部から漸次上の方に現われてくる。このような罹病株の根や茎の組織は壊れてもろくなり、容易に地際部から抜ける。被害の激しい圃場では円形のスポット状に枯死する。

病原　糸状菌の一種で不完全菌に属し、柄子殻と柄胞子を形成する。被害茎に見られる小黒点が柄子殻である。柄子殻は表皮下に生じ単生、球形に近く直径150～370μm。柄胞子は若い柄子殻のものは単胞で無色、卵円形または楕円形、大きさ26×14μm前後である。柄子殻が成熟するにつれて暗色で単胞および2胞の柄胞子が形成され、後には2胞のものだけを生ずる。この2胞の柄胞子は暗色で19.2～30.0×9.6～16.8μmの大きさを示し、表面に縦の縞が見られる。

生態　柄子殻の形で被害組織について越年し、翌年の第一次伝染源となる。またこの菌は腐生的で土壌中で生存も可能で第一次伝染源にもなる。第二次伝染は柄胞子が飛散して発病する。菌の生育温度は12～40℃、生育適温は30℃である。土質が軽くて通気性がよく、湿潤でない圃場で発病し易く、初夏から盛夏にかけて高温で土壌が乾燥していると発病が多くなる。この菌の病原性は強い方でなく、宿主の傷口等から侵入発病する。また、宿主の種類によってもインゲンマメには強い病原性を示し萎凋させるが、アズキ、ダイズ、ソラマメ等は病斑を形成するに止まり、萎凋枯死させることはないという。

防除　種子は無病圃から採る。また、前作にラッカセイ、インゲンマメの栽培は避ける。発生を見たら早めに発病株を抜取り焼却する。土壌が乾燥しないよう可能なら畑灌漑をする。

〔備考〕　明日山・山中はこの菌を*Diplodia natalensis*と同定した。この学名は長い間広く世界的にも用いられていた。しかし、柄子殻の形状、柄胞子が有色2胞子ということで、*Botryodiplodia*属に移され、さらに柄胞子が成熟して着色するまでに時間がかかること、成熟時に柄胞子に縦縞ができることにより*Lasiodiplodia*に分離独立されたものである。

①茎腐病発病株　②茎腐病被害茎　③茎腐病被害茎に形成された柄子殻

13.10 銹病(さび)　Rust
Puccinia arachidis Sepegazzini

本病は 1969 年以降、世界各国で激しい発生が記録されるようになった。わが国では 1971 年に発生が報告され、その後各地で発生が認められている。

病徴　葉、葉柄、および茎に発生する。初め葉の裏面に橙黄色〜橙色の盛上がった斑点(夏胞子堆)を形成、胞子堆は初め薄い膜で覆われているが、成熟すると膜が破れて赤褐色〜暗褐色の夏胞子の塊を噴出する。夏胞子堆は主に葉の裏面に形成されるが、後には表面にも数は少ないが形成される。胞子堆の大きさは直径 0.3〜1.0 mm である。

多発すると胞子堆の形成は逐次上葉に及び、下葉は巻込んで枯上がるが、黒渋病や褐斑病のように落葉はしない。発生が甚だしい時は全株が枯死し、子実の肥大が悪くなり、収量、品質共に著しく低下する。

病原　糸状菌の一種で担子菌類に属す。わが国では 1969 年に初めて発生が確認されたが、以来夏胞子世代のみが認められ、冬胞子世代は確認されていない。なお、冬胞子世代が認められているアメリカその他でも精子器および銹子腔は未発見である。夏胞子は単胞で楕円または倒卵形、橙黄色〜黄褐色、大きさ 16〜22×23〜29 μm で表面に細刺があり、通常 2、時に 3〜4 の発芽孔を有する。夏胞子は 12〜31 ℃で発芽する。発芽適温は 21〜22 ℃である。宿主はラッカセイだけである。

生態　海外では栽培ラッカセイや野生のラッカセイ属植物上でまれに冬胞子の世代が記録された例はある。しかし、この菌は精子器、銹子腔や生活史の中で宿主を交代する中間宿主も知られていない。このことから病原としては夏胞子世代のみが関係しているとされている。わが国では冬胞子世代も記録されていないことを考えれば、本菌の生活史は夏胞子世代にだけ支配されて当然と考えられる。ところが夏胞子の寿命は被害植物残渣上では意外に短く、次の作付けシーズンまで生き延びることは不可能と考えられている。したがって、感染源としてはラッカセイの周年栽培地から風によって運ばれてくるか、自生ラッカセイ上で生存していた菌が運ばれてくるとされている。発病適温は 20〜26 ℃で、25 ℃での潜伏期間は 13 日前後である。通常生育の進んだものに発病し易く、播種期が早いと発生が多くなる。また、マルチ栽培では露地栽培よりも発生の時期が早く病勢の進展も速いといわれている。

防除　罹病植物は畑に残さないようにし、できれば被害植物残渣は焼却する。これまで銹病による被害はほとんどなかったこともあり、抵抗性品種の育成もほとんど行われておらず、実用上の抵抗性品種といえるものはない。最近の発生の増加を考慮すると抵抗性品種の早急な育成が望まれる。発生の初期に薬剤散布も被害軽減に大きな役割を果たすと考えられるが、現在のところ銹病に対する登録薬剤はない。有効な薬剤の早急な登録を望みたい。

①葉表の病徴　②葉裏の胞子堆　③激発して葉が枯上った状態　④病原菌夏胞子

13.11 瘡痂病　Scab
Sphaceloma arachidis Bitancourt & Jenkins

瘡痂病は 1937 年ブラジル・サンパウロで採集した標本中から最初に記録され、その後 1941 および 1961 年に再びブラジルで発見された程度であった。ところが 1966 年にアルゼンチンで記録、さらに 1977 年にアルゼンチンのラッカセイの最大産地であるコルドバで発生、注目を集めるようになった。わが国でもこれと同じ頃 1976 年に千葉県で発生が認められた。

病徴　葉、葉柄、茎、子房柄に発生する。葉では初め新梢の裏面に直径 1〜2 mm の淡褐色、水浸状のやや凹んだ小斑点を生じる。発生が多いと葉は内側に巻いて萎縮する。展開した葉では、葉の表面および裏面に 1〜2 mm の淡褐色の斑点を生じ、後に瘡痂状になる。とくに葉裏では葉脈上や葉脈に沿って多くの病斑ができる。茎、葉柄では褐色の瘡痂状で葉よりやや大きな病斑になり、時に融合して大きな病斑になり、葉柄や茎の周囲を取巻き曲がることがある。子房柄にも同じような病斑ができ、莢つきが妨げられ子実の充実が不良になる。

病原　糸状菌の一種で不完全菌類に属する。病斑には緻密な菌糸層が形成され発達して分生子層になる。初めは表皮で覆われているが、後に表皮を破って露出する。この分生子層に長さ 10 μm 前後の分生子柄を柵状組織のように叢生し、この上に分生子を形成する。分生子は無色で楕円形、単胞まれに 2 胞で大きさ 9〜17×2.5〜3 μm 2 個の明瞭な眼点を有する。また径 1 μm の微小な小型分生子を形成することがある。菌の生育温度は 25〜30 ℃、30 ℃以上では生育は著しく不良となる。宿主はラッカセイだけである。

生態　罹病植物残渣上で分生子や菌糸の形で越年し、翌年の第一次伝染源となる。種子によって伝染する可能性を示唆する総説もある。6〜7 月頃に降雨によって被害株上に分生子が飛散し、軟弱な新梢部に感染する。夏季に低温多雨の年には発生が多く、とくに 7 月上旬の多雨により発生時期が早くなり、8 月の多雨は蔓延を助長する。

防除　基本的には抵抗性品種の栽培が望まれる。アルゼンチンでは抵抗性の実用的品種が記録されているが、わが国では残念ながら今のところ抵抗性品種は見出されていない。伝染源は被害残渣と考えられるので、連作をしないことが基本である。また、被害株は耕耘の際に土中深く埋没するか集めて焼却する。発生が認められたら、チオファネートメチル剤、ベノミル剤、マンゼブ剤等が有効な薬剤として登録されているので、これらを散布する。

① 瘡痂病発生株　② 新葉の病斑　③ 葉裏の病斑　④ 茎の病斑

ラッカセイの病害

13.12 汚斑病(おはん)　*Ascochyta* sp.

1957年神奈川県で最初に記録された病害で、品種によっては早期に落葉して被害を与えることがある。

病徴　主に葉に8月頃から収穫期まで発生する。初め葉の表面に赤褐色の小斑点を生じ、これを中心にして病斑は拡大し1cm前後の病斑になる。病斑は不鮮明で周辺は脱水したような淡緑色～灰褐色を呈し、内部もぼんやりした暗褐色を呈する。このような病斑は、初め葉の表面だけに見られ、裏面には病勢が進んでからようやく不明瞭な淡褐色～褐色の病斑として認められる。病斑が古くなると病斑上に黒色小斑点(柄子殻)が形成されることがある。激しく侵された葉は早期に落葉する。

病原　病原は糸状菌で不完全菌類に属し、病斑部の表皮下に柄子殻を形成する。柄子殻は黒褐色でほぼ球形、大きさ160×130μmである。この中に形成される柄胞子は無色、小判形で通常2胞であるが、単胞あるいは3胞のものもある。大きさは単胞のもので6.0～14.0×4.0～8.0μm、2胞のもので8.0～20.4×4.8～8.0μmである。生育温度5～32℃、生育最適温度は25℃である。本病を最初に記載した鍵渡(1967)は病原菌は *Ascochyta* に属するとして、マメ科を侵す *Ascochyta* 属と比較検討している。しかし、種名の決定に至らず *Ascochyta* sp. としたが、これがそのまま現在まで用いられている。

生態　病原は被害株の茎葉上で菌糸や柄子殻で越冬し、翌年の第一次伝染源となる。圃場では発病後は病斑上に形成された柄胞子が雨水等で飛ばされて拡がる。本病の発生は8月頃から認められるが、9月中下旬から収穫期にかけて急速に進展する。

防除　連作を避け、被害茎葉は集めて焼却する。発生が認められ被害が大きくなりそうな時には、プロシミドン剤を散布する。

〔備考〕　外国では本病によく似ている *Phoma arachidicola* による web blotch が記載されている。web blotch は1972年アメリカのテキサス州で初めて記録されているが、ロシア、ブラジル、アルゼンチンでもそれ以前すでに発生していたようで Phoma leaf spot, Ascochyta leaf spot 等の common name が付けられている。1972年以降もアメリカ、カナダ、中国、オーストラリアで発生し、発生がひどい時には早期に落葉し、減収を招くと指摘されている。病徴は鍵渡の汚斑病と全く同じである。病原については柄胞子が2胞の *Ascochyta* 属ではなく、単胞の *Phoma* 属になっているが、柄胞子は形成直後は単胞で古くなると2胞のものが多くなると指摘している。病原菌については *Ascochyta* 属や完全世代の *Mychosphaerella* 属菌についても触れ、分類学的にも若干混乱が認められ、再検討が必要との記述がある。これらを文献上で見る限りは、鍵渡の汚斑病と全く同一と判断されるが、汚斑病が web blotch と同様かどうかは PCR 法等の分子レベルでの区別の方法が可能になった現在では新しい手法によって比較検討し結論を出すことが望まれる。

① 汚斑病、発生圃　② 汚斑病、葉の病斑

第 14 章　ジャガイモの病害

ジャガイモの病害

14.1 モザイク病　　Mosaic

前著（作物の病害図説）ではジャガイモのウイルスによる病害として、条斑モザイク病、溢葉モザイク病、縮葉モザイク病、葉巻病、黄斑モザイク病の5病害を解説した。しかし、その後研究が進み、関与するウイルスの種類もより多く明らかになり、同時に日本植物病理学会による病名の整理が行われ、条斑、溢葉、縮葉モザイク病等の呼称は異名として取扱われ、モザイク病という病名に統一された。そしてその病原として *Potato virus A, M, S, X, Y* および CMV が挙げられている。ただ、農家段階の圃場ではこれらのウイルスが複合して発生する場合が多い。旧版で述べた縮葉モザイクや溢葉モザイクさらにはクリンクルモザイク病等はその典型的な例であろう。しかし、その後無病種いもの配布を中心に原々種農場（現種苗管理センター）等の関係者のウイルス病防除への大変な努力もあり、実際に発生するウイルスの内容も大きく変化している。このようなことを考慮して、ジャガイモモザイク病について病原ごとに重要と思われる病原から解説することにした。

ジャガイモ Y ウイルス　　*Potato virus Y*（PVY）

PVY としての正式の発表は 1957 年と比較的遅いが、大島信行によれば 1902 年頃に札幌付近で品種スノーフレークに発生したといわれ、古くから溢葉モザイク病、縮葉モザイク病、クリンクルモザイク病、条斑モザイク病その他多くの名前が付けられ発生が認められていたウイルス病であり、現在でもモザイク病の病原ウイルスとして最も重要な役割を占めている。

病徴　PVY にはモザイク型（普通系統：PVY-O）と、壊疽型（壊疽系統：PVY-T）があり病徴が異なる。普通系統は古くから知られていて、男爵、紅丸、メークイン等に見られ保毒薯を植付けると萌芽 2 週間前後から葉脈がやや透明になり、葉縁が波打つように縮み、さらに生育が進むと葉脈が部分的に透化し、退緑してモザイク症状を呈し、株は萎縮する。もし、X ウイルス（PVX）と重複感染すると病徴は激しくなり、溢葉症状を示す。これに対し壊疽系統は、遅れて 1972 年に確認されたが、農林 1 号、エニワ、トヨシロ等で発生する。萌芽約 2 週間後から下葉の葉脈、とくに主脈に壊疽が現われる。激しい時には茎にも壊疽を生じる。葉の色はやや濃緑となる。病勢が進むと下葉から褐変枯死して落葉する。感染後の病勢の進展が速く、激しい場合には減収率 50〜60％ に達する。

病原　病原のジャガイモ Y ウイルス *Potato virus Y*（PVY）は *Potyvirus* 属で、世界中に広く分布する。ウイルスは 730×11 nm 紐状の粒子で一本鎖 RNA をゲノムとして持つ。不活性化温度 52〜62℃、10 分間である。感染細胞質内に特徴のある風連状の封入体を形成する。本ウイルスには普通系、壊疽系等の存在が報告されている。わが国では、初め普通系（PVY-O）だけが知られていたが、1972 年に壊疽系（PVY-T：アメリカでは PVY[N] と表示）の発生

① モザイク病 PVY　② モザイク病 PVY（溢葉モザイクと呼ばれたもの）
③ PVY（縮葉モザイクと呼ばれたもの）

が確認されたが、PVY-T の方が被害が大きく、急速に全国各地に拡がっている。なおこの他黄色系（PVY-YSS アメリカでは PVY^c と表示）も報告されているが、ジャガイモでの発生は今のところ認められていない。

生態 このウイルスは種いもによって伝染し、接触伝染、土壌伝染はしない。圃場では圃場内や周辺の罹病ジャガイモが伝染源となり、モモアカアブラムシ、ワタアブラムシ等によって非永続的に伝搬される。モモアカアブラムシの場合ウイルスの獲得吸汁時間は最短で 5 秒、接種吸汁時間は最短 10 秒、伝搬率が高いのは 1～30 分間である。感染してから 7～10 日後に地下の塊茎にウイルスが移行する。品種によって差があるが開花終期以降に感染すると、無病徴のまま新しい塊茎に保毒されることが多い。

ジャガイモ X ウイルス　*Potato virus X*（PVX）

病徴 一般に 3～4 葉期に軽いモザイクを生じるが、葉面の凹凸、葉縁の波状、株の萎縮等は認められない。以前は潜在モザイク病とも呼ばれたこともあり、病徴はほとんど示さず潜在感染のままで終わることもある。ただしこれは普通系統（PVX-o）の場合で、強系統または壊疽系統（PVX-b）では、男爵、農林 1 号、紅丸等の感受性品種では Y モザイクの TVY-T と同じような激しい壊疽症状を示すことがあり 5～35% 減収する。

病原 病原のジャガイモ X ウイルス *Potato virus X*（PVX）は *Potexvirus* 属、PVY 同様に全世界に広く分布する。ウイルス粒子は 515×13 nm の紐状でゲノムは一本鎖 RNA である。不活化温度 68～70℃、10 分で感染細胞内に封入体を形成する。本ウイルスも PVX-o および PVX-b の 2 系統が知られている。宿主範囲はナス科の他、アカザ科、シソ科等かなり広い範囲に及ぶ。

生態 本ウイルスの最大の特長は他のウイルスと異なりアブラムシでは伝搬されない。伝染は罹病ジャガイモの茎葉、塊茎等が伝染源になり、健全なジャガイモに直接または間接に接触して起こる。このため作業する人の手や衣服、農機具等を介して接触しても伝染する。以前は男爵や紅丸等の主要品種のほとんど全個体が感染していたが、1960 年代から茎頂培養によりウイルスフリー個体が増殖され、種いもとして普及したので 1990 年頃からは発生が著しく少なくなっている。

ジャガイモ S ウイルス　*Potato virus S*（PVS）

病徴 本病は保毒していても無病徴の場合が多いが、男爵、農林 1 号、オオジロ、シマバラ等の品種では病徴を示す。初め、上～中位葉の脈間に退緑小斑点を生じ、退緑部が拡大してモザイク症状を呈する。病徴は 18℃前後の比較的低温の時に発現し易く、高温では病徴を現わさない。メークイン、ワセシロ等多くの品種では潜在感染で病徴は示さない。明瞭な病徴を示すものでは、20～30% 減収するといわれている。

病原 ジャガイモ S ウイルス *Potato virus S*（PVS）は *Carlavirus* 属で、全世界に広く分布している。PVS は大きさ 650×12～13 nm の紐状の粒子で、不活化温度は 55～

④ モザイク病 PVY（壊疽系統によるもので古くは条斑モザイクと呼ばれた）
⑤ モザイク病 PVY（条斑モザイクが激発した状態）　⑥ モザイク病 PVX（オランダ作物研究所で）

ジャガイモの病害

60℃である。

生態 病原ウイルスはモモアカアブラムシによって非永続的に伝搬され、また、汁液、接触、種いもによって伝染するが、土壌伝染はしない。わが国には1960年にジャガイモS41956に潜在していることが明らかにされ、その後主要栽培品種のほとんどが潜在感染していることが明らかになった。しかし、間もなく茎頂培養が行われ、ウイルスフリーの種いもが供給されるようになり問題は解消した。

ジャガイモMウイルス　Potato virus M（PVM）

斑紋、モザイク、漣葉、巻葉や時に条斑壊疽を生ずる等、幅広い病徴を示すが、病徴はジャガイモの品種や環境条件によって異なる。病徴は18℃前後で現われ易く、25℃の高温条件下では発現しない。世界各地で発生するが、東欧やロシアで重要のようである。わが国では1968年群馬県で発生、その後長崎、岡山、長野、青森で若干発生した記録はあるが、1990年の時点では発生は認められていない。

病原 ジャガイモMウイルス Potato virus M（PVM）はPVS同様 Carlavirus 属で、ウイルスの形態、宿主範囲、伝染方法等類似しているが、PVSとの間に若干の感染阻止、発病抑制作用等が見られる。

ジャガイモAウイルス　Potato virus A（PVA）

わが国では1968年岡山で品種ホイラーに発生、その後長野でも発生した記録があるが、1990年以降発生は認められず重要視されていない。しかし、ヨーロッパ等では、普通に現われる斑紋の他に、時にかなりひどい漣葉や葉の部分的な黄化等重い症状が現われ、品種によっては減収率は40％に達することがあるため注意されている。

病原 ジャガイモAウイルス Potato virus A（PVA）はPVYと同じ Potyvirus 属のウイルスである。ウイルス粒子は紐状で大きさ730×15 nmでPVYよりわずかに幅が広い他は、生態的にもほとんど同じである。病原性の異なった中、やや強、強の三系統の存在が知られている。

モザイク病の防除

ジャガイモのウイルス病は、圃場では接触等による汁液伝染やアブラムシによる伝搬等あるが、基本的には種いもが伝染源になって拡がる。したがってウイルス病の防除の基本は、無病の健全な種いもを植付けることである。このため、昭和22年馬鈴薯原々種農場が設置され、無病の種いもを配布するよう努力し、現在はこの業務は独立行政法人種苗管理センターが引継ぎ、原々種の生産を経て、登録された原種圃および採種圃で生産された「指定種苗検査合格証」付のものだけが種いもとして販売されている。自家採種したものは健全なように見えても、ウイルスに罹病している。また、ウイルスの検査には専門的な知識を要するので、自家採種の種いもは絶対に使用せず、指定種苗検査に合格した種いもを使用するというのが防除の原則である。

⑦ モザイク病PVS（オランダ作物研究所で）　⑧ モザイク病PVM（オランダ作物研究所で）
⑨ モザイク病PVA

14.2 葉巻病 (はまき)　Leaf roll
Potato leafroll virus

古くから全国各地で発生が見られるウイルス病で X および Y ウイルスと共にジャガイモ生育退化の一大原因とされ重要視されてきたが、現在もなお被害が大きい。

病徴　発芽後間もなく発病するが生育が進むにつれて明瞭な病徴を現わすようになる。感染した年は頂端の葉の色があせて淡黄色になり、次第に硬くなり葉縁は上方に巻込む。このような病徴は上葉から下葉に及ぶ。しかし、生育後期に感染するとこのような病徴を現わさず、翌年これを種いもとして用いると、茎が 12〜15 cm 伸びた頃下葉は上向きに巻込み、甚だしい時は円筒形になり直立する。葉は硬くなり裏面は灰銀色または帯紫色になる。茎は伸長せず萎縮する (この病徴は、黒痣病、紫染萎黄病の病徴と似ているので、圃場での判別には注意を要するが、最終的には ELISA 法によって診断する)。粗いもは消化されず硬くなって残り、新いもは小さく屑が多い。収量は 50〜75% 減少する。

病原と生態　病原ウイルス、ジャガイモ葉巻ウイルス *Potato leafroll virus* (PLRV) は *Polerovirus* 属に属し Potato phloem necrosis virus とも呼ばれ、世界各国で発生が認められている。ウイルスの粒子は、径 24nm の球状でゲノムは一本鎖 RNA、感染植物の篩部細胞に局在する。このウイルスは接木によって伝染するが、普通はモモアカアブラムシ、ヒゲナガアブラムシによって永続的に伝搬される。汁液では伝染しない。宿主範囲は狭く、アブラムシによってトマト、タバコ、イヌホウズキ等ナス科植物に感染する。ウイルスを媒介するモモアカアブラムシは、病植物を 5 分間以上吸汁するとウイルスを獲得する。その後約 20 時間の虫体内潜伏期間を経て、健全植物を 1 分以上吸汁するとウイルスを媒介する。ウイルスが感染葉から新しく形成された塊茎に移行するには、1〜2 週間を要するといわれている。

防除　種いも伝染するので、無病の種いもを植付ける。圃場周辺の発生状況および媒介虫であるアブラムシの動向に十分注意し、薬剤等を用いてアブラムシの防除を的確に行う。

① 葉巻病 (農技研で)　② 葉巻病 (西ドイツ農林生物研究所で)

14.3 黄斑モザイク病　Aucuba mosaic
Potatao aucuba mosaic virus

世界各国に存在し品種メークインに特異的に発生する。

病徴　品種メークインの下葉および中間葉に鮮明な黄色の円形または多角形の斑点を生じる。病斑は時に融合してモザイク状を呈することもあるが、葉に皺を生じたり、葉が巻くこともなく、また萎縮も甚だしくない。このような症状は PAMV の G 系統によるもので、人工接種すればほとんどの品種に感染、発病し、壊疽条斑、縮葉モザイク等の症状を示す。

病原および生態　病原のジャガイモ黄斑モザイク *Potato aucuba mosaic virus*（PAMV）は PVX と同じ *Potexvirus* 属で、粒子は長い紐状で大きさは 580×10〜13 nm である。不活化温度 65〜70℃で 10 分間。系統がありわが国では G 系統の他、潜在感染する F 系統が知られている。

伝染は種いもによる他、モモアカアブラムシによって非永続的に伝搬されるが、アブラムシによる伝搬には PVY または PVA 等のヘルパーウイルスが必要とされている。G 系統は 1950 年代にメークインで発生し注目を浴びたが、原々種農場（現在の種苗管理センター）等で徹底した抜取りが行われほとんど姿を消した。また、F 系統が潜在感染しているということが 1960 年代に明らかになったが、茎頂培養によるウイルスフリー個体が増殖され種いもとして普及したので現在はほとんど検出されない。

① 黄斑モザイク病（オランダ作物研究所で）　② ウイルス媒介虫モモアカアブラムシ（林）
③ ウイルス媒介虫ジャガイモヒゲナガアブラムシ（林）

14.4 青枯病　Bacterial wilt, Brown rot
Ralstonia solanacearum（Smith 1896）Yabuuchi, Kosako, Yano, Hotta & Nishiuchi 1996

温暖な地域に広く分布し、ジャガイモの他にトマト、タバコ等主にナス科の作物において激しく発生し、発病率100％に達することもまれではない。一旦発生すると防除が難しいことから、栽培を制約する要因となっている。

病徴　初め頂葉が垂れ下がり、次第に上位葉から萎れて全茎葉に及び下方に垂れ下がる。葉色はあせて淡緑となり上方に巻く。萎凋は気温が比較的低く冷涼な条件では緩やかに進行するが、気温が高い場合には急激に起こり、回復することなく枯死する。この萎凋は一般に上位葉から始まるが、中位葉の葉縁褐変と部分的退色から始まる病徴を示すこともある。感染した塊茎の外観からの識別は困難であるが、茎基部と塊茎内部の維管束は褐変し、軽く圧すると乳白色の細菌粘液が溢出する。また、褐変部を1cm程度に切断し、水の入ったコップに投入すると細菌の漏出が観察され、激しく感染した組織では数分で乳白色となる。

病原　桿状、グラム陰性の好気性細菌である。非蛍光色素産生で、ポリβヒドロキシ酪酸を蓄積する。病原性野生株は鞭毛を持たず人工培地上に白色不透明の流動性集落、ケルマン培地上に中心部が淡紅色の集落を形成する。生育温度は30～32℃である。青枯病菌は炭水化物利用能によって5生理型に分類されている。ジャガイモ二期作地帯の長崎では主に生理型IIとIVが分離され、IIは比較的温度の低い春作と秋作後期に、IVは気温の高い秋作前期に高頻度で分離されている。またレース分けも試みられ、ジャガイモ由来の生育適温の低い菌株はレース3に分類されている。

生態　青枯病菌は土壌生息菌で、宿主植物がなくても長期間土壌中で生存可能である。生存菌は根圏土壌で増殖、農作業あるいは線虫や害虫等により生じた茎や根の傷口から侵入、導管内で増殖し、発病に至るのが一般的であるが、感染した塊茎（種いもおよび野良いも）からも伝播する。高温多湿の気象条件下で多発し、平均気温が20℃以上になると発病し、土壌温度が15℃以下での発病はまれであるとされている。

防除　一旦発生した畑での防除は困難であるので、種いもには無病地の健全ないもを用いる。農作業による茎葉の損傷に気を付ける。秋作において多発を回避するため植付け適期を推定する方法が提案されて実施に移され効果を挙げている。発生地域においてはクロールピクリンくん蒸剤等による土壌消毒、ネコブセンチュウによる複合感染防止にD-D剤の土壌処理、バリダマイシン液剤による茎葉散布が有効である。また、連作およびナス科作物等の宿主作物の栽培を避け、非宿主作物と輪作する。　　　　（植松　勉）

① 青枯病、初期の症状　② 青枯病、被害株

ジャガイモの病害

14.5 軟腐病　Bacterial soft rot
Pectobacterium carotovorum（Jones 1901）Waldee 1945 emend. Gardan, Gouy, Christen & Samson 2003

　本病細菌は多犯性でジャガイモの他、多くの作物を侵し腐敗（軟腐）させる。四季を問わず栽培地のどこでも発生が見られる。

　病徴　地面に近い小葉や茎の地際部に、初め小さな水浸状の暗緑色病斑を生じ、病斑は徐々に広がり組織が軟化崩壊する。また、茎表皮には病徴を現わさず髄部のみが腐敗して中空となり上位葉が萎凋枯死することもある。この腐敗は高温多湿下で速やかに進行する。地下の塊茎では、初め皮目部に赤褐色の斑点を生じ、次第に拡大し、周辺褐色の病斑となる。腐敗が進行した内部はクリーム泥状に軟化腐敗し、表皮を残したまま崩壊する。腐敗部から悪臭を発する。収穫時や直前に病原菌が進入した塊茎は貯蔵中あるいは輸送中に高温多湿条件下に置かれた場合、腐敗が進行し、周囲の塊茎にも二次伝染する。

　病原　短桿状の細菌で、大きさ約 0.7〜1.5 μm である。周鞭毛を有し運動性でグラム陰性である。酸素の有無にかかわらず生育できる通性嫌気性菌である。0〜40℃で生育し、生育の最適温度は 30℃前後である。生育の pH 範囲は 5.3〜9.2、至適 pH は 7.0 前後である。本病原細菌と後述の黒脚病菌およびワサビ軟腐病菌は、基質の利用性等で違いがあり、従来は *Erwinia carotovora* の3種類の亜種に分類されていた。

　生態　本細菌は土壌生息菌で、ジャガイモ等感受性作物を長年にわたって栽培しない土壌でも雑草の根圏等で生存している。ジャガイモが植付けられるとその根圏土壌や芽、茎、葉等に達した本細菌はその表面で増殖し、風雨や農作業による傷口、虫の食痕等から侵入し、発病する。また、風や降雨による飛沫あるいはエアロゾルによって伝搬される。発病は高温多湿下で多く、菌は雨水と共に流出し、隣接株に拡がる。また、本菌は地下の新塊茎の皮目や傷口からも侵入し、腐敗させる。発病は降雨が続いた場合や排水不良の連作畑で多く、収穫時に雨天に遭えば貯蔵や輸送時における発生が多くなる。

　防除　防除の難しい病害であるので、畑の細菌密度を下げるため連作を避け、罹病株の早期抜取りや除草等の圃場衛生に努める。圃場排水をよくし、高畝にする等多湿を避ける。土寄せ等の作業による茎葉の損傷に気を付け、食痕性害虫を駆除する。台風等の強風雨後に薬剤を予防的に散布する。銅剤、抗生物質製剤、オキソリニック酸剤、ポリカーバメイト剤、非病原性エルビニアカロトボーラ剤等で登録がある。また、地際部小葉等での発生を見たら直ちに上記薬剤散布による防除に努める。収穫は晴天日に行い、貯蔵時の通気をよくする。

（植松　勉）

  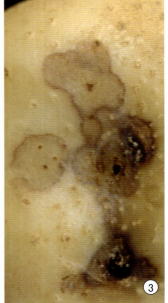

① 軟腐病、発生圃場（植松）　② 軟腐病、罹病株（植松）　③ 軟腐病、塊茎の病斑（植松）

14.6 黒脚病(くろあし)　　Black leg

Pectobacterium atrosepticum（van Hall 1902）Gardan, Gouy, Christen & Samson 2003
Pectobacterium carotovorum（Jones 1901）Waldee 1945 emend. Gardan, Gouy, Christen & Samson 2003
Dickeya sp.

本病は、上記3種病原細菌による病害である。

病徴　茎葉と塊茎に発生する。感染した種いもの植付けにより腐敗が進行し、萌芽初期の茎が侵害されると、その基部が黒変していわゆる"黒脚"となる。激しく発病した種いもは地中で腐敗し、感染した若い芽は地上に出る前に枯死して欠株となる。未腐敗部から萌芽した茎は発病しないで成長する。茎が感染すると下位葉は退色して萎凋し、内部維管束は褐変する。その柔組織は軟化腐敗し、葉は巻き退緑して萎れる。重症株は伸長が止まり黄化し、黒変した腐敗部から倒れる。ストロンおよび新塊茎の維管束は褐変し、塊茎基部から汚白色ないし黄色に腐敗、次第に黒変する。多湿下では泥状の腐敗が進展するが、乾いた条件下では感染部は縮んで乾枯し、病斑はあまり進展しない。3種の菌による病徴に差はないとされているが、病徴や発病様相は気候帯あるいは海抜等の地域性や気候条件によって異なるとの報告もある。

病原　従来広く知られていた *Erwinia carotovora* は属が *Pectobacterium* に改められた。その細菌の一つ *Pectobacterium atrosepticum* は、軟腐病菌とは炭水化物の利用能、36℃下での生育等細菌学的性質で若干異なる。*P. carotovorum* は血清学的に特異的である。*Dickeya* sp.とされた *Erwinia chrysanthemi* は、多くの作物に腐敗を起こす宿主範囲の広い細菌で、寄生性によって6種の病原型（pathovar）に分類されているが、ジャガイモを侵害する本病菌の病原型は明らかにされていない。なお本菌による萎凋細菌病との違いは明確ではない。

生態　主に種いも伝染である。罹病いもあるいは汚染いも、さらにこれら塊茎から切断時に伝染した種いもの植付けにより発病する。新塊茎にはストロンを経て侵入する。また、発病株から放出された多量の細菌泥により新生塊茎に二次伝染する。この新塊茎への感染は皮目、裂け目、収穫時の傷口からも起こる。発病は土壌湿度が高く比較的冷涼（18〜19℃以下）な条件を好んで起こるが、高温多湿条件下でも発生する。細菌はジャガイモや雑草の根圏土壌で、また発病茎等罹病残渣と共に土壌中でも生存する。この生存は冷涼で土壌湿度が高い条件下でより長期に及ぶとされている。

防除　発生圃場からの種いもの使用を避ける。種いもを消毒する。抗生物質製剤等に登録がある。種いもの切断刃を次亜塩素酸カルシウム剤や熱湯により消毒する。茎葉の農作業時における損傷防止、圃場排水をよくし、病株等の早期抜取り、3年以上の輪作、抵抗性品種の利用等の組合せによる防除に努める。

（植松　勉）

① 黒脚病、被害株（植松）　② 黒脚病、茎の病斑（植松）　③ 黒脚病、塊茎の病斑（植松）　④ 被害塊茎の内部（植松）

14.7 輪腐病　Ring rot
Clavibacter michiganensis subsp. *sepedonicus*（Spieckermann & Kotthoff 1914）
Davis, Gillaspie, Vidaver & Harris 1984

1906年ドイツで最初に記録された病害である。わが国では1948年（昭23）北海道で初めて発見され、1950～54年にかけて各地で発生し重視された。以来原々種圃で厳重な検査を行い、徹底した防除体制をとった結果、最近ではその発生は極めて少なくなっていて最早博物館行きの病害といえるかもしれない。

病徴　畑で地上部に病徴が現われるのは開花期から後で、初め下葉が内側に巻込み、次第に萎凋する。このような葉の色はあせて葉脈の間は黄変、さらに葉の縁が褐色になり、最後は枯れる。一見ウイルス病の葉巻病に似ているが、本病はまず下葉から葉が巻込み、順次上葉に及ぶもので、葉巻病のように上葉が早く巻込まない。

罹病した塊茎を切断してみると、維管束の部分が輪状になって乳白色または黄褐色に変色している。このような塊茎を強く押すと中から乳白色の汁液が出る。ひどくなったものは維管束の部分が空洞になる。普通病いもは外部から見てもわからないが、維管束が空洞になったものでは外皮が赤褐色になって凹み、ひび割れを生じる。病いもを植えると多くのものは芽を出さないで腐るが、芽が出ても貧弱で後には枯れる。本病の塊茎の病徴は青枯病によく似ていて区別が困難であるが、被害部にリボフラビンが多量に形成されるので切断して紫外線を照射すると緑色の蛍光を発するので識別できる。

病原　短桿状の細菌で、グラム陽性（植物病原細菌のほとんどはグラム陰性）で鞭毛はなく非運動性である。大きさ0.8～1.2×0.4～0.6 µm で楔形をしたものが多いが、少し曲がったもの、あるいは真直なものもある。単一で存在することが多いが、時にはくっついてV字形またはY字形を示すこともある。寒天培地上で平滑で光沢のある白色または淡黄色のコロニーを作る。好気性菌で発育最適温度は20～23℃でやや低温を好む。宿主範囲はナス科植物に限られ、トマト、ナス、トウガラシ等に接種可能であるが、自然発病するのはジャガイモだけである。

生態　種いもを切断する時病いもを切ったナイフで健全ないもを切ると20個程度連続して感染する。また貯蔵中に病いもと接触して感染することもあるらしい。このように本病の伝染はほとんど種いもによるもので、菌が土壌中に単独で残り、これが伝染源になることはほとんどない。本病の発病は土壌温度が18～22℃の時に最も早く、26℃以上では抑制される。

防除　一般の耕作地では無病の種いもを植付ける。種いもを切断する時ナイフは、熱湯や次亜塩素酸カルシウム剤等により必ず消毒しながら用いる。

① 輪腐病地上部の病徴　② 輪腐病被害塊茎の病徴（農技研）　③ 輪腐病菌（脇本）

14.8 瘡痂病 そうか Scab, Common scab, Acid scab
Streptomyces spp.

本病は、(1) 普通の瘡痂病 (Common scab) の病原菌 *Streptomyces scabies* Lambert & Loria 1989、(2) pH 5.2 以下の酸性土壌で発生する Acid scab の病原菌 *Streptomyces acidiscabies* Lambert & Loria 1989 および (3) 隆起型の病斑を形成する病原菌 *Streptomyces turgidiscabies* Miyajima, Tanaka, Takeuchi & Kuninaga 1998 等の放線菌による病害である。

病徴 塊茎に通常類円形で大きさ、数～10数 mm の淡褐色ないし灰褐色のコルク化したかさぶた状の病斑を作る。幾つかの病斑が重なり合って不整形となり、より大きな病斑を形成することもある。このかさぶた病斑の形状は多様であり、①類円形でやや陥没した噴火口状の陥没病斑、②類円形で中央のやや盛上がった切込みの多い星型病斑、③隆起した隆起型病斑が観察される。①は螺旋状胞子鎖の放線菌 *S. scabies* ②は直～波状胞子鎖の *S. acidiscabies* ③は *S. turgidiscabies* によることが多い。しかし、病斑の陥没の深さ、隆起や亀裂の程度、その色調はまちまちで、土壌の環境条件、品種、感染時の塊茎熟度等により異なる。

病原 放線菌による病害である。人工培地上で白色～灰白色、放射状に生育し、栄養菌糸と気中菌糸からなる円形集落を形成する。菌糸の直径は 0.8～2.0 μm 程で隔壁があり、気中菌糸の先端に直～波状および螺旋状の胞子を鎖状に形成する。個々の胞子の大きさは細菌と同じ位で 0.4～1.0 μm。3種の瘡痂病菌は、胞子の色や胞子鎖の形等の形態、色素産生性、炭水化物利用能、最低発育 pH、抗生物質やクリスタル紫に対する耐性等の諸性質で異なる。

生態 土壌および種いもで伝染する。土壌中で生存した菌、あるいは種いもで持込まれ土壌中で増殖した菌は主に新塊茎の皮目から感染するが、気孔や傷口等からも侵入する。乾燥し易い畑や石灰含量の高いアルカリ土壌での発病が多い。普通の瘡痂病は pH 5.2 以下ではほとんど発生は認められない。しかし Acid scab はこれ以下でも発生するが、pH 4.8 以下になると発病は減少する。放線菌による病害がダイコン、テンサイ、ニンジン等にも発生しているが、本病原放線菌との関係は明らかでない。

防除 種いもには健全いもを用いる。発生圃場からの種いもは見かけ健全であっても、消毒して植付ける。種いも消毒剤として抗生物質製剤、銅剤、フルアジナム剤、フルスルファミド剤等の登録がある。常発畑では石灰の多施用および連作を避ける。激発畑では、くん蒸剤 (クロールピクリン、カーバムナトリウム塩)、ダゾメット剤等により土壌消毒する。連作地では収量と品質を保つために土壌は pH 4.8 に保ち効果を上げている。なお、土壌消毒畑では種いも消毒を必ず実施する。

(植松 勉)

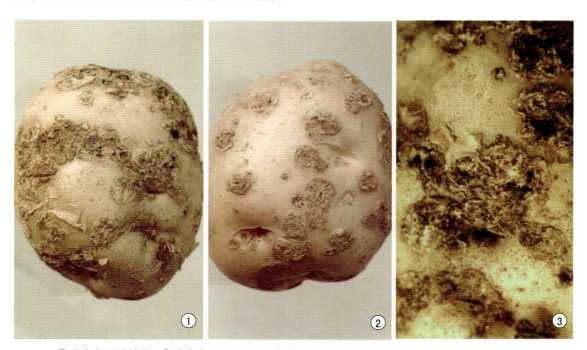

① 瘡痂病、罹病塊茎　② 瘡痂病 (Acid scab) 罹病塊茎 (酸性土壌で発生する)　③ 瘡痂病、病斑の拡大

14.9 粉状瘡痂病　Powdery scab
Spongospora subterranea (Wallroth) Lagerheim f.sp. *subterranea* J.A. Tomilinson

わが国では1954年（昭29）北海道で初めて発見された病害で、その後、長崎、岡山、兵庫、愛知の各県にも分布していることが明らかになった。世界的にもかなり広く分布するが、冷涼で湿潤な地方によく発生する。

病徴　地下部だけに発生し、地上部には病徴は見られない。いもでは初め小さい紫褐色に隆起した不明瞭な大きさ0.5〜2 mmの病斑ができる。この病斑はにきび状に膨れ上がり、次第に拡大して約5 mmの大きさになり、後に表皮が破れて乾いた黄褐色の粉を露出し、病部の周りには表皮の破片が飾りのように残っている。この病斑は普通その直下にあるコルク層のためにあまり深くならないが、土中の水分が多かったり貯蔵中湿度が高い時には潰瘍になる。またこの病斑に二次的に腐生菌が付いて腐敗することがある。根も侵されエンドウの粒位の瘤ができ、根の機能が阻害される。本病の病徴は、瘡痂病の病斑とよく似ていて一見区別が難しい。しかし瘡痂病の病斑は褐色でかさぶた状を呈し、本病よりかなり大きい不規則な病斑を作るので区別できる。

病原　病原は変形菌 Myxomycetes のネコブカビ目 Plasmodiophorales に属し純寄生菌で人工培養はできない。病斑部から放出される黄色の粉状物は休眠胞子球で卵形〜不規則な長楕円形を呈し、大きさ19〜85 μmで、中に無数の休眠胞子がぎっしり詰まっている。休眠胞子は多面体で大きさ3.5〜4.5 μm、平滑で薄い黄褐色の壁を有し、発芽して単一の核を持つ卵〜球形の遊走子を生じる。遊走子は大きさ2.5〜4.6 μmで長短異なった2本の鞭毛を有す。鞭毛の長さは、それぞれ13.7 μmおよび4.35 μm。この遊走子はさらに鞭毛を失って、無色の粘液アメーバになり宿主に侵入する。なお、この遊走子はジャガイモ塊茎褐色輪紋病の病原ウイルス *Potato mop-top virus*（PMTV）を媒介する。

生態　本病の第一次伝染源は土壌中あるいは罹病塊茎内の休眠胞子である。休眠胞子は宿主の根に接して刺激を受けて遊走子を生じ、この遊走子が、塊茎やストロン、根の表皮細胞を通して感染する。休眠胞子は土壌中で6年間は生存可能。また家畜の消化管を通しても死滅しないといわれている。塊茎や根への感染初期は冷涼で多湿、後期はやや乾燥することが発病に好条件である。感染、発病の適温は16〜20℃。土壌のpHは4.7〜7.6の範囲で感染が起こるとの報告があるが、本病の発生は地温、土壌水分に微妙に支配されるため、その発生条件を的確に指摘するのは難しいが、塊茎形成期以降に多雨な時、また腐食に富む土壌で排水不良な低湿地で発生、被害が多い。

防除　健全な種いもを使用する。作付けする畑は多孔性で排水良好な土地を選び、本病の発生地での作付けは避ける。気象条件や土壌条件によっても異なるが、3〜10年の輪作体系が望ましい。また飼料として被害塊茎を生で与えた家畜の排泄物を利用した堆肥の使用は避ける。

① 粉状瘡痂病　② 瘡痂病（左）と粉状瘡痂病（右）　③ 粉状瘡痂病の病斑の拡大　④ 粉状瘡痂病菌

14.10 疫病　Late blight
Phytophthora infestans（Montagne）de Bary

　ジャガイモ疫病は世界中に分布していて、最も重要な病害といっても過言ではないだろう。1840年代にはアイルランドで本病が発生して、いわゆるジャガイモ飢饉が起こり 100万人以上の死者を出したことがあり、現在でも本病のために莫大な量の殺菌剤が用いられている。わが国には1900年に北海道で発生が記録され、その後、全国で発生している。北海道を始めとして、本病の発生の多少によってジャガイモの豊凶が左右され、ジャガイモ栽培上最も重要な病害となっている。

　病徴　葉では初め先端または葉縁に暗緑色水浸状の病斑を作り、後に拡大して暗褐色の疫斑となる。病斑の周囲は黄白色～蒼白色となって健全部と境することが多い。また新しい芽、幼茎、葉柄、花梗も侵され、暗褐色の病斑が形成される。成熟老化した茎は抵抗性があり、感染しても微小な褐点で止まるが、若い茎では大きな病斑になり、茎が折れ枯れることが多い。葉の病斑の裏面（とくに健全部との境の黄白色～蒼白色の部分）や芽の病斑上には湿度が高い時には白いかび（分生子）を一面に生じる。病状が進むと葉全体が枯れ茎だけを残すようになる。塊茎には初め淡褐色の小さい病斑ができ後に拡大して暗褐色になり凹み、時に塊茎の腐敗を起こすことがある。

　病原　病原は鞭毛菌類、卵菌綱、ツユカビ目に属する。この病菌は分生子を作る。分生子柄は1～5本が気孔から出る。無色で分岐し、その先端はわずかに膨れており、ここに分生子を付ける。分生子が離脱した後は、再び伸びて分生子を形成するため、結節状の特徴のある形態を示す。分生子柄は大きさ 500～1,000×10～12 μm で長く、肉眼でも見ることができる。分生子は卵形で乳頭突起があり無色単胞で 22～32×16～24 μm である。水滴中で発芽すると 6～12 個の遊走子ができるが、直接発芽することもある。本病菌は宿主範囲が広く、ジャガイモを始めとしトマト、ナス等ナス科植物やゴマノハグサ科の植物も侵すが、10 種以上のレースが存在し、病原性に変異が見られる。また、交配型 A_1、A_2 があって両タイプが同時に存在する時、有性生殖が行われ卵胞子を形成する。

　生態　本病菌は罹病塊茎中で菌糸の形で越冬、この罹病塊茎を植付けると第一次伝染源になる。罹病塊茎中で生存していた菌は、幼茎内部を移行して植付け後 50～60 日で下葉葉腋地際部の茎に褐色不定形の小型の第一次病斑を形成、この病斑上に形成された分生子が飛散して発生が目立つようになる。圃場での感染は、冷涼で湿度の高い状態で最もよく起こる。分生子の形成は 21 ℃、湿度 100 ％で

① 疫病、葉の初期病斑　② 疫病、激発株　③ 葉の病斑上に形成された分生子
④ 疫病菌分生子　⑤ 疫病菌分生子柄の先端

ジャガイモの病害

最も早く、かつ多い。分生子は乾燥に最も敏感で、風や水滴の飛沫で飛び散ったあと、発芽には水滴（Free water）を必要とする。遊走子の形成、間接発芽には 12 ℃が最適であるが、発芽管による直接発芽では 24 ℃が最適である。宿主への侵入感染は 10～29 ℃で起こる。感染から発病までは 21 ℃が最も早い。したがって寒冷地では 8 月上旬に、暖地では梅雨期または秋によく発生する。

防除　無病の種いもを用いる。残った種いもや廃棄したいもは、野積みせず処分する。開花期前後から薬剤を散布する。薬剤は有効な薬剤が多数登録されているので、指示に従って的確に散布する。ただし耐性菌が出現している地帯では、関係者の指示に従って防除を行う。

14.11　夏疫病（なつえき）　Early blight
Alternaria solani（Ellis & Martin）Sorauer

古くから発生が知られている病害で、輪紋病、葉枯病、輪斑病、褐斑病等の病名が付けられていたこともある。暖地の春まきジャガイモでは収穫直前に、寒地では疫病に先立って 7～8 月の高温時に発生する。

病徴　主に葉、とくに下葉の古い葉に発生が多い。円形で褐色または黒褐色で同心輪紋のある病斑ができる。病斑の大きさは 5 mm 前後のものが多いが、時には 1 cm 以上の大きな病斑になる。病斑の裏側には黒色の繊毛状のかびを生ずる。病斑の周縁は黄色後に褐色になり、発生がひどい時葉は萎凋乾枯するが落葉はしない。

病原　病原は糸状菌で不完全菌類に属し、トマト輪紋病菌と同じ菌である。分生子だけを作る。分生子柄は単独または簇生し、暗褐色で 1～7 の隔壁があり、長さ 100 μm 前後、径 6～10 μm である。この先端に形成される分生子は、長棍棒状または円筒形で頂端は細長い嘴状突起（beak）を有し、黄褐色～褐色で 9～11 の横隔壁およびまれに若干の縦隔壁がある。大きさ 150～300×15～19 μm である。分生胞子形成適温は 19～23 ℃、胞子発芽および菌糸伸長適温は共に 26～28 ℃である。

生態　被害部にある菌糸または分生子によって越冬し、翌春風等によって他に伝染する。本病の発生適温は 26 ℃前後である。トマト輪紋病菌と同じ菌で、ジャガイモ、トマトの他ナス、イヌホオズキ等ナス科植物を侵すから、これらの罹病植物が伝染源になることもある。したがって、これらの作物を連作すると発生が早まり、被害も大きくなる。また、植物体の老化および肥料不足で植物の活性が低下すると発生が多いという。

防除　ジャガイモや宿主となるトマトや他のナス科作物との連作を避け、適切な肥培管理を行う。また、暖地では早生種を栽培してできるだけ収穫を早くする。発生が認められ、ひどくなる恐れのある時は銅水和剤、マンゼブ水和剤その他登録のある薬剤を散布する。

⑥ 疫病、激発により落葉・枯死した株　⑦ 疫病、塊茎の病斑　⑧ 夏疫病、葉の病斑　⑨ 夏疫病菌分生子

14.12 黒痣病(くろあざ)　Black scurf
Thanatephorus cucumeris（A.B.Frank）Donk

　世界各国のジャガイモ栽培地で black scurf あるいは Rhizoctonia canker と呼ばれ、普通に発生する病害である。わが国でも古くから黒痣病の他根部及茎部腐敗病、肉芽病、菌核病と呼ばれ、ジャガイモ栽培地のほとんどで発生し、萌芽が不揃いになり、ジャガイモの生育および塊茎の品質に大きな影響を与える病害である。

　病徴　多くの圃場で普通に見られる病徴は、地上部では葉が小さくなって内側に巻き、茎は粗剛になってごつごつした感を与え、一見、ジャガイモ葉巻病とよく似た病徴である。しかし、本病は地際部が褐色に変色しているから区別できる。またときどき茎に気中塊茎を作る。これは本病の大きな特徴である。被害が大きいのは植付け後間もなく萌芽した幼茎が侵される場合で、褐色～黒褐色の病斑が幼茎を取巻き生育が遅れる。極端な場合は、幼茎は腐敗して枯れる。また、ときには新たに第二、三次の細い茎を生じ叢生したようになる。とくに気温が低く、土壌湿度の高い時に被害がひどくなる。また、先端に塊茎が着生するストロンにも褐色～黒褐色の病斑を生じ、塊茎の着生が妨げられ、塊茎の肥大も遅延する。塊茎にも発生し、収穫した塊茎の表面に黒色～暗褐色の菌核が着生する。菌核は不整形、大きさは不規則でやや盛上がりアザ状を呈する。表生的なもので、菌核の付着によって塊茎が萎敗することはないが、土塊が付いたような外観を呈し、商品価値を著しく低くし、経済的な損失が大きい。

　病原　糸状菌の一種で、担子菌類に属す。長い間不完全世代の学名 *Rhizoctonia solani* と呼ばれており、イネ紋枯病の他ナス、トマト、サトウダイコン等 160 種以上の作物を侵し、根腐病、葉腐病、立枯病、くもの巣病等を起こす。菌糸は初め無色であるが、後褐色になり、菌糸の幅は 8～10 μm でやや太く、直角に分岐し基部はややくびれる。時に菌糸が集って菌糸塊状の菌核を作る。この菌は菌糸融合型や培養型等によって、幾つかのタイプに類別されているが、ジャガイモを侵す菌は、菌糸融合群の 3 群（AG‑3）に属し、培養型はⅣである。また多湿条件下で土壌表面または宿主体上等に担子胞子を形成する。すなわち菌糸が分化して生じた担子器の先端に 4 の小柄ができ、その上に担子胞子が形成される。担子胞子は卵円形で大きさ 6～14×4～8 μm である。

　生態　病原は塊茎に付いた菌核または土壌中に残った菌核、土壌中の植物塊渣の中で生存している菌糸で越冬する。春ジャガイモが植付けられ、条件が良くなると菌核から菌糸を伸ばしてジャガイモの茎とくに幼茎を侵し、さらにジャガイモの生育に伴ってストロンや新しく形成される塊茎を侵害する。土壌中の菌の密度は、輪作を行わないあるいは輪作の度合が少ない畑で増加する傾向があり、病原にとって土壌温度が低く、湿度が高い環境条件が適しており、発病は気温が 15～21℃ の時に多く、温度が上昇すると発病は少なくなる。また、土壌の高湿度とくに排水不良の畑では、新しく形成される塊茎への菌核の付着の度合が高くなる。

　防除　現在のところ本病に抵抗性の高い品種は見出されていない。したがって、ジャガイモの連作は可能な限り避け、種いもは無病のものを用い、発生の多い地域では、薬剤に浸漬して消毒したものを用いる。

① 罹病株の地上部の症状　② 気中塊茎の形成　③ 罹病塊茎　④ 塊茎の表面に着生した菌核

ジャガイモの病害

14.13 根腐線虫病　　Root lesion nematode
Pratylenchus coffeae (Zimmermann) Filipjev & Schuurmans Stekhoven,
Pratylenchus penetrans (Cobb) Filipjev & Schuurmans Stekhoven,
Pratylencus vulnus Allen & Jensen

　わが国では1950年に宮崎、長崎県で出始めて発生を見たものである。当初病原は *Pratylenchus pratensis* でいもぐされ線虫病と呼ばれたが、その後の研究で病原線虫の学名は *P. coffeae* が正しく、和名はミナミネグサレセンチュウとされた。また *P. penetrans* キタネグサレセンチュウおよび *P. vulnus* クルミネグサレセンチュウも関与することがあるとして病原線虫に加えられた。

　病徴　地下部はどの部分も侵される。根では初め淡褐色の縦に長い線状の小さい斑点ができ、後次第に拡大して褐色になり病斑の中央部に亀裂を生じる。さらに病状が進むと各病斑が融合して大きな病斑になり、ついには根は腐敗軟化してちぎれ落ちる。塊茎の病徴は畑ではほとんどわからないが貯蔵中に顕著な病徴を現わす。病斑は灰褐色〜黒褐色で不整形、多少凹陥し、表面に皺を生じる。このようないもを切断してみると病斑の部分は海綿状を呈し、被害の甚だしいものは腐敗乾枯する。

　病原　病原は線虫で、雌雄共に細長く円筒状を呈する。体角皮には密な横条がある。頭部と胴部の区別は明らかで、口針は強大、その基部に節球がある。食道球はよく発達している。雌の大きさは 600〜650×30 μm で、雄はこれよりやや小さい。卵は楕円形で 60〜70×25〜30 μm である。宿主範囲は極めて広く 39科 144種に達し、サツマイモ、ダイズ等はジャガイモと共に被害が大きい。

　生態　作物の根では、成虫・幼虫、卵で、土壌中では成虫・幼虫で越冬する。成虫・幼虫共に表皮細胞の間隙または口針で表皮細胞を突き破って根、塊茎に侵入する。侵入部位の周辺細胞は壊死し黒褐色の斑点となる。寄生部位の組織が死ぬと幼虫は健全な組織に移動、3期4期幼虫を経て成虫になる。増殖適温は線虫の種類によって異なりミナミネグサレセンチュウでは25〜30℃、キタネグサレセンチュウでは20〜25℃である。

　防除　①抵抗性品種を栽培する。農林2号、オオジロ等は農林1号よりやや強く、ケネベックは強い。②種いもは厳選して無病のものを用い、秋じゃがいもは晩植し、春じゃがいもでは早掘りにする。③砂地、火山灰土等有機質に乏しい所で発生が多いから堆肥を十分施用する。④連作を避ける。⑤発生の多い土地では土壌消毒を行う。

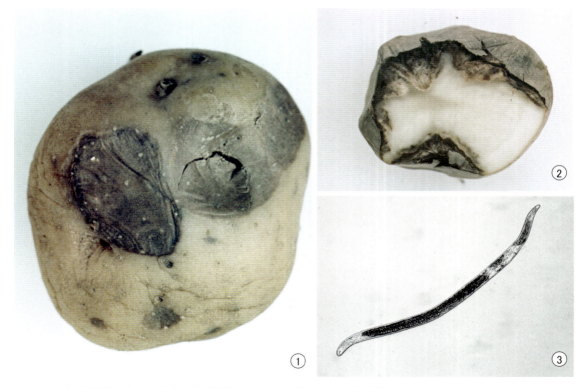

①根腐線虫病、被害塊茎　②根腐線虫病、被害塊茎の内部　③病原のミナミネグサレセンチュウ

14.14 シスト線虫病　Potato cyst nematode, Golden nematode
Globodera rostochiensis（Wollenweber）Mulvey & Stone

　1972 年に北海道の後志管内真狩村で発見されて以来、道内各地で発見が続き、2002 年度末の発生面積は 10,406 ha に達している。

　病徴　病原線虫が主にジャガイモの根に寄生して養水分の吸収を妨げるため、7 月中旬の開花期頃から葉の萎れと黄化が始まる。さらに、8 月中旬頃には下葉から中葉まで枯上がり、萎れた上葉だけを残した"毛はたき"症状を示す。このような株を注意して掘取り根を見るとケシ粒大の黄色〜黄金色の雌成虫（シスト）が見られる。

　被害は初期は畑の一部の草丈が低く、葉の黄化が見られる程度であるが、やがて線虫の密度が高まると全面的な被害となる。減収の程度は線虫密度が高いと早期に枯死するので、収量低下が著しく半作以下になるが、密度が低い場合はほとんど減収しない。

　病原・生態　病原は線虫、シスト内で卵から孵化した 2 期幼虫は線形で長さ 0.4 mm、土壌中に泳ぎ出し、5 月中〜下旬に根に口針で穴をあけて侵入する。幼虫は侵入によって巨大化した周辺細胞を摂食しながら発育、脱皮を繰返して 3 期、4 期幼虫に発育する。雌はこの間に次第に肥大し頭部だけを根に残して肥大した体部は根の外に押し出される。そして先に根から離脱した紐形の長さ 1 mm の雄と交尾。受精した雌は大きさを増し、長球形のケシ粒大（0.5〜0.8 mm）になり、体色も黄色〜黄金色〜褐色になりシストに変化し、中に数百個の卵を持つに至る。卵は長楕円形で大きさ 0.1×0.04 mm。シスト化した雌は根から離れて土中に分散し翌年の発生源になる。また、ジャガイモ塊茎に寄生してシストまで発育するものもある。

　防除　この線虫はジャガイモの栽培がなくても 10 年以上の長期間生存できるので、早期発見に努める。一旦発生した圃場では、① 4 年以上輪作をする。②抵抗性品種を栽培する。品種によっては寄生した幼虫が雌成虫まで発育できない品種があるので、これらの品種（キタアカリ、エゾアカリ等）を栽培する。③殺線虫剤で土壌くん蒸処理をする。

（児玉不二雄）

①ジャガイモシストセンチュウによる萎凋症状（児玉）　②根に形成されたシスト（山田）

第15章　サツマイモの病害

サツマイモの病害

15.1 斑紋モザイク病　Internal cork
Sweet potato feathery mottle virus

　このウイルス病はサツマイモのほとんどの栽培地に分布し、多くの系統が同定されていて病原ウイルス名もSweet potato ringspot virus、Sweet potato leaf spot virus、Internal cork virus等いろいろな名前で呼ばれ、複雑ではっきりしないウイルスである。わが国には戦後アメリカから輸入された種いもと共に入ってきたものと思われ、昭和23年千葉県下で最初に発見されたが、強い伝染性のために急速に全国に蔓延し、わが国のほとんどのサツマイモはこのウイルスに感染しているともいわれている。

　病徴　病徴の明瞭なものは展開した葉の葉脈部に沿って淡黄色の羽毛状の輪郭不明瞭な斑紋、あるいは淡黄色の斑点が脈間や葉脈に沿って生じ、夏〜秋になると斑紋の周囲に紫色の輪を生じる。夏の高温時には病徴は消える。また病徴は頂葉にはほとんど現われず古い葉によく出る。罹病しても生育は健全なものと変わらず、収量もとくに差は認められていない。

　病原　病原はサツマイモ斑紋モザイクウイルス *Sweet potato feathery mottle virus*（SPFMV）の Ordinary strain である。このウイルスは *Potyvirus* 属に属し、多くの異名がある。ウイルスの生物学的および生化学的性質は *Potyvirus* そのものであるが、形態的には 850〜880×13 nm の紐状粒子で、典型的な *Potyvirus* より長さがほぼ 100 nm 程長い。宿主範囲は狭くアサガオ等ヒルガオ科植物に全身感染し、モザイクや退緑斑紋を現わす。病原ウイルスについては、わが国では初発見当時から種々の報告があり混乱していたが、系統があり SPFMV の Ordinary strain（普通系統）の場合は、塊根への影響はほとんどなく、収量への影響も見られない。

　生態　伝染源は感染サツマイモでモモアカアブラムシを主体とする有翅アブラムシによって非永続的に伝搬される。試験の結果では、モモアカアブラムシは病植物を5分間吸汁するとウイルスを獲得し、潜伏期間なしに直ちに健全サツマイモにウイルスを伝搬する。南九州での観察結果では、有翅アブラムシのサツマイモ圃場への飛来は、おおむね5〜6月、8〜9月および10月以降にピークが認められる。しかし、保毒虫は8月以降多くなる傾向があるので注意を要する。汁液伝染、接触伝染の可能性はないとされている。

　防除　本病による被害は少ないとされている。しかし生育や塊根の品質が劣るようであればウイルスフリー苗に切り替える。種いもは健全株より採取する。

① 斑紋モザイク病、発生株　② 斑紋モザイク病、葉の症状　③ 斑紋モザイク病、斑紋は葉脈に沿って変色する

15.2 帯状粗皮病　Russet crack
Sweet potato feathery mottle virus, Sweet potato virus G

　サツマイモ斑紋モザイク病は地上部だけに病徴を生じ、塊根には全く病徴が認められないのが通常である（15.1 斑紋モザイクの項参照）。ところが 1980 年代に宇杉は、斑紋モザイク病の試験中に塊根にも症状が現われることがあることに気付き試験を進めた結果、それが同じウイルスの異なった系統によって生じることが明らかになり、帯状粗皮症と名付け発表した。

　病徴　地上部の葉の病徴は斑紋モザイク病と全く同じで、葉では葉脈部に沿って淡黄色の輪郭不明瞭な斑紋を生ずる。ところが、本病に侵されると塊根の表面に細かいざらざらしたひび割れが横縞状に生じ（図 3）、また、深い切込みができ、時にこの部分がくびれる等の症状が見られる（図 4）。この症状を基に帯状粗皮症と名付けられた。このひび割れは表面の浅い層に限られ、塊根の内部に及ぶこともなく、食味にも影響はないが、商品価値を著しく低下させるので被害が大きい。症状には品種間差異があり、高系 14 号、鳴門金時、紅高、ベニハヤト等に発生が多く、コガネセンガン、タマユタカ、ベニアズマでは発生は少ない。なお、宇杉はその後本症を帯状粗皮病と呼び（1993 年刊作物ウイルス病事典）、病名目録もこれを採用した。

　病原　病原は斑紋モザイク病と同じサツマイモ斑紋モザイクウイルス *Sweet potato feathery mottle virus*（SPFMV）であるが、系統が異なり強毒系統 Severe strain である。形態や生化学的性質は普通系統と同じであるが、アサガオでの斑紋病徴が鮮明で、普通系統の不鮮明な病徴と対照的である。また、紐状ウイルス粒子の屈曲度が普通系統より高く、血清関係は認められるが、血清型は異なる。2009 年に山崎らはこの病原にサツマイモ G ウイルス *Sweet potato virus G*（SPVG）が関連することを報告した。SPVG は SPFMV に極めて類似したウイルスで、1994 年に中国で明らかにされた。このウイルスが SPFMV の系統の識別検出法の開発中に大分で検出された。このウイルスの単独感染では、葉等は無病徴で、塊根表皮にわずかな退色が認められる程度であるが、SPFMV-S との重複感染により塊根の粗皮症状の発病程度が高くなることから病原として加えられた。

　生態・防除　生態は斑紋モザイク病に同じ。本病に侵されるとサツマイモの塊根にひび割れを生じ、商品価値を著しく低下させるので防除が重要になる。防除は茎頂培養によりウイルスフリーとした苗を植付けることを基本にする。種いも用のサツマイモは一般の栽培とは別にアブラムシの飛来や発生を防ぐよう厳重に管理する。ウイルスフリー苗は定期的に更新する等常に無病の苗を植付けることが防除の第一である。

① 帯状粗皮病、葉に輪郭不明瞭な斑紋ができる（栃原）　② 斑紋は葉脈に沿って生じる（栃原）
③ 塊根のひび割れ、横縞状に生じる（栃原）　④ 帯状粗皮病、塊根に深い切込みができる（栃原）

15.3 天狗巣病　Witches' broom
Phytoplasma

　本病は沖縄で1947年に初めて発生、1951年に記録発表されたが、当時はウイルスによる病害と推定され、萎縮病とも呼ばれていた。1967年土居らによりマイコプラズマによる病害であることが確認された。ソロモン諸島を含む東南アジア地域で発生し、とくにインドネシアではかなり発生が多い。韓国でも発生が認められている。わが国では沖縄で発生が多い。

　病徴　分枝が多くなり、葉は小葉化して上方に巻き、節間が詰まって株全体が萎縮し、いわゆる、天狗巣症状を呈する。葉面は多少波打ってやや退色する。蔓先は直立し、心葉は変形する。花弁は緑化し、萼片が異常伸長して雌しべが葉化し易い。重症の株は生育が停止して萎縮する。また、節から多数の発根を見ることもある。いもの着生は著しく妨げられ、植付け後、間もなく感染、発病したものは、多少のいもは着生するが、紐状で繊維が多くほとんど食用にならない。

　病原　病原はPhytoplasmaで罹病茎葉の篩管内に存在、形状は径75～1,400 nmの球状～不斉形で2層の限界膜で包まれ、内にリボゾーム様顆粒および核質様の繊維を含む。

　生態　病原はクロマダラヨコバイ *Orosius ryukyuensis* Ishihara によって媒介される。病葉を吸汁したクロマダラヨコバイは3～4週間の長い虫体内潜伏期間を経た後、永続的に病原を媒介する。本病は感染から発病までの潜伏期間が極めて長いのが特徴で、苗および夏季の感染では約2ヵ月後に発病するが、これ以外の感染では3ヵ月を要する。伝染源はサツマイモおよびグンバイヒルガオ等の発病株である。媒介虫のクロマダラヨコバイは沖縄のサツマイモ畑では周年発生しとくに6～10月に多く、被害が大きい。本病は夏季高温時に病徴が明瞭であるが、気温が下がると共に病徴が不明瞭になる。しかし、インドネシア、フィリピン等熱帯地帯では、サツマイモが栽培されていれば、一年中同様に発生する。

　防除　種いもは無病のものを用いる。本病の防除は圃場衛生に注意し、圃場を清潔に保つのが最も効果的で、被害株は発見次第抜取り焼却する。また宿主となる野生の *Ipomoea* 属植物は駆除する。

　〔備考〕　森により報告された縮葉モザイク病は1958年（昭和33）発表当時かなり被害が大きく、旧版に記述・収録したが、1970年頃には山梨県の一部で発生が認められる程度になった。現在では縮葉モザイクと称する病害は、ウイルス未同定のまま消失した形になっている。恐らくSPFMVまたは極めて類似したウイルスであった可能性が高い。

①天狗巣病、被害株　②天狗巣病、罹病葉　③天狗巣病に罹ると葉が極端に小さくなる
④備考に記述した縮葉モザイク病

15.4 黒斑病(こくはん)　Black rot
Ceratocystis fimbriata　（Ellis & Halsted）Elliott

サツマイモの中で最も恐ろしい疫害とされ、東南アジア、太洋洲の諸国を含め、世界的に広く分布している。わが国では、第二次世界大戦および戦後の食糧不足の時代、サツマイモの増産が叫ばれた時、本病によって壊滅的な被害を受けた地方も少なくなかった。最近サツマイモの栽培面積が減少し本病による被害の減少はしているが、いまだに全国的に分布しており、時として大きな被害を与えている。

病徴　苗にも発生するが主にいも（塊根）を侵す。最も被害の大きいのは貯蔵中のいもで、貯蔵いも全部が本病に侵され全く利用できなくなることも珍しくない。苗では地下部や地際部に黒い病斑ができ、拡大して茎を取巻くと苗が枯れたり、その新葉が黄変する。定植後は地中の蔓、ことにその先端に黒色の病斑ができる。塊根では丸い黒色の病斑ができる。掘取りの時すでに発病しているものもあるが、貯蔵中に発病することが多い。病斑の大きさは普通2～3 cm 大であるが、しばしば融合して大きな病斑になる。病斑の部分は凹んでいて切断してみると内部のかなり深い所まで変色している。この部分は有名な毒性物質イポメアマロンが蓄積していて、甚だしい苦味があって食用にならない。家畜に与えても害があり中毒を起こすことがある。なお塊根の病斑の中心部に黒い短い毛のようなものが密に現われることがある。これはこの菌の子のう殻の細長い頸が病組織中から突出したものである。

病原　病原は子のう菌の不整子のう菌綱に属する糸状菌で分生子、厚壁胞子および子のう胞子を作る。分生子は菌糸の一部から生じた分生子柄の先端に形成され、円筒形で無色、単胞、大きさ 9～50×3～5 μm である。厚壁胞子は褐色～暗褐色、卵形～楕円形で表面は平滑、単胞、大きさ 9～18×6～13 μm である。子のう殻は細長い 900 μm にも達する頸を持ったフラスコ形の特徴のある形態を有し、成熟した子のう胞子を頸孔からゼラチン物質と共に放出する。

生態　病いもの病斑の菌糸によって越年する。病いもを翌春種いもとして使用すると病原菌は苗を侵し、これを定植すると畑での被害の原因となる。病原菌はいもの傷口、ハリガネムシ、ネズミ等の食痕から侵入することが多い。いもの貯蔵庫は本菌の繁殖に極めて好条件で、貯蔵中に最もよく蔓延する。また粘質、湿潤な土地では土壌中に菌が残って越冬することもある。圃場での生存期間は 1 年程度といわれている。発病は 15～30℃で起こり、25℃が最適、10℃以下または 35℃以上では発病しない。また本菌は高温には弱く 45℃で 30 分、47～48℃で 10 分、50℃では 5 分以内に死滅する。

防除　種いもは無病のものを用い、さらに安全を期すため床伏せ直前に種いもを 47～48℃の温湯に 40 分間浸漬する。苗床の床土は無病土を用いて更新するが、無病度が

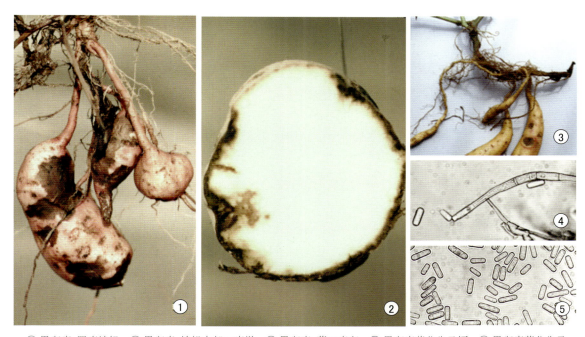

① 黒斑病、罹病塊根　② 黒斑病、塊根内部の病徴　③ 黒斑病、蔓の病斑　④ 黒斑病菌分生子柄　⑤ 黒斑病菌分生子

サツマイモの病害

完全に保証されないか、病原菌の混入の恐れがある場合はクロルピクリン剤で床土の消毒を行う。このようにして育苗した苗は、これまで本病の被害を受けた地域では念のため、採苗の際種いもから3cm以上残して切る。また苗は定植前に下端の1/3を47〜48℃の温湯に15分間浸漬するか、ベノミル剤、チオファネートメチル剤、チウラムベノミル剤等に浸漬して植付ける。収穫したいもは貯蔵中本病の蔓延を防ぐため、貯蔵前にキュアリングを施す。キュアリングは30〜33℃湿度90％の状態に5日間置いて行う。キュアリングマットを利用した庭先キュアリングも効果が高いといわれている。

一度発生した圃場では、土壌伝染するのでクロルピクリン剤で土壌消毒をする。また、品種によって抵抗性に差があり、農林2号、ベニコマチ、護国藷等は弱いので、このような弱い品種の栽培は避ける。

15.5 黒星病（くろほし）　Black spot
Alternaria bataticola Ikata ex W.Yamamoto

病徴　葉、葉柄、茎に発生する。葉では初め褐色〜黒色、1〜2mmの大きさの斑点であるが、後に拡大して3〜5mm位の大きさになり、色は淡褐色〜灰褐色に変わり、輪紋を生ずる。病斑の輪郭は明瞭でわずかに黄色を呈する。病斑の多い葉は黄変して落葉する。葉柄や茎の病斑は褐色〜黒色でやや凹んでいて、多発すると葉が枯死する。

病原　病原は不完全菌の叢生菌目（Hyphomycetales）に属し分生子を作る。分生子柄は単生または数本叢生し、少数の隔壁があり褐色を呈する。分生子は長棍棒状で先端は非常に細長くなった特徴のある形態を示す。淡褐色〜濃褐色で5〜12の横隔壁およびまれに縦隔壁があり96〜208×13〜28μm（細長い嘴部は16〜128×3〜6μm）である。なお、病原は最初 *Macrosporium bataticola* Ikata とされていた。

生態　被害茎葉について菌糸で越冬し、翌春分生子を形成し伝染する。また種いもについていて発生源になる。全生育期間を通じて発生するが、茎葉の生育が止まり、収穫期に近づくと多発する。

防除　本病に対する抵抗性には明らかに品種間差があり護国、源氏、太白、農林2号等は弱く、農林1、3、4、5、6号、沖縄100号等は強いので、発生が多く被害を蒙るような地域では、これら抵抗性の強い品種を栽培する。

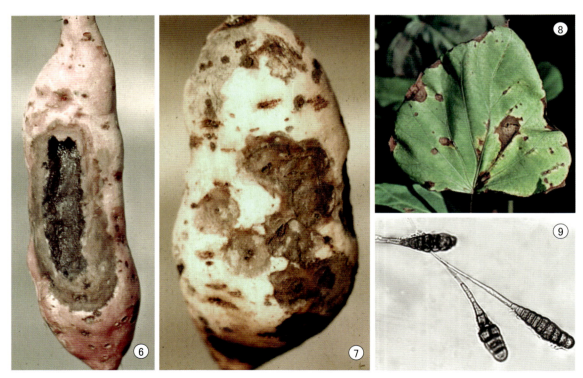

⑥ 黒斑病、ネズミの食痕からの発病　⑦ 黒斑病の病斑、ハリガネムシの食痕からの発病
⑧ 黒星病の病斑　⑨ 黒星病菌分生子

15.6 蔓割病(つるわれ)　Stem rot
Fusarium oxysporum Schlechtendal f.sp. *batatas*（Wollenweber）W.C. Snyder & H.N. Hansen

植付け後から発生し始め真夏に最もひどくなる。

病徴　本病に侵されると初め下葉から黄変し、古い葉から順次落葉し先端の若い葉が黄色になって残る。茎は地際より褐変する。また品種、条件によって生育は止まるが落葉するに至らず、節間が短くなり、新芽が叢生し萎縮したようになる。このような株の地際部は膨れて縦に裂け、そこに淡紅色のかびを生ずる。後にこの部分は裂開して繊維状になり典型的な蔓割れ症状を示す。植付け直後に発病すると枯死して欠株になる。掘取り期近くに罹病した株は、蔓元からなり首までの導管が褐変するが、外観はとくに変わった症状は見られない。ただ、少し早い時期に感染したものでは、なり首近くに亀裂を生じ、いもの内部の導管が褐変している。

病原　糸状菌の一種で不完全糸状菌（Hyphomycetes）に属する。大型、小型二種の分生子と厚壁胞子を作る。小型分生子は単胞で無色、楕円または卵形で短い分生子柄上に擬頭状に形成する。大型分生子は無色、三日月形で $25\sim50\times2.7\sim4\ \mu m$、$3\sim5$ の隔壁がある。厚壁胞子は淡褐色〜褐色、球形で壁が厚く $7\sim10\ \mu m$ で菌糸の先端に形成され土壌中で長く生存できる。本菌は病原性の分化が明瞭でサツマイモおよびセイヨウアサガオだけを侵し、他の作物には被害を与えない。温度 $12\sim35\ ℃$ で侵入・発病し、最適温度は $30\ ℃$ 前後である。

生態　病原は被害植物残渣中の厚壁胞子または菌糸の形で土壌中で越冬する。翌年このような土壌に苗を植えると、苗の切口や細根の傷口等から越冬した菌が容易に侵入し発病する。また、前年度の収穫間際に感染した株では外観上異常がなくても、いもの導管部に菌糸の形で潜在していて越冬する。このようないもを種いもとして苗床に伏込むと、病原菌はいもから萌芽した苗に移行する。このよう苗を切取って植付けると、後に本圃で発病枯死するだけでなく苗を切取る際、苗取り用の鋏やナイフを通じても健全苗に伝染、発病する。本病に対する抵抗性は品種によって差があり、良質の味を持つベニコマチは非常に弱く被害も大きい。また、紅赤、コガネセンガン、ベニアズマ等も弱い。高系14号、タマユタカ等は抵抗性が強いので発病の恐れがある土地では、このような品種を栽培する。

防除　前年発病を見た土地での連作は避ける。本病の防除は健全苗を移植することが基本であるから、種いもは無病の健全ないもを使用する。また、苗は切取った後ベノミル剤または非病原性フザリウム・オキシスポルム剤に浸漬して植付ける。発病圃場は必要に応じてクロルピクリン剤で土壌消毒を行う。

〔備考〕日本植物病名目録では、本病の病原として *Fusarium solani*（Martius）Saccardo も挙げられているが、この菌だけでどの程度の被害があるのか、病徴も全く区別できないのか詳細な報告は見当たらない。

① 蔓割病、被害株　② 蔓割病、地際部の症状　③ 蔓割病、末期の症状

15.7 立枯病　Soil rot
Streptomyces ipomoeae (Persoon & Martin 1940) Waksman & Henrici 1948

　本病の発生が知られているのは、アメリカ合衆国およびわが国位で、比較的発生範囲は狭いようである。アメリカではかなり古くから発生していたようであるが、病原が放線菌に属していたこともあり、研究はあまり進まなかった。わが国では、関東以西の各地で発生はしていたものの、病原が長い間決定されず、1986年になってようやく病原と病名が決定された病害である。

　病徴　苗の植え付け後蔓の生育が不良となり、葉は黄化しさらに紫紅色になり枯死する。このような株の根は黒色に腐敗し脱落、地下部の茎には黒褐色〜黒色の円形〜不整形の陥没した病斑ができる。発病の軽い場合、苗は生育するが日射の強い昼間は萎れ、葉は遠くから見ると生気がなく、銀色がかって見える。

　収穫されたイモの表面に、ほぼ円形で周縁明瞭な黒色の病斑ができている。病斑は古くなるとやや凹み、コルク化して潰瘍状病斑になる。病斑は内部へは拡大せず、表面数mmに止まるが、*Fusarium solani* (Martius) Saccardo f.sp *radicicola* (Wollenweber) Snyder & Hansen による潰瘍病の病徴とよく類似していて、混同され、潰瘍病と呼ばれたこともあった。

　病原　病原は細菌の一種で放線菌類に属する。グラム陽性で真正菌糸を作る。細胞壁には Streptomycetes の特徴である LL-ジアミノピメリン酸を有し、メラニン様色素は産生しない。気中菌糸を旺盛に形成、連鎖した分生胞子を作る。胞子鎖はスパイラル時にオープンループ、まれに分岐。胞子数は 6〜19、胞子は卵形〜楕円形で表面は平滑、大きさは平均 1.9×1.0 μm、発育温度は 20〜45 ℃、最適温度は 30〜35 ℃でサツマイモに病原性を示す。

　生態　病原の *S. ipomoeae* は土壌伝染性で、宿主はなくても、土壌中で単独で数年生存することができる。宿主範囲はサツマイモの他、アサガオを含むヒルガオ科の植物と考えられるが、これら植物の役割についての情報は少ない。苗による伝染はない。土壌の pH 5.6 以上で発生が多くなり、4.8 前後の微酸性で抑制される。また高温の 25 ℃以上、とくに 35 ℃で発生が激しいので、地温が高くなるマルチ栽培で発生が多くなる。また、土壌が乾燥する程発生がひどい。本病の土壌汚染は地表から 15 cm の深さが激しく、25〜30 cm の深さでも汚染されている場合がある。

　防除　病原は単独で土壌中で数年生存が可能であるから 2〜3 年の輪作では発病を軽減することはできない。したがって発生圃場は土壌消毒を行う。土壌消毒にはクロルピクリン剤が有効で、マルチ畦内に 30 cm 間隔で 10〜15 cm の深さに 3 ml 注入し、ガス抜きは行わず、7〜10 日後に苗を植え付ける。免疫の品種はないが、ベニアズマは強く、高系 14 号は弱い等品種の抵抗性に差があるので、発病の軽い圃場では、抵抗性の強い品種を栽培する。発病は pH 5.6 以上の中性に近い土壌が多いので、このような土壌では石灰の施用を中止し、硫安、過燐酸等土壌を酸性にする肥料を施す他、地温の上昇を防ぐような栽培方法も防除に有効である。

①立枯病、発生圃場　②立枯病、末期の症状　③立枯病、被害株　④立枯病、根の症状

15.8 縮芽病(しゅくが)　Scab
Elsinoë batatas Viégas & Jenkins

サツマイモの葉に発生する病害の中では、最も被害の大きい病害で、インドネシア、フィリピン等を始めとしアジア各国および南太平洋の島々、さらにはブラジル等広い範囲に発生、とくに多雨、多湿の地域での発生がひどい。わが国では南西諸島奄美大島や九州南部に発生する。

病徴　最初の病徴は、葉脈上に褐色の小さな斑点を生じる。この斑点は徐々にわずかではあるが拡大、コルク化し白色を呈する。葉脈は縮み、その結果、葉は曲がり縮む。このような病徴から縮芽病の病名が付けられた。茎の病斑はやや盛り上がり紫〜褐色を呈し、後融合して瘡痂状(scab)の病斑になる。ひどく侵された株は蔓が異常に曲がりくねり、塊根の着生は少なくなる。

病原　病原は子のう菌類、小房子のう菌綱のドチデア目に属する菌で、不完全世代は *Sphaceloma batatas* で沢田によって1931年に台湾で初めて記載され、1943年にJenkinsによって完全世代の *Elsinoë* が発表された。完全世代の形成は極めて少なく、日本ではまだ記録されたこともなく、世界的に見ても *Elsinoë batatas* に関する報告は極めて少ない。

分生子と子のう胞子を作る。細胞間あるいは細胞内菌糸が集まって表皮下に分生子層を形成し分生子柄上に小型分生子と大型分生子を生成する。小型分生子は大きさ 2〜3 μm でほぼ球形、大型分生子は卵形〜長楕円形で大きさ 5.3〜7.5×2.4〜4.0 μm。高い湿度の下で小型分生子は大型分生子に生長するといわれている。完全世代が観察された事例は極めて少ないが、Jenkins らによれば、病斑の表皮下に暗灰色の子座を作り、その中にほぼ球形、大きさ 15〜16×10〜12 μm の子のうを形成する。子のうの中には無色で隔壁のある大きさ 7〜8×3〜4 μm の子のう胞子 4〜6 個を生じる。

生態　明らかでないが、他の *Sphaceloma* による病害(例えばラッカセイ瘡痂病)と同じような生態と考えられる。すなわち、罹病植物残渣上で分生子や菌糸の形で生存し、これが伝染源になって次の作付けで拡がる。高温で多雨湿潤な気象条件が本病発生の最大の要因であるので、このような気象条件の東南アジア諸国、例えばインドネシア等で著者はしばしば発生を目撃している。ここに掲げた写真はいずれもインドネシア・ボゴールで撮影したものである。したがってこれらの地域でのサツマイモの栽培では、本病の発生に十分注意しなければならない。これまで試験研究の事例が極めて少ないこともあり、病原菌の宿主範囲も明らかでないが、他の *Sphaceloma* 同様宿主範囲は狭いと考えられる。

防除　本病の生態を考慮すれば、被害作物残渣を圃場および周辺に残さないことが防除の基本である。また、植付ける苗は無病で健全なものを用いる。恐らく品種によって抵抗性が異なると思われる。

①縮芽病　②縮芽病、茎の病斑　③縮芽病、古い病斑は白くなる

15.9 紫紋羽病(むらさきもんぱ)　Violet root rot
Helicobasidium mompa Tanaka

全国至る処に発生する古くからよく知られた土壌伝染性の病害である。わが国だけでなく韓国、中国、台湾を始め東南アジアでよく発生する。

病徴　塊根の他根および地際の茎に発生する。普通掘取りの時に発見することが多い。被害塊根の表面に紫褐色の木綿糸大の菌糸束が網状にまつわり付いている。病気が進んだものは網状の菌糸束が密になってフェルト状の被膜と共にはげて澱粉組織を露出する。地際の茎にも同様の紫褐色の菌糸束がまつわり付く。このように発生がひどい場合には、地上部も衰弱し発育不良となり、葉は黄化する。

病原　糸状菌の一種で担子菌類の菌蕈綱、キクラゲ目に属し担子胞子および菌核を作る。担子胞子は菌糸塊(子実体)の上に形成された担子のう上に作られる。担子のうは無色、円筒状で4胞からなり、大きさ 25〜40×6〜7 μm で一方に曲がり各胞から小柄を生じる。小柄は無色円錐形である。担子胞子は無色単胞、卵円形で大きさ 16〜19×6.0〜6.4 μm である。この担子胞子は主に雨季に形成され 17〜35℃で発芽するが伝染力は弱く感染源としての役割はほとんどない。菌核は 1.1〜1.4×0.7〜1.0 mm 大で紫紅色を呈し、土壌中でも4年以上伝染力を保持している。実際に感染に関係があるのは菌糸束で、これから表皮に侵入子座を作って侵入する。この菌は非常に多犯性で、サツマイモの他ダイズ、コンニャク、ニンジン、アスパラガス等の畑作物、野菜、および果樹、樹木、飼料作物等 50 科 120 種に及ぶ作物を侵す。

生態　病原菌は菌糸、菌糸束および菌糸塊(菌核を含む)の形で土壌中、植物根上または植物被害残渣上で生存する。サツマイモが定植されると、これらの生存菌は土壌中を菌糸が伸長して根に到達し根面に定着する。定着した菌糸は菌糸束を形成して根面を網目状に生育、塊根が肥大するにつれて密度を増し、フェルト状になって表面を覆う。さらに菌糸は密度を増して偽柔組織状の侵入座を形成、これからさらに菌糸束を伸ばしてコルク層を貫通して澱粉組織に達する。この侵入に際して病原菌はイタコン酸を産生してペクチン分解酵素の活性を高め、澱粉組織を溶解、このために塊根は徐々に腐敗する。本病菌は宿主に着生して養分を取らなくても、未分解有機物を栄養源として旺盛に生育できるので、未分解有機物の多い新しい開墾地で発生が多いが、熟畑化して未分解有機物が少なくなると発病し難くなる。桑園跡や果樹園で発生が多いのも未分解有機物が多いためである。また重粘土よりも軽しょうな火山灰土で多発する傾向がある。土壌pHは 6.0 付近、地温 22〜

① 紫紋羽病、初期の症状　② 紫紋羽病、重症の塊根　③ 紫紋羽病菌菌糸束　④ 紫紋羽病菌侵入座(鈴木)

27℃で多発する。病原菌の垂直分布は地表下60cmまで認められ、0～40cmの範囲が密度が高いといわれている。

防除　①発病のひどい所では、少なくとも5年以上の休閑か他の作物と輪作する。ただ、病原の宿主範囲が広いので、輪作の対象作物は慎重に選ぶ必要があるが、2～3年イネ科作物との輪作は有効である。②また早生種を栽培して早掘りをすると、若干被害を回避することができる。③発病が局部的である時はその部分の病土を除いて客土するか、焼土またはクロルピクリン剤を注入して土壌消毒を行う。

15.10　白紋羽病 (しろもんば)　White root rot
Rosellinia necatrix Prillieux

病徴　発生がひどい場合には、地上部は生育不良になり葉が黄化して落葉することもあるが、普通地上部には病徴は現われず塊根だけに病徴が見られる。紫紋羽病と同じように菌糸が網目状に塊根の表面にまつわり付くが菌糸の色は白色ですぐ区別できる。また紫紋羽病のように病勢が進んでも菌糸束はフェルト状の被膜を作ることはほとんどない。

病原　病原は糸状菌であるが、紫紋羽病とは異なり子のう菌類の核菌綱（Pyrenomycetes）、クロサイワイタケ目（Xylariales）に属す。分生子および子のう胞子を作る。ただし、サツマイモでは普通分生子も子のうもほとんど形成されない。分生子はクワその他木本類で病勢が進み、宿主が完全に腐朽した後に形成される。分生子は菌糸塊または菌核上に束生した分生子柄上に形成され大きさ 2～3 μm、無色、単胞、卵形である。子のう殻は黒色球形で菌層上に生じ直径 1～1.5 mm で普及した組織上に群生する。子のうは無色、棍棒状または円筒形で大きさ 220～300×5～7 μm、長い柄を有する。子のう胞子は暗褐色、単胞、紡錘形で 42～44×4～6.5 μm、子のう中に8個一列に並んで形成される。紫紋羽病同様宿主範囲は広く、サツマイモの他ナシ、モモ等の果樹類、カシワ、クヌギ等の木本類、ソラマメ、サトイモ、ダイズ、チャ、ラミー等多くの作物を侵す。

生態および防除　紫紋羽病同様、菌糸塊、菌核によって土中で越冬し、根を伝って順次蔓延する。紫紋羽病は開墾直後の未分解有機物に富む未熟畑土壌に多かったが、白紋羽病は逆に開墾後数年を経過し熟畑化した土壌に多く対照的である。病原菌の発育限界温度は 11～30℃、発育最適温度は25℃、発育最適pHは5～6といわれている。防除は15.9 紫紋羽病に準じて行う。

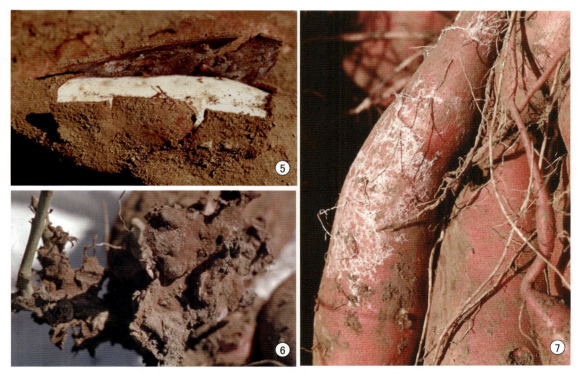

⑤紫紋羽病、罹病塊根の表皮　⑥紫紋羽病、菌糸塊　⑦白紋羽病

15.11 黒痣病　Scurf
Monilochaetes infuscans Ellis & Halsted ex Harter

　1890年アメリカ・ニュージャージー州で初めて記載された病害で、アメリカでは広く分布し、またハワイ、オーストラリアにも発生する。わが国でも古く1909年に九州で発生が報告されている。

　病徴　塊根および茎の土中にある部分に発生する。普通盛夏後より発生し始め、収穫期にかけてひどくなる。初め表面に淡褐色の小さな斑点ができ、後拡大して黒褐色～黒色になる。病斑はしばしば融合して大きくなり、時には塊根全体を覆うこともある。本病は黒斑病と異なり、表面の皮の部分だけが黒色となり、内部まで侵されないから実害は少ないが商品価値が著しく減少する。また貯蔵すると水分を失って皺を生じる。

　病原　病原は不完全菌の不完全糸状菌綱（Hyphomycetes）、暗色線菌科（Dematiaceae）に属し、分生子だけを形成する。分生子柄は通常分岐せず、褐色、長さ40～175 μmで、2～3の膨らんだ細胞を有する。分生子は単胞、楕円形、初め無色、古くなると淡褐色を呈し大きさ12～20×4～7 μmである。形成された分生子は成熟しても分生子柄から離れず10～25も連なっていることがある。

　生態　菌糸が塊根に付いて越冬、翌年罹病塊根を用いて苗を作り本圃に移植すると、苗から新しい塊根に伝染する。この他土中の残根に付いても越冬する。病原菌は6～32℃で生育し、アルカリ性土壌で発育良好である。

　防除　①無病の種いもを使用する。②苗はあまり根元から切らず、少なくとも5 cm以上、上から切る。③切取った苗は黒斑病に準じて温湯消毒をするか殺菌剤で苗の切り口を処理する。④畑の排水をよくし湿気の多い土地では高畦にする。

15.12 軟腐病　Soft rot
Rhizopus stolonifer（Ehrenberg）Vuillemin var. *stolonifer*, *Rhizopus tritici* Saito

　病徴　主に貯蔵中に発生する。傷口から発生。その部分は暗色になり、次第にいも全体が軟化腐敗する。本病に罹り軟化したいもはアルコール様の芳香を有する。また、いもの表面には白色、綿毛状の菌糸を密生する。

　病原　病原は接合菌類、ケカビ目に属する菌で、隔壁がない菌糸、すなわち無隔菌糸のグループで、胞子のう胞子およびまれに接合胞子を作る。胞子のう胞子は、菌糸の一ヵ所から数本叢生した胞子のう柄の先端に形成された暗褐色、球形の胞子のうの中に無数に生じ、灰色～褐色でレモン形、大きさ11～14 μmである。接合胞子は有性繁殖器官として性の異なった2本の気中菌糸から伸びて接合した、表面平滑な等接合支持柄の間に形成され、黒色、亜球形である。病原は長い間 *Rhizopus nigricans* とされていたが、最近 *R. stolonifer* となり *R. nigricans* はそのシノニムとして取扱われるようになった。*R. stolonifer* の生育適温は18～32℃で、低温の時に本病を起こし、高温の時には生育適温が33～36℃と高い *R. tritici* によって起こることが多いとされている。なお最近は、*R. tritici* は *R. oryzae*, *R. javanicus*, *R. nodosus* 等多くの種と共に *Rhizopus arrhizus* var. *arrhizus* のシノニムとして取扱われるようになった。

　生態　この菌の胞子は空気中、土壌中等至る処に無数に存在し、傷口から侵入、いもの生活力が弱くなっている時に発生する。

　防除　堀取りの時傷をつけないように注意する。また黒斑病の防除を兼ねてキュアリング（温度33℃、湿度90～95％、5～6日間）した後、貯蔵すると本病の発生を抑制できる。

 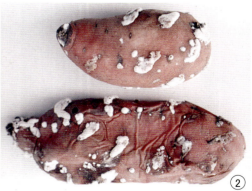

①黒痣病、被害塊根　②軟腐病、被害塊根

15.13 角斑病（かくはん）　Cercospora leaf spot
Pseudocercospora timorensis (Cooke) Deighton

熱帯、亜熱帯を中心に発生し、わが国では鹿児島奄美で発生が認められている病害である。

病徴　葉だけに発生する。病斑は不整形、初め黄褐色で周辺不明瞭、多少角ばっている。時に葉脈に限られ中心部は灰色になるが、一様に褐色を呈することもある。病斑の大きさは8mm前後のものが多い。

病原　不完全菌類の叢生菌目（Hyphomycetales）に属す。病原名は当初 *Cercospora timorensis* Cooke で1886年に発表されている。その後1904年に発表された *C. batatae* Zimmerman はこの菌のシノニムとされた。現在は分生子の離脱痕の形態から *Pseudocercospora* 属に移されている。わが国では本病を命名した木場はその著書の一覧表に病原名 *Cercospora batatae* を記載しただけで、菌の形態等の記載は全くない。その後、1954年に香月が鹿児島奄美大島で採集し、初めて記載した。その記録によれば、病原は葉の裏面に形成され子座は貧弱、分生子柄は真直ぐまたはわずかに屈曲し分岐する。幅は均一で淡緑褐色を呈する。分生子は円筒状真直ぐまたは若干曲がる。5〜7の隔壁があり、隔壁部でわずかにくびれる。無色〜淡いオリーブ色を帯び、大きさ 47〜50×3.7〜4.5μm。宿主はサツマイモおよびノアサガオで東チモール、メラネシア、アフリカ、日本に分布とある。

生態　本病は高温・多湿の条件下でよく発生すると思われる。また病原菌は罹病植物残渣で生存し、分生子が風雨によって運ばれ拡がると推定されるが確実な報告はない。

防除　防除に関する報告も見当たらないが、とくに防除の措置を講ずる必要がある程の多発生はほとんどないと思われる。

〔備考〕ここに挙げた病徴は、筆者が1992年4月CIP理事会の際にインドネシア・ボゴールにある中央農研（LP3）で撮影したもので、顕微鏡下で *Cercospora* の胞子を確認したが、形態等については詳細な調査は行っていない。しかし、病徴等から判断して *Cercospora timorensis* が病原と推定している。なお、海外の文献等によれば、サツマイモを侵す *Cercospora* はこれまで述べた以外にもあり、単一ではないようである。病徴も円形で周縁褐色、中心部灰色の白星症状を示すものもあり、病原は *C. bataticola* (syn. *C. ipomoeae*) 等が挙げられている。

① 角斑病、発生状況　② 角斑病、葉表の病徴　③ 角斑病、葉裏の病徴

15.14 斑点病　Phyllosticta leaf blight
Phyllosticta batatas（Thümen）Cooke

アメリカおよび西インド諸島では一般的に見られる病害で、わが国では中田によって初めて紹介され、九州地方に多いとされていて、サツマイモでは一般的で広く分布する病害のようである。しかしながらわが国では経済的な実害もないことから、全く注目を浴びておらず生態的な研究成果等ほとんどない。

病徴　主に葉に発生し、円形で大きさ5mm前後の病斑を作る。病斑の周縁はやや隆起して褐色～紫褐色、内部は灰色～淡褐色を呈し、その上に黒色の小点（柄子殻）を散生する。古くなった病斑は破れて穴があくことがある。

病原　病原は不完全菌スファエロプシス目に属し、病斑上に黒色点状、大きさ 100～125 μm の柄子殻を多数形成する。柄子殻の中には無色、単胞で卵円形または長円形の柄胞子を多数生じる。柄胞子の大きさ 2.6～10.0×1.7～5.8 μm である。

生態　柄子殻が被害部について越冬、翌年これに生じた柄胞子によって伝染する。発生は秋に多く、とくに降雨が多い時に発生がひどい。

防除　とくに防除を行う必要はないが、カリ肥料を多く施すと発病が少なくなるといわれている。

〔備考〕病名目録には *Septoria bataticola* による白星病が記載されており、アメリカでも Leaf spot の病名で紹介されている。文献上では斑点病に極めて類似していて、病斑の大きさがやや小さい（径 3 mm 程度）こと、病斑上に形成される柄子殻がやや小さく数も少ない程度で、柄子殻の中の柄胞子を確認しない限り区別できないようである。白星病の場合、柄胞子は線状、長さ 60 μm 前後でかなり長く、3～7 の隔壁があるので、検鏡すればすぐ区別できるようである。しかし発病が少ないこともあって、筆者はまだ現物を見たことはなく、前述の角斑病も含めて病徴が極めてよく似ており、同定には注意する必要があろう。

①斑点病、標準型の病斑　②斑点病の病斑は品種によって異なり褐斑になるものもある
③斑点病、比較的大型の病斑

15.15 根腐線虫病（ねぐされせんちゅう）　Root lesion
Pratylenchus coffeae (Zimmermann) Filipjev & Schuurmans Stekhoven

線虫による作物の被害については、古くから病気と見なし病名を付して、旧版の中にも収録した。近年日本線虫学会ならびにアメリカ植物病理学会では、植物の病気ということは意識せず、線虫の名前とその学名だけを表示する形式に変更した。このこともあり、日本植物病害大事典等では、線虫による被害は収録せず、また作物の病害虫の診断書等では病害の項でなく害虫の項に収録されている。しかし、日本植物病理学会では日本植物病名目録を出版する際に（初版 2000 年）、植物への被害が明確な線虫については採録することとし、従来どおり〇〇〇線虫病として収録されている。本書においても旧版では線虫による被害を病害として収録した経緯もあるので、重要なものについては病名目録に従った標記で収録した。ここに挙げたサツマイモ根腐線虫病もその一つである。

サツマイモに寄生するセンチュウは 8 種が記録されており、その中で被害が大きいものとして、サツマイモネコブセンチュウ等による根こぶ線虫病と、以下に述べるミナミネグサレセンチュウによる根腐線虫病が記載されている。

病徴　根腐線虫病は根が侵される。植付け後早い時期に発生すると、根（細根）は、初め淡褐色、後に黒色の 1 cm 大の病斑ができる。被害がひどい時には腐敗して根腐れ症状を呈し、表皮細胞は脱落して中心柱だけが残り枯死する。このため地上部は生育不良になり、葉は黄変して早く落葉する。塊根の肥大が始まって後に侵されると、黒褐色、不整形の斑点を生じ亀裂ができ、場合によっては表面が腐る。このようないも（塊根）は表面がざらざらになり品質は低下し、商品価値は著しく劣り販売は不可能になる。

病原・生態　ハリセンチュウ目に属する線虫で、雌、雄共に幼虫から成虫まで細長い糸状で、成虫の体長は 0.5〜0.9 mm、体幅は 0.02 mm 程度である。卵は楕円形、孵化幼虫は成虫の約半分の大きさである。口針は短いがよく発達し、口針節球が大きい。寄主範囲は極めて広く、イモ類、ウリ類、ネギ類、マメ類、ナス類等を加害し、関東以西に広く分布する。冬の間は植物根の残渣や土壌中で卵、幼虫、成虫の各態で生存している。幼虫は根を食害しながら発育し、3 回脱皮して成虫になる。幼虫、成虫共作物へ感染能力を有し、根に侵入した線虫は柔組織を摂食しながら成長し、根の組織を破壊する。根が壊死すると土壌中に遊出し、新しい根に侵入する。好適な条件では 30〜40 日で一世代を経過する。

防除　寄生範囲が極めて広いので加害のひどい宿主作物の連作を避け、輪作体系を組立てる。ラッカセイ、クロタラリアは輪作によってミナミネグサレセンチュウの密度を抑えることができる対抗植物である。発生の多い畑では、植付け前に殺線虫剤による土壌消毒を行う。

① 根腐線虫病被害根　② 根腐線虫病、被害根の症状　③ 根腐線虫の頭部　④ 根腐線虫の卵

病原名・英病名索引

A

Acidovorax avenae subsp. *avenae*
　　　　　　　　　　　　17, 106
acid scab　　　　　　　　　　225
Acrocylindrium oryzae　　　　39
Alfalfa mosaic virus（AMV）
　　　　　　126, 127, 128, 170, 171
Alfamovirus　　　　　　127, 171
Alternaria bataticola　　　　238
Alternaria oryzae　　　　　　16
Alternaria padwichii　　　　　42
Alternaria solani　　　　　　228
angular leaf spot　　　　　　157
Anguina tritici　　　　　　　74
anthracnose
　　　88, 98, 111, 146, 158, 176, 192
Aphanomyces euteiches　　　193
apical ring　　　　　　　　　82
Aphalenchoides besseyi　　 41, 42
Aphalenchoides oryzae　　　　41
Aplanobacter hordei　　　　49, 50
Ascochyta blight　　　　　　190
Ascochyta fabae　　　　　　200
Ascochyta leaf spot　　160, 176, 214
Ascochyta phaseolorum
　　　　　　　　　　160, 174, 176
Ascochyta pisi　　　　　　　190
Ascochyta sp.　　　　　　　214
Athelia rolfsii　　　　　　　207
Aucuba mosaic　　　　　　　220
Azuki bean mosaic virus　　126, 170

B

Bacillus solanacearum　　　　206
bacterial black node　　　　　49
bacterial blight　　　　131, 155, 188
bacterial brown stripe　　　 17, 106
bacterial grain rot　　　　　　13
bacterial leaf blight　　　　14, 49
bacterial leaf streak　　　　　18
bacterial palea browing　　　　16
bacterial pustule　　　　　　130
bacterial seedling blight　　　17
bacterial soft rot　　　　　　222
bacterial stem rot　　　　172, 187
bacterial stripe　　　　　　94, 106
bacterial stripe blight　　　49, 85
bacterial wilt　　　　　　206, 221
Bacterium phaseoli　　　　　155
Badnavirus　　　　　　　　11
Bakanae disease　　　　　　　34
Balansia oryzae-sativae　　　　37
barley false stripe　　　　　　47
barley scald　　　　　　　　76
barley stripe　　　　　　　　63
Barley stripe mosaic virus（BSMV）
　　　　　　　　　　　　　47
Barley yellow dwarf virus（BYDV）
　　　　　　　　　　　　　84
Barley yellow mosaic virus（BaYMV）
　　　　　　　　　　　　　45
basal glume rot　　　　　　　49
basal stem rot　　　　　　　140
Bean common mosaic virus（BCMV）
　　124, 126, 127, 128, 152, 164, 170,
　　　　　　　　　　　　171, 205
Bean yellow mosaic virus（BYMV）
　　126, 127, 152, 170, 171, 184, 196
Bipolaris maydis　　　　　108, 109
Bipolaris sorghicola　　　　 96, 99
Bipolaris sorokiniana　　　　60, 61
Blackeye cowpea mosaic virus　170
black choke　　　　　　　　　37
black leg　　　　　　　　　223
black rot　　　　　　　　　237
black scurf　　　　　　　　229
black spot　　　　　　　　　238
black-streaked dwarf　　　　　3
blast　　　　　　　　　　20, 91
blue mold kernel rot　　　　　113
Blumeria graminis　　　　　　73
Blumeria graminis
　f.sp. *hordei*　　　　　　　73
　f.sp. *tritici*　　　　　　　73
Botryotinia fuckeliana　　　　161
bordered sheath spot　　　　　28
Botrytis cinerea　　161, 180, 192, 198
Botrytis elliptica　　　　　　198
Botrytis pod-rot　　　　　　192
Botrytis fabae　　　　　　　198
Broad bean necrosis virus（BBNV）
　　　　　　　　　　　186, 197
Broad bean wilt virus（BBWV）
　　　　　　　124, 164, 184, 196
brown leaf spot　　　35, 160, 209
brown rot　　　　　　　　　221
brown rust　　　　　　　　　58
brown sclerotium disease　　　29
brown sheath blight　　　　　28
brown spot　　　　　　　24, 200
brown stem rot　　　　　144, 178
brown stripe　　　　　　　　120
brown stripe downy mildew　　116
browning root rot　　　　　　119
bunt of wheat　　　　　　　　68
Burkholderia andropogonis　94, 106
Burkholderia gladioli　　　　　13
Burkholderia glumae　　 13, 17, 42
Burkholderia plantarii　　　　17
Bymovirus　　　　　　 6, 45, 46

C

cadang-cadang　　　　　　　10
Calonectria crotalariae　　139, 140
Calonectria ilicicola　　　139, 210
Carlavirus　　　　　　　217, 218
Cephalosporium gramineum　　80
Cephalosporium stripe　　　　80
Cerabella　　　　　　　　　101
Ceratobasidium cornigerum　　29
Ceratobasidium gramineum　　81
Ceratobasidium setariae　　　29

Ceratocystis fimbriata ·······················237
Cercospora arachidicola ·····················209
Cercospora batatae ··························245
Cercospora baticola ·························245
Cercospora canescens ························175
Cercospora cruenta ··························165
Cercospora dolichi ··························165
Cercospora ipomoeae ·························245
Cercospora kikuchii ·························135
Cercospora leaf spot ······33, 138, 245
Cercospora personata ························208
Cercospora sojina ···························138
Cercospora sorghi ····························96
Cercospora timorensis ·······················245
Cercospora zonata ···························201
Cercosporella herpotrichoides ···65
Cercosporidium sojinum ······················138
charcoal rot ·································147
chocolate spot ·······························198
chlorotic mottle ····························129
Clavibacter michiganensis
　subsp. *sepedonics* ·······················224
Claviceps africana ··························101
Claviceps sorghi ····························101
Claviceps sorghicola ························101
Claviceps virens ·····························36
Closterovirus ·························186, 197
Clover yellow vein virus（ClYVV）
　················152, 153, 154, 184, 194
Clover yellows virus（ClYV）···186, 197
Cochliobolus carbonum ························109
Cochliobolus heterostrophus ·······108
Cochliobolus miyabeanus ······24, 25
Cochliobolus sativus ·························60
Cochliobolus setariae ·······················92
cockles ······································74
Colletotrichum caudatum ······················98
Colletotrichum cereale ······················88
Colletotrichum falcatum ·····················98
Colletotrichum gloeosporioides ···192
Colletotrichum graminicola
　·····································88, 98, 111
Colletotrichum lindemuthianum ···158
Colletotrichum phaseolorum ······176

Colletotrichum pisi ·························192
Colletotrichum sublineolum ·········98
Colletotrichum trifolii ···················146
Colletotrichum truncatum ················146
common rust ································115
common scab ································225
common smut ································114
Corticium rolfsii ··················168, 207
Corticium sasaki ···························26
Corticium vagum ····························26
Corynespora cassiicola ··················142
Corynespora vignicola ····················167
covered kernel smut ····················100
covered smut of barley ··············67
crazy top ···································120
crown rot ····································60
crown rust ···································86
Cucumber mosaic virus（CMV）
　···104, 124, 152, 164, 170, 171, 184
Cucumovirus
　···104, 124, 153, 164, 171, 185, 204
culm rot ································30, 32
Cylindrocladium black rot ········210
Cylindrocladium crotalariae ·····139
Cylindrocladium floridanum ·······210
Cylindrocladium parasiticum ·····139
Cylindrocladium scoparium ···39, 210
Cytorhabdovirus ·······················48, 84

D

Damping-off ·······························145
Diaporthe phaseolorum var. *sojae*···137
Dickeya sp. ·································223
Diplodia natalensis ························211
downy mildew ············19, 90, 120, 132
Drechslera gramineum ·······················63
Drechslera leaf spot ····················87
Drechslera sp. ································87
Drechslera teres ····························62
dwarf ···································2, 125

E

early blight ······························228
Elsinoë batatas ·····························241

Elsinoë glycines ···························148
Elsinoë iwatae ······························181
Entyloma dactylidis ··························38
Ephelis oryzae ·······························37
ergot ··101
Erwinia carotovora ···················222, 223
Erwinia chrysanthemi ·······················223
Erysiphe graminis ····························73
Erysiphe pisi ·························174, 191
Exserohilum turcicum ························107
eye spot ································65, 110

F

Fabavirus ·······················164, 185, 196
false smut ····································36
Fijivirus ·······································3
flag smut of wheat ·······················69
foot rot ······································81
frog-eye disease ·························138
frog-eye spot ·····························167
Furovirus ····································44
Fusarium arthrosporioides ········193
Fusarium avenaceum
　·······51, 52, 53, 118, 146, 193, 202
Fusarium culmorum ·····················51, 52
Fusarium ear rot ·························112
Fusarium fujikuroi ·························112
Fusarium graminearum
　···························51, 52, 53, 112
Fusarium head blight ·····················51
Fusarium moniliforme ······················140
Fusarium nivale ··········51, 52, 53, 72
Fusarium oxysporum ···············140, 146
Fusarium oxysporum
　f. sp. *adzukicola* ······················179
　f. sp. *batatas* ·····························239
　f.sp. *fabae* ································202
　f.sp. *pisi* ··································193
Fusarium pallidoroseum ···················146
Fusarium pod rot ························146
Fusarium proliferatum ····················112
Fusarium roseum ··············146, 193, 202
Fusarium roseum
　f. sp. *cerealis* ····················52, 118

Fusarium snow blight······71
Fusarium solani······193, 239
Fusarium solani
    f. sp. *pisi*······193
    f. sp. *radicicola*······240
Fusarium sporotrichoides······193
Fusarium verticillioides······112
Fusarium wilt······179

G

Gaeumannomyces graminis
    var. *avenae*······82
    var. *graminis*······82
    var. *maydis*······82
    var. *tritici*······32
Gibberella avenacea······53, 118
Gibberella ear rot······112
Gibberella fujikuroi······34, 112
Gibberella zeae······51, 52, 112
Globodera rostochiensis······231
Gloeocercospora sorghi······99, 111
Glomerella glycines······146
Glomerella lindemuthiana······158
glume blight······38
glume blotch of wheat······78
golden nematode······231
grassy stunt······8
grain smut······100
Graminicola downy mildew······120
gray leaf spot······79, 96
gray mold······161, 180, 192
gray sclerotial disease······29
green mosaic······44

H

halo blight······85, 156
halo spot of wheat······79
head smut······100, 114
Helicobasidium mompa······242
Helminthosporium gramineum······63
Helminthosporium hordei······63
Helminthosporium maydis······108
Helminthosporium oryzae······24
Helminthosporium sativum······60

Helminthosporium sigmoideum······31
Helminthosporium sigmoideum
    var. *irregulare*······31, 32
Helminthosporium sorokinianum······60
Helminthosporium teres······62
Helminthosporium tritici-repentis······64
Helminthosporium tritici-vulgaris······64
Helminthosporium turcicum······107
Helminthosporium zonatum······75
Heterodera glycines······150
Heterodera schachtii······150
honeydew······101
Hordeivirus······47
Hypochunus sasaki······26

I

internal cork······234
Internal cork virus······234

J

Java downy mildew······120

K

Kabatiella zeae······110
kernel bunt······68
kernel smut······37

L

Lasiodiplodia theobremae······211
late blight······227
leaf blight······107
leaf roll······219
leaf rust······58, 86
leaf rust of barley······57
leaf scald······35
leaf smut······38
leaf spot······92, 108, 165, 167, 174, 175, 190, 208
leaf stripe······87
Leptosphaeria nodorum······78
Leptosphaeria salvinii······31
Lettuce mosaic virus (LMV)······184
loose smut······66, 86
Luteovirus······125, 153

M

Macrosporium baticola······238
Macrophoma mame······147
Macrophomina phaseolina······147
Magnaporte grisea······21
Magnaporte salvinii······30, 31
mentek······10
Microdochium nivale······72
Microdochium oryzae······35
Milk vetch dwarf virus (MDV)······125, 186, 197
MLO······12
Monilochaetes infuscans······244
Monographella albescens······35
Monographella nivalis······51, 52, 71, 72
mosaic······84, 94, 104, 126, 152, 164, 170, 184, 196, 216
mottle······205
Mycosphaerella arachidis······209
Mycosphaerella berkeleyi······208
Mycosphaerella blight······189
Mycosphaerella cruenta······165
Mycosphaerella graminicola······77
Mycosphaerella lindemuthiana······158
Mycosphaerella pinodes······189
Mycosphaerella sp.······72
Myriosclerotinia borealis······71
Myxomycetes······226

N

Nakataea irregulare······31
Nakataea sigmoidea······31
Nanovirus······125, 186, 197
necrosis mosaic······6
necrotic mosaic······186, 197
necrotic stunt······204
Neocosmospora vasinfecta······140
Neovossia barclayana······37
net blotch of barley······62
Northern cereal mosaic virus (NCMV)······48, 84
northern cereal mosaic······48
northern leaf spot······109
Nucleorhabdovirus······7

O

obligate parasite･････････････････････59
Oculimacula･･････････････････････65
Olpidium viciae･･････････････････200
Ophiobolus graminis･････････････82
Ophiobolus miyabeanus･･････････25
Ophiobolus sativus･･････････････61
Ophionectria sojae････････････････140
orange rust･･････････････････････58
Orosius ryukyuensis････････････236
Oryzavirus･･････････････････････9

P

Pantoea ananatis･･････････････････16
Paratichodorus････････････････････129
Pea seed-borne mosaic virus（PSbMV）
････････････････････････････184, 196
Pea stem necrosis virus（PSNV）･･･186
Peanut mottle virus（PeMoV）
････････････････････････184, 204, 205
Peanut stunt virus（PSV）
･･･････124, 128, 152, 153, 184, 204
Pectobacterium atrosepticum･････223
Pectobacterium carotovorum
････････････････････187, 188, 222, 223
Pellicularia filamentosa･･････････26
Pellicularia sasaki･････････････････26
Penicillium italicum･･････････････113
Penicillium oxalicum･････････････113
Penicillium sp.･････････････････113
penyakit merah････････････････････10
Peronosclerospora maydis
･････････････････････････120, 121, 122
Peronosclerospora philippinensis
･････････････････････････120, 121, 122
Peronosclerospora sacchari
･････････････････････････120, 121, 122
Peronosclerospora sorghi･･･120, 121, 122
Peronospora manshurica･･････････132
Phaeoisariopsis griseola････････157
Phaeosphaeria nodorum･･････････78
Phakopsora pachyrhizi･･････････134
phaseolotoxin･･････････････････156

Philippine downy mildew･････････120
Phialophora gregata･･････････144, 178
Phoma arachidicola･･････････････214
Phoma exigua･････････････････160
Phoma exigua var. *exigua*･････････160
Phoma glumarum････････････････38
Phoma leaf spot･････････････････214
Phomopsis sojae･････････････････137
Phyllosticta batatas･･････････････246
Phyllosticta leaf blight･･･････････246
Phyllosticta phaseolina
･････････････････160, 167, 174, 176
Physoderma brown spot･････････110
Physoderma maydis･････････････110
Phytophthora infestans･････････227
Phytophthora stem rot･････････143, 177
Phytophthora sojae･････････････143
Phytophthora vignae f. sp. *adzukicola*
･･････････････････････････････177
Phytoplasma･････････････････236
Phytoplasma oryzae･････････････12
Phytoreovirus････････････････････2
Plasmodiophorales･･････････････226
pod and stem blight･･････････････137
pod rot････････････････････････147
Polerovirus･･･････････････････219
Polymyxa graminis･･････6, 44, 45, 46
Potato aucuba mosaic virus（PAMV）
･･････････････････････････････220
potato cyst nematode･･････････231
Potato leaf roll virus（PLRV）･････219
Potato mop-top virus（PMTV）･･･226
Potato phloem necrosis virus････219
Potato virus A（PVA）･･･216, 218, 220
Potato virus M（PVM）･･････216, 218
Potato virus S（PVS）･･････216, 217
Potato virus X（PVX）･･･216, 217, 220
Potato virus Y（PVY）･･･94, 216, 220
Potexvirus･････････････185, 217, 220
Potyvirus･･･94, 104, 126, 127, 152, 154,
　　164, 171, 185, 196, 204, 205, 216,
　　218, 234
powdery mildew･･･････････73, 174, 191
powdery scab･････････････････226

Pratylenchus coffeae･･･････230, 247
Pratylenchus penetrans･････････230
Pratylenchus pratensis･････････230
Pratylenchus vulnus･･････････230
Pseudocercospora cruenta･･･165, 175
Pseudocercospora timorensis･････245
Pseudocercosporella herpotrichoides
･･････････････････････････････65
Psudocochliobolus lunatus･･････････92
Pseudomonas alboprecipitans･････106
Pseudomonas fuscovaginae･･････16
Pseudomonas glumae････････････13
Pseudomonas hordei･････････････49
Pseudomonas marginalis･････････188
Pseudomonas marginalis
　pv. *marginalis*･････････････････187
Pseudomonas oryzae････････････15
Pseudomonas oryzicola･･････････16
Pseudomonas phaseoli･･･････････155
Pseudomonas savastanoi
　pv. *glycinea*･････････････････131
　pv. *phaseolicola*･････････････156
Pseudomonas solanacearum･････206
Pseudomonas sp.･･････････････172
Pseudomonas striafaciens･････････50
Pseudomonas striafaciens
　var. *japonica*･････････････49, 50
Pseudomonas syringae･････49, 50, 172
Pseudomonas syringae
　pv. *atrofaciens*･････････････49
　pv. *coronafaciens*･････････････85
　pv. *japonica*･････････････････50
　pv. *phaseolicola*･････････････156
　pv. *pisi*･･････････････････188
　pv. *striafaciens*･････････49, 85
　pv. *syringae*･････････････49, 50
Pseudomonas viridiflava･････187, 188
Psudoseptoria donacis･････････79
Pseudoseptoria stomaticola･････79
Puccinia arachidis･････････････212
Puccinia coronata･･･････････････86
Puccinia coronata f.sp. *avenae*･････86
Puccinia glumarum･･････････････55
Puccinia graminis･･･････････････56

Puccinia graminis
    f.sp. *secalis* ················56
    f.sp. *tritici* ·················56
Puccinia hordei ·················57
Puccinia polysora ·············116
Puccinia purpurea ···············95
Puccinia recondita ················58
Puccinia recondita f.sp. *tritici* ····58
Puccinia sorghi ·················115
Puccinia striiformis ··········54, 55
Puccinia striiformis
    f.sp. *hordei* ··················55
    f.sp. *tritici* ···················55
    var. *striiformis* ················55
Puccinia triticina ·················58
purple stain ······················135
purple speck of seed ··············135
Pyrenophora chaetomioides ········37
Pyrenophora graminea ············53
Pyrenophora teres ··················32
Pyrenophora tritici-repentis ·······34
Pyricularia oryzae ················20
Pyricularia setariae ···············91
Pythium aphanidermatum ········119
Pythium arrhenomanes ···········119
Pythium debaryanum ········118, 193
Pythium graminicola ·············119
Pythium iwayamai ················72
Pythium myriotylum ·····144, 145, 146
Pythium okanoganense ············72
Pythium paroecandrum ··········118
Pythium paddicum ················72
Pythium spinosum ···118, 144, 145, 146
Pythium stalk rot ·················119
Pythium sylvaticum ··············118
Pythium ultimum var. *ultimum*
    ················118, 144, 145, 146

R

ragget stunt ·······················9
Ralstonia solanacearum ······206, 221
Ramulispora sorghi ···············97
red leaf ·························84
red spot ························198

Rhizoctonia canker ···············229
Rhizoctonia rot ··················161
Rhizoctonia sheath spot ············28
Rhizoctoniose ·····················81
Rhizoctonia solani
    ···············26, 117, 161, 193, 229
Rhizopus arrhizus var. *arrhizus* ······244
Rhizopus javanicus ···············244
Rhizopus nigricans ···············244
Rhizopus nodosus ················244
Rhizopus oryzae ··············40, 244
Rhizopus stolonifer ···············244
Rhizopus stolonifer var. *stolonifera* ··244
Rhizopus tritici ··················244
Rhynchosporium secalis f.sp. *hordei*
    ····························76
Rice black streaked dwarf virus
    (RBSDV) ·················3, 105
Rice dwarf virus (RDV) ············2
Rice grassy stunt virus (RGSV) ······8
Rice necrosis mosaic virus (RNMV) ··6
Rice ragged stunt virus (RRSV) ······9
Rice stripe virus (RSV) ·········4, 104
Rice transitory yellowing virus (RTYV)
    ·····························7
rice tungro ·····················10, 11
Rice tungro bacilliform virus (RTBV)
    ··························10, 11
Rice tungro spherical virus (RTSV)
    ···························10
Rice yellow stunt virus (RYSV) ······7
ring rot ·························224
ring spot ·······················204
root lesion ······················247
root lesion nematode ·············230
root necrosis ····················139
root rot ···············193, 202, 210
Rosellinia necatrix ···············243
rosette ··························44
russet crack ····················235
rust ···91, 95, 115, 134, 159, 166, 173,
                 191, 199, 212

S

Sarocladium oryzae ···············39
scab ················51, 213, 225, 241
scab of mung bean ···············181
Sclerophthora macrospora ·····19, 120
Sclerophthora rayssiae var. *zeae*
    ·························116, 120
Sclerospora graminicola ······90, 120
Sclerotinia rot ··············168, 180
Sclerotinia sclerotiorum ··162, 168, 180
Sclerotinia snow blight ············71
Sclerotium irregulare ··············26
Sclerotium oryzae ·················31
Sclerotium rolfsii ············168, 207
scurf ···························244
seedling blight ················40, 118
seed rot and damping-off ·········118
Selenophoma donacis ···············79
Selenophoma donacis
    var. *stomaticola* ···············79
semiloose smut ···················67
Septogloeum sojae ···············149
Septoria brown spot ··············141
Septoria bataticola ···············246
Septoria donacis ··················79
Septoria glycines ················141
Septoria nodorum ·················78
Septoria tritici ····················77
Septosphaeria turcica ············107
sheath blight ············26, 88, 117
sheath brown rot ··················16
sheath net-bloch ··················39
sheath rot ························39
simple hyphopodia ·················82
smut ····························114
Sobemovirus ····················127
soft rot ·························244
Sorghum downy mildew ··········120
Soil-borne wheat mosaic virus
    (SBWMV) ··················44, 46
soil rot ·························240
sooty blotch ················165, 175
sooty stripe ·······················97
Southern bean mosaic virus (SBMV)
    ·················124, 126, 127, 128

southern blight············168, 207
southern leaf blight············108
southern leaf spot············108
Southern rice black streaked dwarf
  virus（SRBSDV）············3
southern rust············116
Soybean chlorotic mottle virus
  （SbCMV）············129
soybean cyst nematode············150
Soybean dwarf virus（SbDV）···125, 153
soybean fleck············129
Soybean mosaic virus（SMV）
  ············126, 127, 128
Soybean stunt virus（SSV）········124
Soymovirus············129
speckled leaf blotch of wheat············77
Sphacelia sorghi············101
Sphaceloma arachidis············213
Sphaceloma batatas············241
Sphaceloma glycines············148
Sphaceloma scab············148
Sphacelotheca············100
Sphaerotheca fuliginea············174
Sphaerotheca phaseoli············174
Sphaerulina oryzina············33
Spongospora subterranean
  f.sp.*subterranean*············226
Sporisorium holci-sorghi·····100, 114
Sporisorium sorghi············100
spot blotch············60
Stagonospora nodorum············78
stem necrosis············186
stem rot······30, 32, 162, 180, 207, 211,
  239
stem rust············56
stem wilt············202
streaked dwarf············105
Streptomyces acidiscabies············225
Streptomyces ipomoeae············240
Streptomyces scabies············225
Streptomyces spp.············225
Streptomyces turgidiscabies············225
stripe············4, 104, 205
stripe mosaic············47

stripe rust············54
stunt············124, 204
sugarcane downy mildew············120
Sugarcane mosaic virus（SCMV）
  ············94, 104
sugary disease············101
Sweet potato feathery mottle virus
  （SPFMV）············234, 235
Sweet potato leaf spot virus········234
Sweet potato ringspot virus········234
Sweet potato virus G（SPVG）·····235
systemic symptoms············120

T

take-all············82
tan spot············64
Tapesia acuformis············65
Tapesia yallundae············65
target spot············99, 142
Tenuivirus············4, 8
Thanatephorus cucumeris
  ······26, 28, 88, 117, 161, 193, 229
Tilletia barclayana············37
Tilletia caries············68
Tilletia foetida············68
Tilletia horrida············37
Tilletia indica············68
T-msc············108
Tobacco rattle virus（TRV）·······129
Tobravirus············129
transitory yellow dwarf············7
transitory yellowing············7
Trichoconiella padwickii············42
Trichodorus············129
true loose smut············67
Turnip mosaic virus（TuMV）······204
Typhula incarnata············70
Typhula ishikariensis············70
Typhula ishikariensis
  var. *ishikariensis*············70
Typhula snow blight············70

U

udbatta disease············37

Urocystis agropyri············69
Uromyces appendiculatus············173
Uromyces hidakaensis············191
Uromyces phaseoli
  var. *azukicola*············159, 173
  var. *phaseoli*············159
  var. *vignae*············159, 166
Uromyces setariae-italicae············91
Uromyces viciae-fabae
  var. *viciae-fabae*············191, 199
  var. *pici-sativae*············199
  var. *lathyri-maritimi*············199
Uromyces vignae············166
Ustilago avenae············86
Ustilago hordei············67
Ustilago maydis············114
Ustilago nigra············67
Ustilago nuda············66, 67
Ustilago nuda
  f.sp. *hordei*············66
  f.sp. *tritici*············66
Ustilago tritici············66

V

Verticillium dahliae············149
vesicular body············196
Villosiclava virens············36
violet root rot············242

W

waika············10
Waikavirus············10
Waitea circinata············28
warty scab············200
Watermelon mosaic virus（WMV）
  ············184, 196
watery soft rot············162
web blight············161
web blotch············214
wheat gall············74
Wheat spindle streak mosaic virus
  （WSSMV）············46
Wheat yellow leaf virus（WYLV）···84
wheat yellow mosaic············46

Wheat yellow mosaic virus（WYMV）
　　……………………………………45, 46
White clover mosaic virus（WClMV）
　　……………………………………184
white root rot……………………243
white tip……………………………41
wilt and root rot…………………149
witches' broom……………………236

X

Xanthomonas atroviridigenum……42

Xanthomonas axonopodis
　pv. *glycinea*……………………130
　pv. *phaseoli*……………………155
　pv. *phaseoli*……………………155
Xanthomonas campestris
　pv. *oryzae*………………………15
　pv. *oryzicola*……………………18
Xanthomonas oryzae
　pv. *oryzae*………………………14
　pv. *oryzicola*……………………18
Xanthomonas phaseoli……………155
Xanthomonas pisi……………187, 188

Y

yellow dwarf……………150, 186, 197
yellow mosaic……………………45, 46
yellow leaf spot……………………64
yellow rust…………………………54
yellows……………………153, 186, 197
yellow stunt…………………………7

Z

zonate leaf spot………75, 99, 111, 201

――――― 終 ―――――

| JCOPY <（社）出版者著作権管理機構 委託出版物> |

| 2016 | 2016年5月20日　第1版第1刷発行 |

普通作物病害図説

著者との申し合せにより検印省略

©著作権所有

定価（本体12,000円＋税）

著作代表者　梶原　敏宏（かじわら　としひろ）

発　行　者　株式会社　養賢堂
　　　　　　代　表　者　及川　清

印　刷　者　株式会社　丸井工文社
　　　　　　責　任　者　今井晋太郎

発　行　所　株式会社　養賢堂
〒113-0033 東京都文京区本郷5丁目30番15号
TEL 東京(03)3814-0911　振替00120-7-25700
FAX 東京(03)3812-2615
URL http://www.yokendo.co.jp/
ISBN978-4-8425-0545-9　C3061

PRINTED IN JAPAN　　　製本所　株式会社三水舎

本書の無断複写は著作権法上での例外を除き禁じられています。複写される場合は、そのつど事前に、（社）出版者著作権管理機構（電話 03-3513-6969、FAX 03-3513-6979、e-mail:info@jcopy.or.jp）の許諾を得てください。